应用型本科　电气工程及自动化专业"十三五"规划教材

电气控制与 PLC

胡国文　顾春雷　杨晓冬　编著

西安电子科技大学出版社

内 容 简 介

本书是作者在多年来从事专业教学和工程设计及科研工作实践的基础上编写而成的。

全书共分为 11 章。主要内容有：绪论、电气控制系统常用低压电器及其图形和文字符号、电气控制常用继电接触控制线路与典型控制系统分析、可编程序控制器(PLC)的组成及工作原理、三菱 FX 系列小型 PLC 及编程方法、三菱 FX 系列 PLC 的步进顺序控制和数据控制功能、西门子 S7-200 系列 PLC 及编程方法、西门子 S7-200 系列 PLC 的步进顺序控制和数据控制功能、西门子 S7-300 系列 PLC 及编程方法、PLC 的联网及通信技术、PLC 在工业电气控制系统中的应用与分析、工业电气自动化设备的电气控制系统设计等。

本书可作为普通高等学校电气工程及其自动化、自动化、机械制造及其自动化等本科专业的专业核心课程教材，也可作为高职院校电气工程及其自动化等专业的参考教材，还可作为相关专业技术人员的培训教材和参考书。

图书在版编目(CIP)数据

电气控制与 PLC/胡国文，顾春雷，杨晓冬编著. —西安：西安电子科技大学出版社，2016.12

应用型本科电气工程及自动化专业"十三五"规划教材

ISBN 978-7-5606-4252-9

Ⅰ. ① 电… Ⅱ. ① 胡… ② 顾… ② 杨… Ⅲ. ① 电气控制—高等学校—教材 ② PLC 技术—高等学校—教材 Ⅳ. ① TM571.2 ② TM571.61

中国版本图书馆 CIP 数据核字(2016)第 272086 号

策　　划　马晓娟
责任编辑　曹　锦　马武装
出版发行　西安电子科技大学出版社(西安市太白南路 2 号)
电　　话　(029)88242885　88201467　　　邮　　编　710071
网　　址　www.xduph.com　　　　　　　电子邮箱　xdupfxb001@163.com
经　　销　新华书店
印刷单位　陕西大江印务有限公司
版　　次　2016 年 12 月第 1 版　2016 年 12 月第 1 次印刷
开　　本　787 毫米×1092 毫米　1/16　印张 19
字　　数　444 千字
印　　数　1～3000 册
定　　价　34.00 元
ISBN 978-7-5606-4252-9/TM
XDUP 4544001－1

＊＊＊如有印装问题可调换＊＊＊

前　言

随着工业自动化、智能化以及制造业自动化和智能化、制造业的转型升级，纵观《工业 4.0》和《中国制造 2025》的形势发展，对电气控制与 PLC 技术将会不断提出新的要求，而可编程序控制器（PLC）技术正是其中关键性技术内容。

"电气控制与 PLC"是电气工程及其自动化、自动化、机械制造及其自动化等专业的一门重要的专业核心课程。该课程教学总学时（含实验学时）建议为 48～70 学时，有关不同系列 PLC 的内容可根据各高校实际情况选学。

本书是作者在多年来从事该方面的教学和工程设计及科研工作实践的基础上，根据电气工程与自动化领域的形势发展要求，为适应该领域工程本科应用型人才的培养要求和工程实际需要而编写的。在编写过程中，本着培养面向 21 世纪高层次本科应用型人才的要求，在注重系统性、理论性、适用性的基础上，充分注重设计和应用能力的提高及创新能力的培养；尽可能地正确处理基础理论与应用之间的关系，使基础理论为应用服务；注重加强工程设计应用能力的提高；注重最新知识和最新技术的介绍。其目的是让读者将现代电气控制与 PLC 控制技术的基本知识有效地应用于工业自动化领域的电气控制系统中，以获得电气控制与 PLC 控制技术的基本应用能力和基本设计能力。

本书主要的知识点有：电气控制系统常用电磁式开关电器的工作原理及选择方法；电气控制系统线路的绘图规则与图形符号及文字符号；电气设备电气控制系统常用典型控制环节；电气继电接触控制系统的设计方法；典型电气设备电气控制线路分析；可编程序控制器（PLC）的组成及工作原理；常用典型系列小型 PLC 及编程方法；常用典型系列 PLC 的步进顺序控制和数据控制功能；PLC 在工业自动化电气控制系统中的应用与控制系统分析；工业电气自动化设备的电气控制系统设计等。

本书的前言、目录和附录、绪论、第 1、3、4、5、6、7、9（9.1 和 9.2 节）、10、11 章由住房与城乡建设部全国高校建筑电气与智能化学科专业教学指导委员会委员、第二届中国机械工业教育协会全国高校电气工程与自动化（本科应用型）教学指导委员会副主任委员和第三届中国机械工业教育协会全国高校建筑电气与智能化专业教学指导委员会副主任委员胡国文教授负责编写；第 2 章由盐城工学院电气工程学院顾春雷副教授负责编写；第 8、9 章（9.3 节）由盐城工学院电气工程学院讲师杨晓冬博士负责编写。全书由胡国文教授负责统稿。

在本书编写过程中，得到了西安电子科技大学出版社的支持和指导，得到了盐城工学院电气工程及其自动化专业江苏省"十二五"省级重点建设专业的建设基金的支持以及盐城工学院自动化专业江苏省省卓越工程师专业建设基金的重点支持，同时参考和引用了相关参考文献及网站资料，作者在此一并表示诚挚的谢意。

由于作者水平有限，书中不足之处在所难免，恳请广大读者批评指正。

作 者

2016 年 7 月

目　　录

绪　　论

1. 电气控制与 PLC 技术的发展概况

电气控制与 PLC 技术是随着工业电气化和自动化控制技术的不断发展而发展的。电气控制与 PLC 技术是以实现生产过程自动化为目标而对各类以电动机为动力的机电装置与系统（控制对象）进行控制的技术。电气控制系统是其中的重要部分，在各行业的多个部门得到了广泛应用，它是实现工业生产自动化的重要技术手段。电气控制技术是随着科技进步而不断发展和创新的，经历了从最初的手动控制到自动控制，从单机控制到多机控制和生产线控制，从简单控制到复杂控制，从继电接触器控制到 PLC 控制的发展过程。

1) 电力拖动系统的发展概况

20 世纪初，电动机的出现使得机械设备的动力和拖动系统发生了根本的改变。人们用电动机来代替蒸汽机拖动机械设备，这种拖动方式就称为电力拖动。最初人们用一台电动机来拖动一组机械设备，将其称为单机成组电力拖动系统，如图 0-1 所示。由于是用一台电动机拖动，因此使得机械传动十分复杂，也难以达到工艺要求。随着社会经济发展需要和技术的不断进步，对各种机械设备的功能不断提出了加工精度、速度和控制精度等新要求，从而出现了由多台电动机分别拖动各运动机构的拖动方式（如图 0-2 所示），进而使得控制技术得到了不断发展。

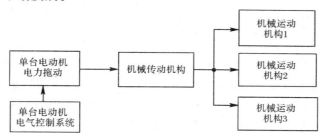

图 0-1　单机成组电力拖动系统

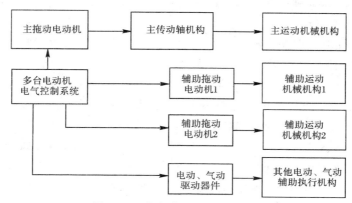

图 0-2　多电动机电力拖动系统

随着控制技术的不断发展和进步，电力拖动系统也得到了不断发展。从单机成组电力拖动向多电动机电力拖动的发展过程中，随着机械系统调速要求的不断提出，电力拖动系统也由固定速度的拖动不断向高精度的调速电力拖动系统方向发展，从而使交流调速拖动和直流调速拖动得到了交替发展。但是，直流电动机比交流电动机结构复杂，制造和维护都不方便。随着电力电子技术的不断发展和进步，促使了交流调速技术的迅速发展。近年来，电动机交流调速拖动已经占据了重要的地位。

2）电气控制系统和 PLC 控制技术发展概况

在电力拖动系统的发展过程中，电气控制系统随着电气控制技术的不断进步也得到了不断发展。电气控制系统由最初的继电接触器控制发展到今天的 PLC 控制和系统计算机控制，由过去的硬件和硬接线控制发展到今天的软接线和软件程序控制，由过去的手动控制进入到自动控制阶段。

最初的电气控制系统采用的是继电器、接触器、按钮、行程开关等组成的继电接触器控制系统，这种控制系统具有使用单一性，即根据不同的控制要求设计不同的控制线路，一旦控制要求改变，势必就要重新设计、重新配线。但是，这种控制系统结构简单、维修方便、抗干扰能力强，所以至今仍在许多机械设备控制系统中广泛使用。

20 世纪 60 年代出现了一种能够根据生产工艺要求，通过改变控制程序达到控制目的的顺序控制器，它是通过组合逻辑元件的插接或编程来实现继电接触器控制线路的装置。它仍然是靠硬件手段完成自动控制任务的，体积大，且功能也受到一定的限制，因此并没有得到普及应用。

20 世纪 60 年代以后，在工业生产中迫切需要一种使用方便、灵活，运行安全、可靠，功能完善的新一代自动控制装置。电子技术和计算机技术的发展为此提供了有力的硬件支持，因此产生了可编程序控制器。可编程序控制器（简称 PLC 或 PC）是在顺序控制器基础上发展起来的以微处理器为核心的通用自动控制装置。

1968 年，美国通用汽车公司为增强其产品在市场的竞争力，不断更新汽车型号，率先提出采用可编程序的逻辑控制器取代硬件接线的控制电路的设想，并对外招标。在 1969 年，第一台可编程序逻辑控制器问世。1969 年美国通用汽车公司将第一台 PLC 投入到生产线中使用，取得了满意的效果，引起了世界各国的关注。

随着电子技术和计算机技术的迅猛发展，集成电路的体积越来越小，功能越来越强。20 世纪 70 年代初，微处理机问世；在 70 年代后期，微处理机被运用到 PLC 中，使 PLC 的体积大大缩小，功能大大加强。

我国于 1974 年开始研制可编程序控制器。目前，全世界有数百家生产 PLC 的厂家，产品种类达 300 多种。PLC 无论在应用范围还是控制功能上，其发展速度都是始料未及的，远远超出了当时的设想和要求。目前，PLC 正朝着智能化、网络化的方向发展。

半导体器件技术、大规模集成电路技术、计算机控制技术、检测技术等的发展，推动了电气控制技术的不断发展。在控制方式上，电力拖动的控制方式由手动控制进入到了自动控制阶段，从开关量的断续控制方式发展到了由开关量和模拟量混合的连续控制方式；在控制功能上，从单一控制功能发展到了多功能控制，从简单控制系统发展到了多功能复杂控制系统；在控制手段和控制器件上，从有触点硬接线分立元件控制发展到了以 PLC 和系统计算机等软、硬件集成的存储器控制系统。

电气控制与 PLC 控制技术的发展概况如图 0-3 所示。

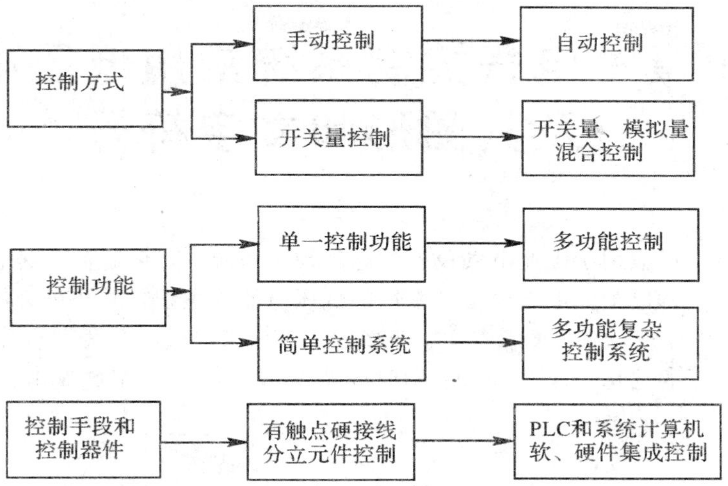

图 0-3 电气控制与 PLC 技术的发展概况

2. "电气控制与 PLC"课程的性质和任务

课程性质："电气控制与 PLC"是一门实用性和专业性很强的专业课，是电气工程及其自动化专业、自动化、机械制造及其自动化等专业的专业核心课。其主要内容围绕电气设备的电力拖动系统及其他执行电器为控制对象，介绍各种常用低压电器控制元件、继电接触器控制系统、PLC 控制系统的工作原理，典型电气设备的电气控制系统以及电气控制系统的设计方法等。通过本课程的学习，使学习者不但可以掌握传统的继电接触器控制系统的有关知识，而且还可以掌握现代 PLC 控制技术；不但可以掌握电气控制技术方面的理论知识，同时将着力提高实际应用和动手能力。

"电气控制与 PLC"课程的基本任务：

（1）熟悉常用的电气控制电器元件的结构原理、用途及型号，以达到正确使用和选用的目的。

（2）熟练掌握继电接触器控制系统的基本环节，具备阅读和分析继电接触器控制系统的能力，能够设计继电接触器控制系统的控制电路。

（3）熟悉常用 PLC 的基本工作原理及应用发展概况。

（4）熟练掌握常用 PLC 的基本指令系统和典型控制系统的编程，掌握常用 PLC 的程序设计方法，能够根据电气设备的过程控制要求进行系统设计，编制应用程序。

第1章 电气控制系统常用低压电器及其图形和文字符号

　　低压电器被广泛应用于工业电气设备的电气控制系统中，它是实现继电接触器控制的主要电器元件。本章以工业电气设备中常用的低压电器为主线，主要介绍各种常用的低压电器的结构、工作原理、主要技术参数、选择方法等；以产品图片方式介绍工业电气设备中常用的低压电器的结构及工作原理；同时介绍电气设备中常用低压电器的图形和文字符号。

1.1　电气控制系统常用低压电器的分类和基本知识

1.1.1　常用低压电器的定义和分类

1. 常用低压电器的定义

　　凡是自动或手动接通和断开电路，以及能实现对电路或非电对象切换、控制、保护、检测、变换和调节目的的电气元件统称为电器。

　　低压电器是指额定电压等级在交流 1200 V、直流 1500 V 及以下的电器。它是接通和断开电路或调节、控制和保护电路及电气设备用的电工器具。

2. 常用低压电器的分类

　　低压电器的用途广泛，功能多样，种类繁多，结构各异。电气设备控制系统中常用的低压电器一般分为低压配电电器、低压控制电器、低压主令电器、低压保护电器及低压执行电器等。具体可按如下方法进行分类：

　　(1) 按动作原理分类。

　　① 手动电器：用手或依靠机械力进行操作的电器，如手动开关、控制按钮、行程开关等主令电器。

　　② 自动电器：借助于电磁力或某个物理量的变化自动进行操作的电器，如接触器、各种类型的继电器、电磁阀等。

　　(2) 按用途分类。

　　① 控制电器：用于各种电气设备的控制电路和控制系统中的电器，如接触器、继电器、电动机启动器等。

　　② 主令电器：用于电气设备的自动控制系统中发送动作指令的电器，如按钮、行程开关、万能转换开关等。

　　③ 保护电器：用于保护电路及用电设备的电器，如熔断器、热继电器、各种保护继电器、避雷器等。

④ 执行电器：用于完成电气设备的某种动作或传动功能的电器，如电磁铁、电磁离合器等。

⑤ 配电电器：用于电气系统中的供、配电，进行电能输送和分配的电器，如高压断路器、隔离开关、刀开关、自动空气开关等。

（3）按工作原理分类。

① 电磁式电器：依据电磁感应原理来工作，如接触器、各种类型的电磁式继电器等。

② 非电量控制电器：依靠外力或某种非电物理量的变化而动作的电器，如刀开关、行程开关、按钮、速度继电器、温度继电器等。

（4）按触点类型分类。

① 有触点电器：利用触点的接通和分断来切换电路，如接触器、刀开关、按钮等。

② 无触点电器：无可分离的触点，它主要是利用电子元件的开关效应，即导通和截止来实现电路的通、断控制，如接近开关、霍尔开关、电子式时间继电器、固态继电器等。

有些元件，既是低压控制电器又是低压主令电器（如按钮等），既是低压配电电器又是低压保护电器（如熔断器等），所以低压电器的分类并没有十分明显的界线。

1.1.2　常用低压电器的基本知识

电磁式电器由两个主要部分组成：感测部分（即电磁机构）、执行部分（即触头系统）。

1. 电磁机构

电磁机构是电磁式电器的感测部分，它的主要作用是将电磁能量转换为机械能量，带动触头动作，从而完成接通或分断电路。如图 1-1 所示，电磁机构由吸引线圈、铁芯、衔铁等几部分组成。

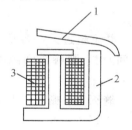 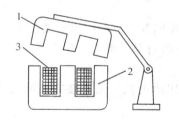 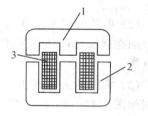

（a）沿转角转动的电磁机构　　（b）沿转角转动的双E形电磁机构　　（c）双E形直动电磁机构

1—衔铁；　2—铁芯；　3—吸引线圈

图 1-1　常用的磁路结构

吸引线圈的作用是将电能转换成磁场能量。按通入电流种类不同，吸引线圈可分为直流线圈和交流线圈。

对于直流电磁铁，因其铁芯不发热，只有线圈发热，所以直流电磁铁的吸引线圈制成高而薄的瘦长形，且不设线圈骨架，使线圈与铁芯直接接触，易于散热。

对于交流电磁铁，由于其铁芯存在磁滞和涡流损耗，这样线圈和铁芯都发热，因此交流电磁铁的吸引线圈设有骨架，使铁芯与线圈隔离，并将线圈制成短而厚的矮胖形，这样做有利于铁芯和线圈的散热。

电磁铁的电磁吸力为

$$F_{at} = \frac{10^7}{8\pi} B^2 S \tag{1-1}$$

式中，F_{at} 为电磁吸力，单位为 N；B 为气隙中磁感应强度，单位为 T；S 为磁极截面积，单位为 m²。

交流电磁铁的电磁吸力是随时间变化而变化的，具体可表示如下：

$$B = B_m \sin\omega t \tag{1-2}$$

$$F_{atm} = F_0 - F_0 \cos 2\omega t \tag{1-3}$$

电磁铁的电磁吸力特性，是指电磁吸力 F_{at} 随衔铁与铁芯间气隙 δ 变化的关系曲线。不同的电磁机构具有不同的吸力特性。

2. 电磁式电器的触头系统和电弧

（1）电磁式电器的触头系统。触头是电器的执行部分，起接通和分断电路的作用。因此，要求触头的导电、导热性能良好，通常用铜制成。

触头的主要结构形式可分为桥式触头和指形触头，具体如图 1-2 所示。

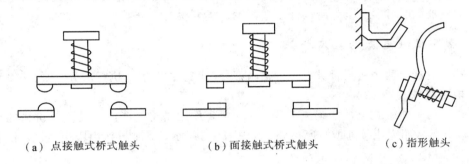

（a）点接触式桥式触头　　　　（b）面接触式桥式触头　　　　（c）指形触头

图 1-2　触头的结构形式

（2）电弧的产生。在大气中断开电路时，如果被断开电路的电流超过某一数值，即断开后加在触头间隙两端的电压超过某一数值（在 12～20 V 之间）时，则触头间隙中会产生电弧。

（3）常用的灭弧方法。常用的灭弧方法主要有磁吹灭弧、窄缝灭弧、栅片灭弧，具体分别如图 1-3～图 1-5 所示。

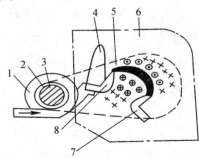

1—磁吹线圈；2—绝缘套；3—铁芯；4—引弧角；
5—导磁夹板；6—灭弧罩；7—动触头；8—静触头

图 1-3　磁吹灭弧示意图

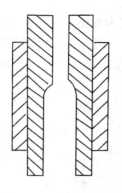

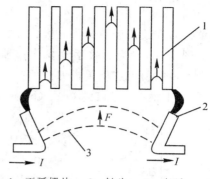

1—灭弧栅片；　2—触头；　3—电弧

图 1－4　窄缝灭弧装置　　　　　图 1－5　栅片灭弧示意图

1.2　电气控制系统常用低压开关电器的结构原理和选择

1.2.1　低压刀开关的结构原理和选择

1. 低压刀开关的结构原理

低压刀开关又称低压闸刀开关或低压隔离开关，是通用电气元件，也是电气设备控制系统中最常用的电气元件。它是手控电器中最简单且使用较广泛的一种低压电器。图 1－6 所示是最简单的低压刀开关(手柄操作式单级开关)典型结构示意图。低压刀开关在电路中的作用是隔离低压电源，以确保电路和设备维修的安全分断负载。如不频繁地接通和分断容量不大的低压电路或直接启动小容量电动机。低压刀开关带有动触头——闸刀(触刀)，并通过它与座上的静触头——刀夹座(静插座上的触头)相契合(或分离)，以接通(或分断)电路。其中以熔断体作为动触头的称为熔断器式刀开关，简称刀熔开关。

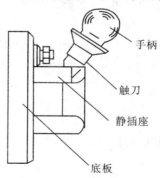

手柄

触刀

静插座

底板

图 1－6　低压刀开关的典型结构

电气设备控制系统中常用的刀开关有 HD 型单投刀开关、HS 型双投刀开关(刀形转换开关)、HR 型熔断器式刀开关、HZ 型组合开关、HK 型开启式负荷开关、HY 型倒顺开关和 HH 型铁壳封闭式负荷开关等。

1) HD 型单投刀开关

HD 型单投刀开关按极数分为一极、二极、三极几种，其示意图及图形符号如图 1-7 所示。其中，图 1-7(a)为直接手动操作；图(b)为手柄操作；图(c)为一般图形符号；图 (d)为手动符号；图(e)为三极单投刀开关符号。当刀开关用作隔离开关时，其图形符号上 加有一横杠，分别如图 1-7(f)、(g)、(h)所示。

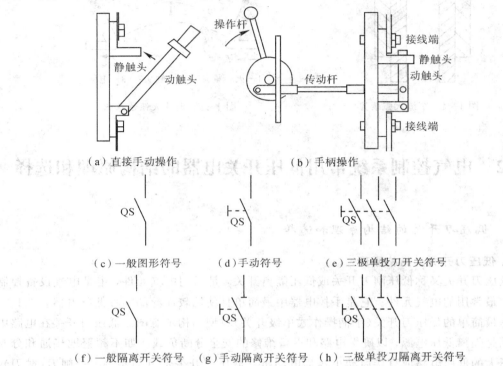

（a）直接手动操作　　　　　　　　　（b）手柄操作

（c）一般图形符号　　　（d）手动符号　　　（e）三极单投刀开关符号

（f）一般隔离开关符号　（g）手动隔离开关符号　（h）三极单投刀隔离开关符号

图 1-7　HD 型单投刀开关示意图及图形符号

HD 型单投刀开关的型号含义如图 1-8 所示。

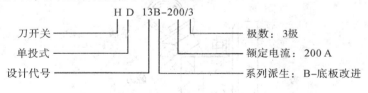

图 1-8　HD 型单投刀开关型号含义

在图 1-8 中，设计代号的含义如下：

11：中央手柄式；

12：侧方正面杠杆操作机构式；

13：中央正面杠杆操作机构式；

14：侧面手柄式。

2) HS 型双投刀开关

HS 型双投刀开关也称转换开关，其作用和单投刀开关类似，常用于双电源的切换或双供电线路的切换等。HS 型双投刀开关示意图及图形符号如图 1-9 所示。由于双投刀开关具有机械互锁的结构特点，因此可以防止双电源的并联运行和两条供电线路同时供电。

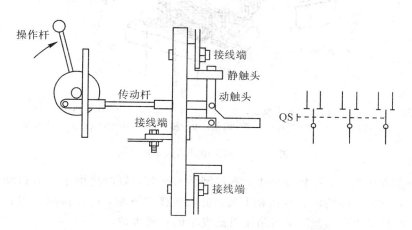

图 1-9 HS 型双投刀开关示意图及图形符号

3）HR 型熔断器式刀开关

HR 型熔断器式刀开关也称刀熔开关，它实际上是将刀开关和熔断器组合成一体的电器。刀熔开关操作方便，并简化了供电线路，在供配电线路上应用很广泛，其示意图及图形符号如图 1-10 所示。刀熔开关可以切断故障电流，但不能切断正常的工作电流，所以一般应在无正常工作电流的情况下进行操作。

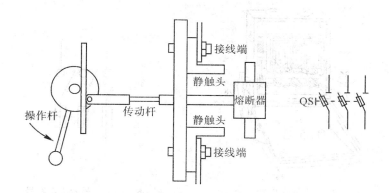

图 1-10 HR 型熔断器式刀开关示意图及图形符号

4）HK 型开启式负荷开关

HK 型开启式负荷开关俗称闸刀或胶壳刀开关，由于它结构简单，价格便宜，使用、维修方便，故得到广泛应用。该开关主要用作电气照明电路和电热电路、小容量电动机电路的不频繁控制开关，也可用作分支电路的配电开关。

HK 型开启式负荷刀开关由熔丝、触刀、触点座和底座组成，如图 1-11 所示。此种刀开关装有熔丝，可起短路保护作用。

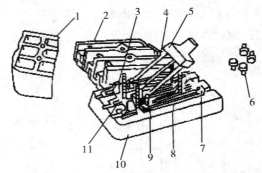

1—上胶盖；2—下胶盖；3—插座；4—触刀；5—操作手柄；
6—固定螺母；7—进线端；8—熔丝；9—触点座；10—底座；11—出线端

图 1-11　HK 型开启式负荷开关

闸刀开关在安装时，手柄要向上，不得倒装或平装，以避免由于重力自动下落而引起误动合闸。接线时，应将电源线接在上端，负载线接在下端，这样拉闸后刀开关的刀片与电源隔离，既便于更换熔丝，又可防止可能发生的意外事故。

5）HH 型铁壳封闭式负荷开关

HH 型铁壳封闭式负荷开关俗称铁壳开关，它主要由铁壳或钢板外壳、触刀开关、操作机构、熔断器等组成，如图 1-12(a)所示。触刀开关带有灭弧装置，能够通、断负荷电流；熔断器用于切断短路电流。它一般用于小型电力排灌、电热器、电气照明线路的配电设备中，用于不频繁接通与分断电路，也可以直接用于异步电动机的非频繁全压启动控制。

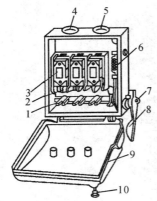
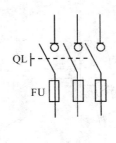

（a）封闭式负荷开关　　　　　（b）图形符号及文字符号

1—动触刀；2—静夹座；3—熔断器；4—进线孔；5—出线孔；
6—速断弹簧；7—转轴；8—操作手柄；9—上罩盖；10—上罩盖锁紧螺栓

图 1-12　铁壳开关

铁壳开关的操作结构有两个特点：一是采用储能合闸方式，即利用一根弹簧以执行合闸和分闸的功能，使开关的闭合和分断时的速度与操作速度无关。它既有助于改善开关的动作性能和灭弧性能，又能防止触点停滞在中间位置。二是设有联锁装置，以保证开关合闸后便不能打开箱盖，而在箱盖打开后，不能再合开关，起到安全保护作用。

HK 型开启式负荷开关和 HH 型封闭式负荷开关都是由负荷开关和熔断器组成的，其图形符号也是由手动负荷开关 QL 和熔断器 FU 组成的，如图 1 - 12(b)所示。

2. 低压刀开关的选择方法

低压刀开关的选择应从以下几条进行考虑：

（1）刀开关结构形式的选择。应根据刀开关的作用和电气装置的安装形式来选择是否带灭弧装置，如分断负载电流时，应选择带灭弧装置的刀开关。根据电气装置的安装形式来选择是否是正面、背面或侧面操作形式，是直接操作还是杠杆传动，是板前接线还是板后接线的结构形式。

（2）刀开关的额定电流的选择。一般额定电流应等于或大于所分断电路中各个负载额定电流的总和。对于电动机负载，应考虑其启动电流，所以应选用额定电流大一级的刀开关。若再考虑电路中出现的短路电流，还应选用额定电流更大一级的刀开关。

（3）各型号刀开关的应用场合。HR3 熔断器式刀开关具有刀开关和熔断器的双重功能，采用这种组合开关电器可以简化配电装置结构，经济实用，越来越广泛地用在低压配电屏上。

HK1、HK2 系列开启式负荷开关（胶壳刀开关）可用作电源开关和小容量电动机非频繁启动的操作开关。

HH3、HH4 系列铁壳封闭式负荷开关（铁壳开关）的操作机构具有速断弹簧与机械联锁，用于非频繁启动、28 kW 以下的三相异步电动机。

1.2.2 低压断路器的结构原理和选择

低压断路器又称自动空气开关，是通用电气元件，也是电气控制系统中常用的开关电器之一。它不仅可以接通和分断正常负载电流、电动机工作电流和过载电流，而且可以接通和分断短路电流。低压断路器主要用于不频繁操作的电气控制柜中，作为电气设备的电源开关使用。另外，低压断路器还可以对工业电气设备的供电线路、电气设备的控制系统、电动机等实行保护。例如，当线路发生严重过流、过载、短路、断相、漏电等故障时，它能自动切断线路，起到保护作用。由于低压断路器具有多种保护功能，动作值可调，分断能力高，操作方便，安全等优点，因此得到了广泛应用。

1. 低压断路器的结构和工作原理

低压断路器由操作机构、触头、保护装置（各种脱钩器）、灭弧系统等组成。低压断路器工作原理如图 1 - 13 所示。

低压断路器的主触头是靠手动操作或电动合闸的。当主触头闭合后，自由脱扣机构将主触头锁在合闸位置上。过电流脱扣器的线圈和热脱扣器的热元件与主电路串联，欠电压脱扣器的线圈和电源并联。当电路发生短路或严重过载时，过电流脱扣器的衔铁吸合，使自由脱扣机构动作，主触头断开主电路。当电路过载时，热脱扣器的热元件发热使双金属片向上弯曲，推动自由脱扣机构动作。当电路欠电压时，欠电压脱扣器的衔铁释放，也使自由脱扣机构动作。分励脱扣器则用于远距离控制，在正常工作时，其线圈是断电的；在需要远距离控制时，按下脱扣按钮，使线圈通电，衔铁带动自由脱扣机构动作，使主触头断开。

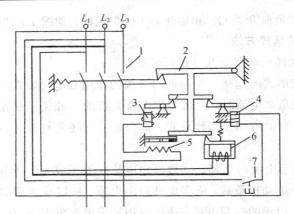

1—主触头；2—自由脱扣机构；3—过电流脱扣器；4—分励脱扣器；
5—热脱扣器；6—欠压脱扣器；7—脱扣按钮

图 1-13 低压断路器工作原理图

2. 低压断路器的分类

低压断路器的分类方式很多，主要有以下几种：

（1）按结构形式分类。按结构形式不同，低压断路器分为万能式（又称框架式）断路器和塑壳式断路器。万能式断路器主要用作配电网络的保护开关，有 DW15、DW16、CW 系列；而塑料外壳式断路器除用作配电网络的保护开关外，还可用作电动机、照明线路的控制开关，有 DZ5 系列、DZ15 系列、DZ20 系列、DZ25 系列。

（2）按灭弧介质分类。按灭弧介质不同，低压断路器分为空气式和真空式（目前国产多为空气式）。

（3）按操作方式分类。按操作方式不同，低压断路器分为手动操作、电动操作和弹簧储能机械操作。

（4）按极数分类。按极数不同，低压断路器分为单极式、二极式、三极式和四极式。

（5）按安装方式分类。按安装方式不同，低压断路器分为固定式、插入式、抽屉式和嵌入式等。

低压断路器容量范围很大，最小为 4 A，而最大可达 5000 A。

3. 低压断路器的选择方法

低压断路器的型号含义如图 1-14 所示。

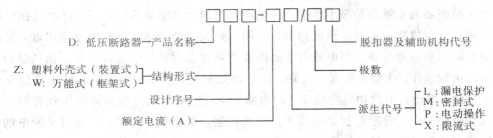

图 1-14 低压断路器型号含义

低压断路器的选择方法如下：

（1）断路器的额定电压和额定电流应大于或等于电气线路、设备的正常工作电压和工作电流。

（2）断路器的极限关断能力应大于或等于电气线路最大短路电流。

（3）欠电压脱扣器的额定电压应等于电气线路的额定电压。

（4）过电流脱扣器的额定电流应大于或等于电气线路的最大负载电流。

1.2.3　智能化断路器的结构原理及优点

传统的断路器保护功能是利用热磁效应原理并通过机械系统的动作来实现的。智能化断路器的特征则是采用了以微处理器或单片机为核心的智能控制器（智能脱扣器）技术。它不仅具备普通断路器的各种保护功能，同时还具有定时显示电路中的各种电器参数（电流、电压、功率、功率因数等）功能，以及对电路进行在线监视、自行调节、测量、试验、自诊断、可通信等功能。它还能对各种保护功能的动作参数进行显示、设定和修改，同时可使保护电路动作时的故障参数能够存储在存储器中以便查询。智能化断路器原理框图如图1-15所示。

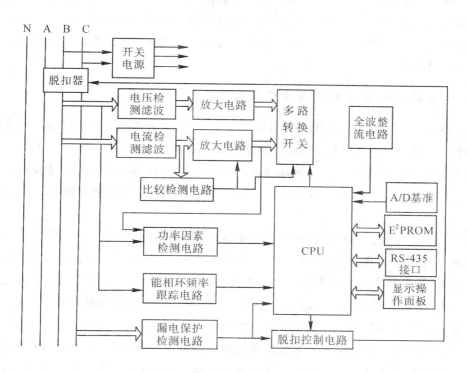

图 1-15　智能化断路器原理框图

与传统的断路器相比较，智能化断路器具有如下优点：

（1）采用智能化断路器技术后，对于非故障性的操作，断路器都可以在较低的速度下断开，减少断路器断开时的冲击力和机械磨损，从而提高断路器的使用寿命，在工程上可达到较好的经济效益和社会效益。

（2）采用智能化断路器技术可以实现高压开关设备的检测、保护、控制和通信等智能化功能。

（3）采用智能化断路器技术可以实现自动重合闸装置的多次重合闸。对于传统的重合闸开关而言，采用重合闸继电器，正常运行时，重合闸继电器的电容进行充电；当发生故障断路器断开后，电容进行瞬间放电从而达到重合目的；当重合闸故障时，由于电容未再进行充电，因此重合闸只能重合一次。采用智能化断路器技术后有可能改变目前的试探性自动重合闸的工作方式，实现自适应自动重合闸，即做到在短路故障开断后，若故障仍存在则拒绝重合闸，只有当故障消失后才进行重合。采用智能化断路器技术后就会避免传统重合闸只能重合一次的弊端。

（4）实现定相合闸，降低合闸操作过电压，取消合闸电阻，进一步提高可靠性；实现选相分闸，控制实际燃弧时间，使断路器起弧时间控制在最有利于燃弧的相位角，不受系统燃弧时差要求限制，从而提高断路器实际开断能力。

随着微电子技术、微机技术、计算机网络和数字通信技术的飞速发展，以及人工智能技术在开关电气产品研发和研究领域的应用，智能化断路器将会从简单的采用微机控制取代传统继电器功能的单一封闭装置，发展到具有完整的理论体系和多学科交叉的电器智能化系统，成为电气工程领域中电力开关设备、电力系统继电保护、工业供配电系统及工业控制网络技术新的发展方向。

1.2.4 漏电保护断路器的结构原理及应用

漏电保护断路器是电气系统中常用的电气开关，可对低压电网直接触电和间接触电进行有效保护，也可以作为三相电动机的缺相保护。它有单相和三相方式。

由于漏电保护断路器以漏电流或由此产生的中性点对地电压变化为动作信号，不必以负荷电流值来整定动作值，因此它的灵敏度高，动作后能有效地切断电源，保障人身安全。

图 1-16 所示为漏电保护断路器的电路原理图。图中，L 为控制开关 K1 的电磁铁线圈，漏电时可驱动开关 K1 断开。每个桥臂均用两只 IN4007 二极管串联，可提高耐压。R_3、R_4 阻值很大，所以当 K1 合上时，流经 L 的电流很小，不足以造成开关 K1 断开。R_3、R_4 为可控硅 V1、V2 的均压电阻，可以降低对可控硅的耐压要求。K2 为试验按钮，起模拟漏电的作用。按压试验按钮 K2，K2 接通，相当于外线火线对大地有漏电，这样，穿过磁环的三相电源线和零线的电流的矢量和不为零，磁环上的检测线圈的 a、b 两端就有感应电压输出，该电压立即触发 V2 导通。由于 C_2 预先充有一定电压，V2 导通后，C_2 便经 R_6、R_5、V2 放电，使 R_5 上产生电压触发 V1 导通。V1、V2 导通后，流经 L 的电流大增，使电磁铁动作，驱动开关 K1 断开，试验按钮的作用是可随时检查本装置功能是否完好。用电设备漏电引起电磁铁动作的原理与此相同。R_1 为压敏电阻，起过压保护作用。

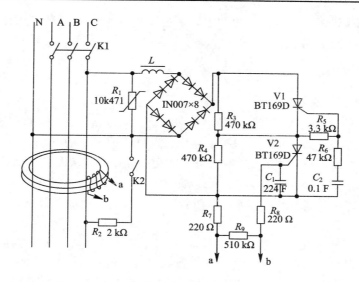

图 1-16 漏电保护断路器电路原理图

漏电保护断路器的应用范围如下：

（1）无双重绝缘，额定工作电压在 110 V 以上的移动电动工具。

（2）建筑工地供电线路。

（3）临时供电线路。

（4）住宅建筑和电气设备的供电线路。

一般防止直接接触带电体保护的动作电流值为 30 mA，在 0.1 s 内动作。可按需要安装间接接触保护的漏电保护器。

漏电保护断路器安装要求如下：

（1）被保护回路电源线，包括相线和中性线均应穿入零序电流互感器。

（2）接入零序互感器的一段电源线应用绝缘带包扎紧，捆成一束后由零序电流互感器孔的中心穿入。这样做主要是消除由于导线位置不对称而在铁芯中产生不平衡磁通。

（3）由零序互感器引出的零线上不得重复接地，否则在三相负荷不平衡时生成的不平衡电流，不会全部从零线返回，而有部分由大地返回，因此通过零序电流互感器电流的向量和便不为零，二次线圈有输出，可能会造成误动作。

（4）每一保护回路的零线均应专用，不得就近搭接，不得将零线相互连接，否则三相的不平衡电流或单相触电保护器相线的电流将有部分分流到相连接的不同保护回路的零线上，会使两个回路的零序电流互感器铁芯产生不平衡磁动势。

（5）保护器安装好后，通电并按试验按钮试跳。

1.3　电气系统常用低压熔断器的结构原理和选择

熔断器是通用电气元件，也是电气系统中常用的电路安全保护电器之一。熔断器是根据其上所通过的电流超过规定值后，以其自身产生的热量使熔体熔化，从而使电路断开。

熔断器广泛应用于供配电等电气系统和控制系统以及用电设备中,作为短路和过电流的保护器,它是电气系统中应用最普遍的保护器件之一。

1.3.1 常用低压熔断器的原理结构和分类

1. 工作原理及特点

熔断器是一种过电流保护器。熔断器在功能上主要由熔体和熔管以及外加填料等部分组成。使用时,将熔断器串联于被保护电路中,当被保护电路的电流超过规定值,并经过一定时间后,由熔体自身产生的热量熔断熔体,使电路断开,从而起到保护的作用。

熔断器是以金属导体作为熔体而分断电路的电器,串联于电路中,当过载或短路电流通过熔体时,熔体自身将发热而熔断,从而对电力系统、各种电工设备以及家用电器都起到了一定的保护作用。

熔断器具有反时限保护特性,如图 1-17 所示,当过载电流小时,熔断时间长;过载电流大时,熔断时间短。所以,在一定过载电流范围内,当电流恢复正常时,熔断器不会熔断,可继续使用。熔断器有各种不同的熔断特性曲线,可以适用于不同类型保护对象的需要。

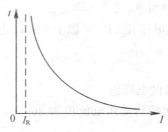

图 1-17　熔断器的反时限保护特性

2. 结构和分类

通常,熔断器在结构上主要由熔体、外壳和支座三部分组成,其中熔体是控制熔断特性的关键元件。熔体的材料、尺寸和形状决定了熔断特性。熔体材料分为低熔点和高熔点材料两类。低熔点材料如铅和铅合金,其熔点低,容易熔断,但由于其电阻率较大,故制成熔体的截面尺寸较大,熔断时产生的金属蒸气较多,只适用于低分断能力的熔断器。高熔点材料如铜、银,其熔点高,不容易熔断,但由于其电阻率较低,可制成比低熔点熔体较小的截面尺寸,熔断时产生的金属蒸气少,适用于高分断能力的熔断器。熔体的形状分为丝状和带状两种。改变截面的形状可显著改变熔断器的熔断特性。

熔断器的种类很多,按结构可分为开启式、半封闭式和封闭式;按有无填料可分为有填料式、无填料式。

1.3.2 常用低压熔断器及选择

1. 常用熔断器

1) 插入式熔断器

插入式熔断器如图 1-18 所示。常用的产品有 RC1A 系列,主要用于低压分支电路的保护,因其分断能力较小,故多用于照明电路和小型动力电路中。

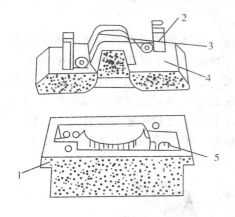
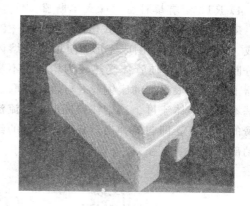

1—动触点；2—熔体；3—瓷插件；4—静触点；5—瓷座

图 1-18　插入式熔断器

2）螺旋式熔断器

螺旋式熔断器如图 1-19 所示，熔体装在一个瓷管内并填充石英砂，石英砂用于熔断时的消弧和散热，瓷管头部装有一个染成红色的熔断指示器，一旦熔体熔断，指示器马上弹出脱落，可透过瓷帽上的玻璃孔看到，起到指示的作用。螺旋式熔断器额定电流为 5～200 A，主要用于短路电流大的分支支路或有易燃气体的场所。

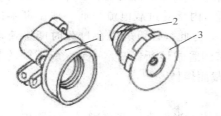

1—底座；2—熔体；3—瓷帽

图 1-19　螺旋式熔断器

3）RM10 型密闭管式熔断器

RM10 型密闭管式熔断器中的无填料管式熔断器如图 1-20 所示，其熔管由纤维物制成，使用的熔体为变截面的锌合金片。熔体熔断时，纤维熔管的部分纤维物因受热而分解，产生高压气体，使电弧很快熄灭。无填料管式熔断器具有结构简单，保护性能好，使用方便等特点，一般与刀开关组成熔断器刀开关组合来使用。

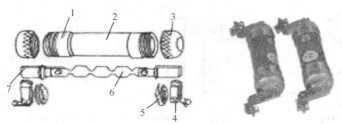

1—铜圈；2—熔断管；3—管帽；4—插座；
5—特殊垫圈；6—熔体；7—熔片

图 1-20　RM10 型（无填料）密闭管式熔断器

4）RT0 型有填料密闭管式熔断器

RT0 型有填料密闭管式熔断器如图 1-21 所示，熔体采用紫铜箔冲制的网状熔片并联而成，装配时将熔片围成笼形，使填料与熔体充分接触，这样既能均匀分布电弧能量，提高分断能力，又可使管体受热较为均匀而不易断裂。熔断指示器是一个机械信号装置，指示器上焊有一根很细的康铜丝，与熔体并联。在正常情况下，由于康铜丝的电阻很大，电流基本上从熔体流过。当熔体熔断时，电流流过康铜丝，使其迅速熔断。此时，指示器在弹簧的作用下立即向外弹出，显现出醒目的红色信号。绝缘手柄是用来装卸熔断器熔体的可动部件。

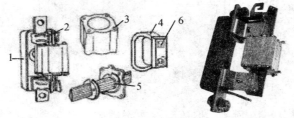

1—底座；2—接触片；3—瓷熔管；4—操作手柄；5—熔体；6—扣眼
图 1-21 RT0 型有填料密闭管式熔断器

5）快速式熔断器

快速式熔断器主要用于建筑电气设备中半导体器件的保护。半导体器件的过载能力很低，只能在极短的时间（数毫秒至数十毫秒）内承受过载电流。而一般熔断器的熔断时间是以秒计的，所以不能用来保护半导体器件，为此，必须采用在过载时能迅速动作的快速式熔断器。快速式熔断器的结构与有填料密闭管式熔断器基本一致，所不同的是快速式熔断器采用以银片冲制成的有 V 形深槽的变截面熔体。

6）自复式熔断器

自复式熔断器采用低熔点金属钠作熔体。当发生短路故障时，短路电流产生高温使钠迅速气化，呈现高阻状态，从而限制了短路电流的进一步增加。一旦故障消失，温度下降，金属钠蒸气冷却并凝结，恢复为原来的导电状态，为下一次动作做好准备。由于自复式熔断器只能限制短路电流，却不能真正切断电路，故常与断路器配合使用。它的优点是不必更换熔体，可重复使用。

2. 常用熔断器的选择

1）熔断器的型号及主要技术参数

熔断器的型号含义如图 1-22 所示。

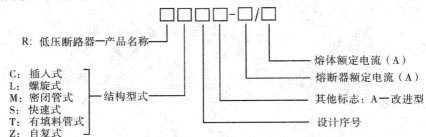

图 1-22 熔断器型号含义

熔断器的主要技术参数有：

（1）额定电压。它是指熔断器长期工作所能承受的电压，如交流 380 V、500 V、600 V、1000 V；直流 220 V、440 V 等，允许长期工作在额定电压下。

（2）额定电流。熔断器额定电流取决于熔断器各部分长期工作所允许的温升，该值根据被保护电器、电机的容量确定，并有规定的标准值。

熔体额定电流取决于熔体的最小熔断电流和熔化系数，根据需要可以将其划分为较细的等级，且不同等级的熔体可装入同一等级的熔断器中。

（3）分断能力。熔断器所能分断的最大短路电流值取决于熔断器的灭弧能力。它是熔断器的主要技术指标，与熔体额定电流大小无关。一般有填料的熔断器分断能力较强，能分断的电流值在 kA 级，而具有限流作用的熔断器分断能力更强。由于电路发生短路时，其短路电流增长要有一个过程，达到最大值（峰值）也需要一定的时间，若能采取某种措施使熔体的熔断时间小于这一时间，则熔断器即可在短路电流未达到峰值之前分断电路，这种作用称为限流作用。限流作用主要是通过采取措施缩短熔体熔化时间和提高灭弧能力来达到的。

（4）熔化特性与熔断特性。熔化特性可表示为试验电流与熔化时间的关系曲线；熔断特性则可表示为试验电流与熔断时间的关系曲线。前、后熔断器通过上述两个特性的合理配合或与其他电器动作特性合理配合，可使整个配电系统达到选择性保护的要求。

2）常用熔断器的选择依据及方法

主要依据电气负载的保护特性和短路电流的大小选择熔断器的类型。对于容量小的电动机和照明支线，常采用熔断器作为过载及短路保护，因而希望熔体的熔化系数适当小些，通常选用铅锡合金熔体的 RQA 系列熔断器。对于电气系统中较大容量的电动机和照明干线，则应着重考虑短路保护和分断能力，通常选用具有较高分断能力的 RM10 和 RL1 系列的熔断器；当短路电流很大时，宜采用具有限流作用的 RT0 和 RT12 系列的熔断器。

具体的选择方法如下：

（1）用于保护无启动过程的平稳负载，如电气照明线路、电气中电阻性负载时，熔体的额定电流等于或略大于线路的工作电流，额定电压应大于或等于线路的工作电压。

（2）保护电气系统中单台电动机时，考虑到电动机受启动电流的冲击，熔体的额定电流计算如下：

$$I_{RN} \geqslant (1.5 \sim 2.5) I_N \tag{1-4}$$

式中，I_{RN} 为熔体的额定电流，单位为 A；I_N 为电动机的额定电流，单位为 A。

当轻载启动或启动时间短时，系数可取 1.5；带重载启动或启动时间较长时，系数可取 2.5。

（3）保护电气系统中频繁启动的电动机时，熔体的额定电流计算如下：

$$I_{RN} \geqslant (3.0 \sim 3.5) I_N \tag{1-5}$$

（4）保护电气系统中多台电动机时，熔体的额定电流计算如下：

$$I_{RN} \geqslant (1.5 \sim 2.5) I_{N\max} + \sum I_N \tag{1-6}$$

式中，$I_{N\max}$ 为容量最大的那台电动机的额定电流，单位为 A；$\sum I_N$ 为其余电动机额定电流之和，单位为 A。

必须着重指出，在选用熔断器时，一定要保证所选型号熔断器的参数数值与被保护的负载技术数据相符合，否则不但起不到保护作用，反而会导致电气负载、电气线路损坏，严重时还会带来较大的危害。

1.4　电气控制系统常用主令电器

主令电器是通用电气元件，是在自动控制系统中专门用于发布控制命令的电器。它主要用来控制接触器、继电器或其他电器的线圈，使电路接通或分断，从而达到控制生产机械的目的。

主令电器应用广泛，种类繁多，是电气控制系统中常用的低压控制电器之一。电气控制系统中常用的主令控制电器按其作用可分为按钮、行程开关、接近开关、万能转换开关、主令控制器等。

1.4.1　常用按钮

按钮是用来切断和接通低电压、小电流的控制电路，是一种最简单的手动开关。

按钮从结构上看主要由按钮帽、复位弹簧、桥式触头和外壳等组成，如图 1－23 所示。按钮的种类很多，分类方法也很多，如果按用途和结构分类，按钮可分为启动按钮、停止按钮和复合按钮等。按钮的电气图形符号及文字符号如图 1－24 所示。

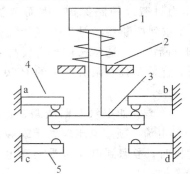

1—按钮帽；2—复位弹簧；3—动触头；4—常闭静触头；5—常开静触头

图 1－23　按钮的结构图

（a）常开按钮　　　　　（b）常闭按钮　　　　　（c）复合按钮

图 1－24　按钮的图形符号及文字符号

常开按钮：手指未按下时，触头是断开的；当手指按下时，触头接通，手指松开后，在复位弹簧作用下触头又返回原位断开。它常用作启动按钮。

常闭按钮：手指未按下时，触头是闭合的；当手指按下时，触头被断开，手指松开后，在复位弹簧作用下触头又返回原位闭合。它常用作停止按钮。

复合按钮：将常开按钮和常闭按钮组合为一体。当手指按下时，其常闭触头先断开，然后常开触头闭合；手指松开后，在复位弹簧作用下触头又返回原位。它常在控制电路中用作电气联锁。

为标明按钮的作用，避免误操作，通常将按钮帽制作成红、绿、黑、黄、蓝、白、灰等颜色。

(1)"停止"和"急停"按钮必须是红色的。当按下红色按钮时，必须使设备停止工作或断电。

(2)"启动"按钮的颜色是绿色。

(3)"启动"与"停止"交替动作的按钮的颜色必须是黑白、白或灰色，不得用红色和绿色。

(4)"点动"按钮必须是黑色的。

(5)"复位"按钮(如保护继电器的复位按钮)必须是蓝色的。当复位按钮还具有停止作用时，则它必须是红色的。

1.4.2　常用行程开关和接近开关

1. 行程开关

行程开关又称为位置开关或限位开关，它的作用是将机械位移转变为电信号，使电动机的运行状态发生改变。在实际生产中，将行程开关安装在预先安排的位置，当安装于生产机械运动部件上的挡块撞击到行程开关时，行程开关的触头动作，实现电路的切换。因此，行程开关是一种根据运动部件的行程位置而切换电路的电器，它的作用原理与按钮类似。行程开关广泛应用于各类建筑电气设备和机电设备，如机床和电梯、起重机械等，用以控制其行程，进行终端限位保护。在建筑的电梯控制电路中，还可利用行程开关来控制开/关轿门的速度、自动开/关门的限位，轿厢的上、下限位保护。

行程开关按其结构可分为直动式、滚轮式、微动式和组合式等，如图 1 – 25 所示。

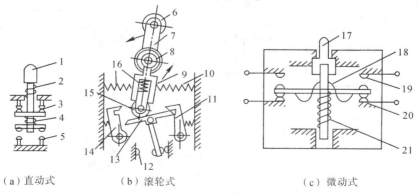

（a）直动式　　　（b）滚轮式　　　（c）微动式

1—顶杆；2、8、10、16—弹簧；3、20—常闭触头；4—弹簧触头；
5、19—常开触头；6—滚轮；7—上转臂；9—套架；11、14—压板；
12—触头；13—触头推杆；15—小滑轮；17—推杆；18—弯形片状弹簧；21—恢复弹簧

图 1 – 25　行程开关的结构图

1）直动式行程开关

直动式行程开关如图 1-25(a)所示，其动作原理与控制按钮类似，是用运动部件上的撞块来碰撞行程开关的顶杆，使触点的开闭状态发生变化，触点已接在控制电路中，从而使相应的电器动作，达到控制的目的。直动式行程开关的优点是结构简单、成本较低；缺点是触点的分合速度取决于撞块移动速度，若撞块移动速度太慢，则触点就不能瞬时切换电路，使电弧在触点上停留时间过长，容易烧蚀触点。因此这种开关不宜用在撞块移动速度低于 0.4 m/min 的场合。

2）滚轮式行程开关

滚轮式行程开关如图 1-25(b)所示，当被控机械上的撞块撞击带有滚轮的撞杆时，撞杆转向右边，带动凸轮转动，顶下推杆，使微动开关中的触头迅速动作。当运动机械返回时，在复位弹簧的作用下，各部分动作部件复位。滚轮式行程开关具体又分为单滚轮自动复位与双滚轮非自动复位两种形式。滚轮式行程开关的优点是克服了直动式行程开关的缺点，触点的通、断速度不受运动部件速度的影响，动作快；其缺点是结构复杂、价格较贵。

3）微动式行程开关

微动式行程开关如图 1-25(c)所示。微动式行程开关是行程非常小的瞬时动作开关，其特点是操作力小和操作行程短，主要用于机械、纺织、轻工等各种机械设备中作限位保护与连锁保护等。微动式行程开关也可以看成尺寸甚小而又非常灵敏的行程开关。微动式行程开关的缺点是不耐用。

行程开关的型号含义和电气符号如图 1-26 所示。

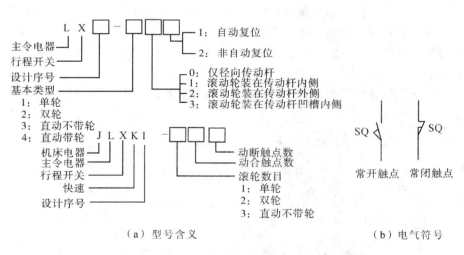

（a）型号含义　　　　　　　　（b）电气符号

图 1-26　行程开关的型号含义和电气符号

2. 接近开关

接近开关是一种非接触式的位置开关。它由感应头、高频振荡器、放大器和外壳组成。当运动部件与接近开关的感应头接近时，就使其输出一个电信号。

接近开关的用途已经远远超出一般行程开关的行程和限位保护，它还可以用于高速计数、测速，液面控制，检测金属体的存在，检测零件尺寸、无触点按钮及用作计算机或可编程控制器的传感器等。

接近开关按工作原理分为高频振荡型(检测各种金属)、永磁型及磁敏元件型、电磁感应型、电容型、光电型和超声波型等几种。常用的接近开关是高频振荡型，它由振荡、检测、晶闸管等部分组成。

1.4.3　常用万能转换开关和主令控制器

1. 万能转换开关

万能转换开关是一种多挡式、控制多回路的主令电器。万能转换开关主要用于各种控制线路的转换，电压表、电流表的换相测量控制，配电装置线路的转换和遥控等。万能转换开关还可以直接用于控制小容量电动机的启动、调速和换向。

图1-27所示为万能转换开关单层的结构示意图。万能转换开关一般由操作机构、定位装置、面板、手柄及触点等部件组成。触点的分断与闭合由凸轮进行控制。由于每层凸轮可制成不同的形状，因此当手柄转到不同位置时，通过各层凸轮的作用，可以使各对触点按需要的规律接通和分断。

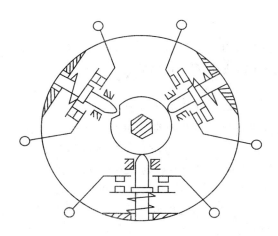

图1-27　万能转换开关单层结构示意图

根据手柄的操作方式，万能转换开关可分为自复式和定位式两种。所谓自复式是指用手拨动手柄于某一挡位时，手松开后，手柄会自动返回原位；定位式则是指手柄被置于某挡位时，不能自动返回原位而停在该挡位。

万能转换开关的手柄操作位置是以角度表示的。不同型号的万能转换开关的手柄有不同万能转换开关的触头，其在电路图中的图形符号如图1-28所示。但由于其触头的分、合状态与操作手柄的位置有关，因此除在电路图中画出触头图形符号外，还应画出操作手柄与触头分、合状态的关系。在图1-28(a)中，当万能转换开关打向左45°时，触头1-2、3-4、5-6闭合，触头7-8打开；当打向0°时，只有触头5-6闭合；当打向右45°时，触头7-8闭合，其余触头则打开。

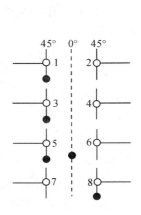

触头编号		45°	0°	45°
⟋	1-2		×	
⟋	3-4		×	
⟋	5-6		×	×
⟋	7-8			×

（a）图形符号   （b）触头闭合表

图 1-28　万能转换开关的图形符号

在电气控制系统中，万能转换开关常用于水泵的电气控制线路中。常用万能转换开关产品有 LW5 和 LW6 系列。LW5 系列可控制 5.5 kW 及以下的小容量电动机；LW6 系列只能控制 2.2 kW 及以下的小容量电动机。当它用于可逆运行控制时，只有在电动机停车后才允许反向启动。

2. 主令控制器

主令控制器是一种频繁对电路进行接通和切断的电器。通过它的操作，可以对控制电路发布命令，与其他电路联锁或切换。主令控制器常配合磁力启动器对绕线式异步电动机的启动、制动、调速及换向实行远距离控制，广泛用于建筑电气设备的控制系统和工业机电设备的控制系统中，如各类起重机械拖动电动机的控制等。

主令控制器触点的图形符号及操作手柄在不同位置时的触点分、合状态的表示方法与万能转换开关类似。与万能转换开关相比，主令控制器具有更多的挡位，而且操作比较轻便，允许每小时通电次数较多的特点，触点为双断点桥式结构。

从结构上讲，主令控制器分为两类：一类是凸轮可调式主令控制器；另一类是凸轮固定式主令控制器。图 1-29 所示为凸轮可调式主令控制器结构图，它主要由手柄、定位机构、转轴、凸轮和触头等组成。

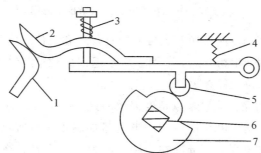

1—静触头；2—动触头；3—触头弹簧；
4—弹簧；5—滚子；6—方轴；7—凸轮

图 1-29　凸轮可调式主令控制器结构图

1.5　电气控制系统常用接触器

接触器是通用电气元件，是一种自动控制开关设备，它主要用于频繁接通或分断交、直流电路和大容量控制电路。与刀开关所不同的是，它是利用电磁吸力和弹簧反作用力配合使触头自动切换的电器。它具有比工作电流大数倍的接通和分断能力，但不能分断短路电流，并具有体积小、价格低、维护方便、控制容量大、寿命长的特点，适于频繁操作和远距离控制。因此接触器在电力拖动与自动控制系统中得到了广泛的应用。

接触器按其触头通过电流的种类可分为交流接触器和直流接触器。在电气控制系统中常用的是交流接触器。

1.5.1　交流接触器的组成

交流接触器的外形及图形符号如图 1 - 30 所示，其文字符号为 KM。

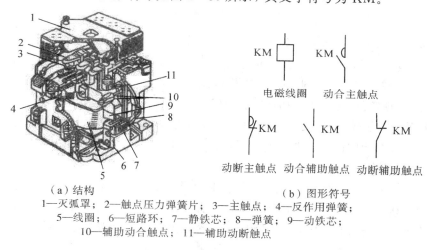

（a）结构　　　　　　　　　　　　　　　（b）图形符号

1—灭弧罩；　2—触点压力弹簧片；　3—主触点；　4—反作用弹簧；
5—线圈；　6—短路环；　7—静铁芯；　8—弹簧；　9—动铁芯；
10—辅助动合触点；　11—辅助动断触点

图 1 - 30　交流接触器外形及图形符号

交流接触器主要由电磁系统、触头系统和灭弧装置及其他部件等组成。

（1）电磁系统。电磁系统主要用于产生电磁吸力（动力）。它由电磁线圈（吸力线圈）、动铁芯（衔铁）和静铁芯等组成。交流接触器的电磁线圈是由绝缘铜导线绕制在铁芯上，铁芯由硅钢片叠压而成，以减少交流接触器吸合时产生的振动和噪声。

（2）触头系统。触头系统主要用于通、断电路或者传递信号。它分为主触头和辅助触头，主触头用于通、断电流较大的主电路，一般由三对动合触头组成；辅助触头用于通、断电流较小的控制电路，一般有动合和动断两对触头，常在控制电路中起电气自锁或互锁作用。

（3）灭弧装置。灭弧装置用来熄灭触头在切断电路时所产生的电弧，保护触头不受电弧灼伤。在交流接触器中常采用的灭弧方法有电动力灭弧和栅片灭弧。

（4）其他部件。其他部件包括反作用弹簧、缓冲弹簧、传动机构、接线柱和外壳等。

1.5.2 交流接触器的型号和选择方法

1. 交流接触器的型号和主要技术参数

交流接触器的型号含义如图 1-31 所示。

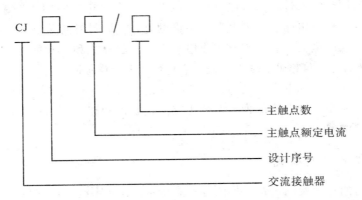

图 1-31 交流接触器型号含义

交流接触器的主要技术参数如下:

(1) 额定电压:是指主触头的额定电压。常用的额定电压值有 220、380 和 660 V 等。

(2) 额定电流:是指主触头的额定工作电流。它是在一定条件(额定电压、使用类别和操作频率等)下规定的,目前常用的电流等级为 5~800 A。

(3) 吸引线圈的额定电压:是指接触器正常工作时,吸引线圈上所加的电压值。一般该电压数值以及线圈的匝数、线径等数据均标于线包上,而不是标于接触器外壳铭牌上,使用时应加以注意。

(4) 动作电压值:是指接触器的吸合电压和释放电压。吸合电压是指接触器吸合前,缓慢增加吸合线圈两端的电压,接触器可以吸合时的最小电压。释放电压是指接触器吸合后,缓慢降低吸合线圈的电压,接触器释放时的最大电压。一般规定,吸合电压不低于线圈额定电压的 85%,释放电压不高于线圈额定电压的 70%。

(5) 额定操作频率:是指每小时允许的操作次数。接触器在吸合瞬间,吸引线圈需消耗比额定电流大 5~7 倍的电流,如果操作频率过高,则会使线圈严重发热,直接影响接触器的正常使用。一般额定操作频率为 300、600 和 1200 次/h。

(6) 寿命:包括机械寿命和电气寿命。接触器是频繁操作电路,应有较高的机械寿命和电气寿命,该指标是产品质量的重要指标之一。

2. 电气系统中交流接触器的选择方法

(1) 根据电气负载的性质选择交流接触器的类型。

(2) 交流接触器的额定电压应大于或等于电气负载回路的额定电压。

(3) 交流接触器的吸引线圈额定电压应与所接电气系统控制电路的额定电压等级一致。

(4) 额定电流应大于或等于被控电气主回路的额定电流。根据电气负载额定电流、交流接触器安装条件及电流流经触头的持续情况来选定交流接触器的额定电流。

1.6　电气控制系统常用控制继电器

　　控制继电器是通用电气元件，也是电气(设备)控制系统中最常用的电器之一。控制继电器主要用于电路的逻辑控制。控制继电器具有逻辑记忆功能，可以组成复杂的逻辑控制电路。控制继电器用于将某种电量(如电压、电流)或非电量(如温度、压力、转速、时间等)的变化量转换为开关量，以实现对电路的自动控制功能。

　　控制继电器的种类很多，按输入量，它可分为电压继电器、电流继电器、时间继电器、速度继电器、压力继电器等；按工作原理，它可分为电磁式继电器、感应式继电器、电动式继电器、电子式继电器等；按用途，它可分为控制继电器、保护继电器等；按输入量变化形式，它可分为有无继电器和量度继电器。电压继电器、电流继电器、时间继电器、速度继电器、压力继电器是电气系统中常用的控制继电器。

　　下面介绍几种常用的继电器，因为分类方式不同，所以在编排上互相有交叉。

1.6.1　电磁式继电器

　　在电气控制系统中常用的继电器大多数是电磁式继电器。电磁式继电器具有结构简单，价格低廉，使用、维护方便，触点容量小(一般在 5 A 以下)，触点数量多且无主辅之分，无灭弧装置，体积小，动作迅速、准确，控制灵敏、可靠等特点，因此广泛地应用于低压控制系统中。常用的电磁式继电器有电流继电器、电压继电器、中间继电器以及各种小型通用继电器等。

　　电磁式继电器的结构和工作原理与接触器相似，主要由电磁机构和触点组成。电磁式继电器也有直流和交流两种。图 1-32 所示为直流电磁式继电器结构示意图，在线圈两端加上电压或通入电流，产生电磁力，当电磁力大于弹簧反力时，吸动衔铁使常开、常闭接点动作；当线圈的电压或电流下降或消失时衔铁释放，接点复位。

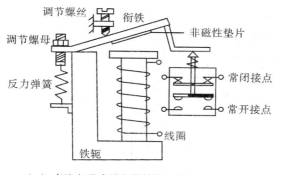
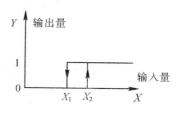

（a）直流电磁式继电器结构示意图　　　　　　　（b）继电器输入-输出特性

图 1-32　直流电磁式继电器结构示意图

1. 电磁式继电器的整定

继电器的吸动值和释放值可以根据保护要求在一定范围内调整，现以图 1-32 所示的直流电磁式继电器为例予以说明。

(1) 转动调节螺母,调整反力弹簧的松紧程度可以调整动作电流(电压)。弹簧反力越大,动作电力(电压)就越大;反之其就越小。

(2) 改变非磁性垫片的厚度。非磁性垫片越厚,衔铁吸合后磁路的气隙和磁阻就越大,释放电流(电压)也就越大;反之其越小,而吸引值不变。

(3) 调节螺丝可以改变初始气隙的大小。在反作用弹簧力和非磁性垫片厚度一定时,初始气隙越大,吸引电流(电压)就越大;反之其就越小,而释放值不变。

2. 电磁式继电器的特性

继电器的主要特性是输入-输出特性,又称为继电特性,如图 1-32(b)所示。

当继电器输入量 X 由 0 增加至 X_2 之前,输出量 Y 为 0。当输入量增加到 X_2 时,继电器吸合,输出量 Y 为 1,表示继电器线圈得电,常开接点闭合,常闭接点断开。当输入量继续增大时,继电器动作状态不变。

在输出量 Y 为 1 的状态下,输入量 X 减小,当它小于 X_2 时 Y 值仍不变;当 X 再继续减小至小于 X_1 时,继电器释放,输出量 Y 变为 0;X 再减小,Y 值仍为 0。

在继电器特性曲线中,X_2 称为继电器的吸合值;X_1 称为继电器的释放值。$k = X_1 / X_2$,称为继电器的返回系数,它是继电器的重要参数之一。

返回系数 k 值可以调节,不同场合对 k 值的要求不同。例如,一般控制继电器要求 k 值低些,在 0.1~0.4 之间,这样继电器吸合后,输入量波动较大时不致引起误动作。而保护继电器要求 k 值高些,一般在 0.85~0.9 之间。k 值是反映吸力特性与反力特性配合紧密程度的一个参数,一般 k 值越大,继电器灵敏度越高;k 值越小,灵敏度越低。

1.6.2 中间继电器

中间继电器是电气控制系统中常用的继电器之一。它的结构和接触器基本相同,如图 1-33(a)所示;其图形符号如图 1-33(b)所示。

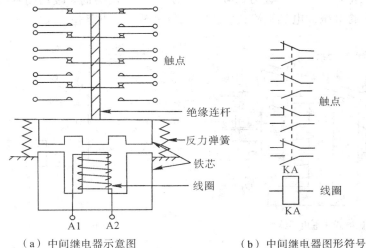

(a) 中间继电器示意图   (b) 中间继电器图形符号

图 1-33 中间继电器的结构示意图及图形符号

中间继电器在控制电路中起逻辑变换和状态记忆的功能,以及用于扩展接点的容量和数量。另外，在控制电路中还可以调节各继电器、开关之间的动作时间，以防止电路误动作。中间继电器实质上是一种电压继电器，它是根据输入电压的有或无而动作的，一般触点对数多，触点容量额定电流为 5～10 A。中间继电器体积小，动作灵敏度高，一般不用于直接控制电路的负荷，但当电路的负荷电流在额定电流以下时，也可代替接触器起控制负荷的作用。中间继电器的工作原理和接触器一样，触点较多，一般为四常开和四常闭触点。常用的中间继电器型号有 JZ7、JZ14 等。

1.6.3　常用电流继电器和电压继电器

1. 电流继电器

电流继电器的输入量是电流，它是根据输入电流大小而动作的继电器。电流继电器的线圈串联接入电路中，以反映电路电流的变化，其线圈匝数少、导线粗、阻抗小。电流继电器可分为欠电流继电器和过电流继电器。

欠电流继电器用于欠电流保护或控制，如直流电动机励磁绕组的弱磁保护，电磁吸盘中的欠电流保护，绕线式异步电动机启动时电阻的切换控制等。欠电流继电器的动作电流整定范围为线圈额定电流的 30%～65%。需要注意的是，欠电流继电器在电路正常工作时，若电流正常不欠电流，则欠电流继电器处于吸合动作状态，常开接点处于闭合状态，常闭接点处于断开状态；当电路出现不正常现象或故障现象导致电流下降或消失时，继电器中流过的电流小于释放电流而动作，所以欠电流继电器的动作电流为释放电流而不是吸合电流。

过电流继电器用于过电流保护或控制，如起重机电路中的过电流保护。过电流继电器在电路正常工作时流过正常工作电流，若正常工作电流小于继电器所整定的动作电流，则继电器不动作，当电流超过动作电流整定值时才动作。过电流继电器动作时，其常开接点闭合，常闭接点断开。过电流继电器整定范围为额定电流的 110%～400%，其中交流过电流继电器为额定电流的 110%～400%，直流过电流继电器为额定电流的70%～300%。

常用电流继电器的型号有 JL12、JL15 等。

电流继电器作为保护电器时，其图形符号如图 1-34 所示。

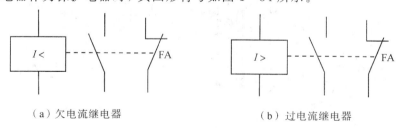

（a）欠电流继电器　　　　　　　　　　（b）过电流继电器

图 1-34　电流继电器的图形符号

2. 电压继电器

电压继电器的输入量是电路的电压大小，其根据输入电压大小而动作。与电流继电器类似，电压继电器也分为欠电压继电器和过电压继电器两种。过电压继电器动作电压范围为额定电压的 105%～120%；欠电压继电器吸合电压动作范围为额定电压的 20%～50%，释放电压调整范围为额定电压的 7%～20%；零电压继电器在电压降低至额定电压的 5%～25%时动作，它们分别起过压、欠压、零压保护。电压继电器工作时并联在电路中，因此线圈匝数多、导线细、阻抗大，反映电路中电压的变化，用于电路的电压保护。

电压继电器常用在电力系统继电保护中，在低压控制电路中使用较少。

电压继电器作为保护电器时，其图形符号如图 1-35 所示。

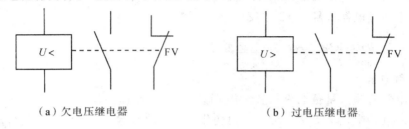

（a）欠电压继电器　　　　　　　　　　　（b）过电压继电器

图 1-35　电压继电器的图形符号

1.6.4　热继电器

热继电器是通用电气元件，也是电气设备中最常用的电器元件。热继电器主要用于电力拖动系统中电动机的过负荷保护，如起重机、电梯、供水设备等的电动机保护。

电动机在实际运行中，常会遇到因电气或机械原因等引起的过电流（过负荷和断相）现象。如果过电流情况不严重，持续时间短，绕组不会超过允许温升，这种过电流是允许的；如果过电流情况严重，持续时间较长，则会加速电动机绝缘的老化，缩短电动机的使用年限，甚至烧毁电动机。因此，在电动机回路中必须设置保护装置。

1. 热继电器的结构与工作原理

热继电器是利用电流的热效应来切断电路的保护电器，它主要由发热元件、双金属片和触头及动作机构等部分组成。图 1-36(a)所示是双金属片式热继电器的结构示意图；图 1-36(b)所示是其图形符号。由图可见，热继电器主要由双金属片、热元件、复位按钮、传动杆、拉簧、调节旋钮、复位螺丝、触点和接线端子等组成。

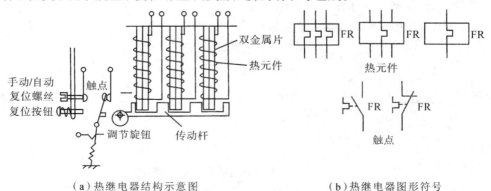

（a）热继电器结构示意图　　　　　　　　（b）热继电器图形符号

图 1-36　双金属片式热继电器结构示意图及图形符号

双金属片是一种将两种线膨胀系数不同的金属用机械辗压方法使之形成一体的金属片。其中，膨胀系数大的（如铁镍铬合金、铜合金或高铝合金等）称为主动层；膨胀系数小的(如铁镍类合金)称为被动层。由于两种线膨胀系数不同的金属紧密地贴合在一起,当产生热效应时,使得双金属片向膨胀系数小的一侧弯曲,由弯曲产生的位移带动触头动作。

热元件一般由铜镍合金、镍铬铁合金或铁铬铝等合金电阻材料制成,其形状有圆丝、扁丝、片状和带状几种。热元件串接于电动机的定子电路中,通过热元件的电流就是电动机的工作电流(大容量的热继电器装有速饱和互感器,热元件串接在其二次回路中)。当电动机正常运行时,其工作电流通过热元件产生的热量不足以使双金属片变形,热继电器不会动作。当电动机发生过电流且超过整定值时,双金属片的热量增大而发生弯曲,经过一定时间后,使触点动作,通过控制电路切断电动机的工作电源。同时,热元件也因失电而逐渐降温,经过一段时间的冷却,双金属片恢复到原来状态。

热继电器动作电流的调节是通过旋转调节旋钮来实现的。调节旋钮为一个偏心轮,调节旋钮可以改变传动杆和动触点之间的传动距离,距离越长,动作电流就越大;反之,动作电流就越小。

热继电器复位方式有自动复位和手动复位两种。将复位螺丝旋入,使常开的静触点向动触点靠近,这样动触点在闭合时处于不稳定状态,在双金属片冷却后动触点也返回,为自动复位方式。若将复位螺丝旋出,则触点不能自动复位,为手动复位方式。在手动复位方式下,需在双金属片恢复状时按下复位按钮才能使触点复位。

2. 热继电器的型号与选择方法

我国目前生产的热继电器主要有 JR0、JR1、JR2、JR9、JR10、JR15、JR16 等系列。JR1、JR2 系列热继电器采用间接受热方式,其主要缺点是双金属片靠发热元件间接加热,热耦合较差;双金属片的弯曲程度受环境影响较大,不能正确反映负载的过电流情况。JR0、JR15、JR16 等系列热继电器采用复合加热方式,并采用了温度补偿元件,因此其较能正确反映负载的工作情况。

热继电器主要用于电动机的过载保护,使用中应考虑电动机的工作环境、启动情况、负载性质等因素,具体应按以下几个方面来选择:

(1) 热继电器结构形式的选择。星形(Y 形)接法的电动机可选用两相或三相结构热继电器;三角形(△形)接法的电动机应选用带断相保护装置的三相结构热继电器。

(2) 热继电器的动作电流整定值一般为电动机额定电流的 1.05～1.1 倍。

(3) 对于重复短时工作的电动机(如起重机电动机),由于电动机不断重复升温,热继电器双金属片的温升跟不上电动机绕组的温升,电动机将得不到可靠的过载保护。因此,不宜选用双金属片热继电器,而应选用过电流继电器或能反映绕组实际温度的温度继电器来进行保护。

1.6.5　时间继电器

时间继电器是通用电气元件,也是电气设备中最常用的电器元件。时间继电器用于按照所需时间间隔接通或断开被控制的电路,以协调和控制生产机械的各种动作,因此它是按整定时间长短进行动作的控制电器。

1. 时间继电器的分类

时间继电器在控制电路中用于时间的控制。时间继电器种类很多,按其动作原理可分为电磁式、空气阻尼式、电动式和电子式等;按其延时方式可分为通电延时型和断电延时型。

2. 空气阻尼式时间继电器的工作原理

下面以 JS7 型空气阻尼式时间继电器为例说明其工作原理。空气阻尼式时间继电器是利用空气阻尼原理获得延时的,它由电磁机构、延时机构和触头系统三部分组成。其中,电磁机构为直动式双 E 形铁芯,触头系统借用 LX5 型微动开关,延时机构采用气囊式阻尼器。

空气阻尼式时间继电器可以制成通电延时型,也可改成断电延时型,其中的电磁机构可以是直流的,也可以是交流的,如图 1-37 所示。现以通电延时型时间继电器为例介绍其工作原理。

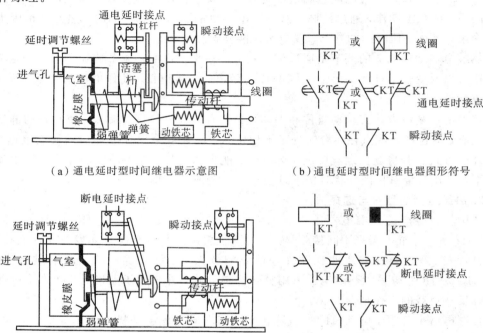

（a）通电延时型时间继电器示意图　　　　（b）通电延时型时间继电器图形符号

（c）断电延时型时间继电器示意图　　　　（d）断电延时型时间继电器图形符号

图 1-37　空气阻尼式时间继电器示意图及图形符号

在图 1-37(a)中,通电延时型时间继电器为线圈不得电时的情况,当线圈通电后,动铁芯吸合,带动 L 形传动杆向右运动,使瞬动接点受压,其接点瞬时动作。活塞杆在塔形弹簧的作用下,带动橡皮膜向右移动,弱弹簧将橡皮膜压在活塞上,橡皮膜左方的空气不能进入气室,形成负压,只能通过进气孔进气,因此活塞杆只能缓慢地向右移动,其移动的速度和进气孔的大小有关(通过延时调节螺丝调节进气孔的大小可改变延时时间)。经过一定的延时后,活塞杆移动到右端,通过杠杆压动微动开关(通电延时接点),使其常闭触头断开、常开触头闭合,起到通电延时作用。

当线圈断电时,电磁吸力消失,动铁芯在反力弹簧的作用下释放,并通过活塞杆将活塞推向左端,这时气室内中的空气通过橡皮膜和活塞杆之间的缝隙排掉,瞬动接点和延时接点迅速复位,无延时。

如果将通电延时型时间继电器的电磁机构反向安装,那么就可以改为断电延时型时间继电器,如图 1-37(c)中断电延时型时间继电器所示。线圈不得电时,塔形弹簧将橡皮膜和活塞杆推向右侧,杠杆将延时接点压下(**注意**:原来通电延时的常开接点现在变成了断电延时的常闭接点，原来通电延时的常闭接点现在变成了断电延时的常开接点）；当线圈通电时，动铁芯带动 L 形传动杆向左运动，使瞬动接点瞬时动作，同时推动活塞杆向左运动，如前所述，活塞杆向左运动不延时，延时接点瞬时动作。线圈失电时，动铁芯在反力弹簧的作用下返回，瞬动接点瞬时动作，延时接点延时动作。

时间继电器线圈和延时接点的图形符号都有两种画法，而线圈中的延时符号可以不画，接点中的延时符号可以画在左边也可以画在右边，但是圆弧的方向不能改变，如图 1-37(b) 和 (d) 所示。

3. 空气阻尼式时间继电器的特点和选择

空气阻尼式时间继电器的优点是结构简单，延时范围大，寿命长，价格低廉，且不受电源电压及频率波动的影响；其缺点是延时误差大，无调节刻度指示，一般适用延时精度要求不高的场合。常用空气阻尼式时间继电器产品有 JS7-A、JS23 等系列，其中 JS7-A 系列的主要技术参数为延时范围，分为 0.4～60 s 和 0.4～180 s 两种，操作频率为 600 次/h，触头容量为 5 A，延时误差为 ±15%。在使用空气阻尼式时间继电器时，应保持延时机构的清洁，防止因进气孔堵塞而失去延时作用。

时间继电器在选用时应根据控制要求选择其延时方式，根据延时范围和精度选择继电器的类型。

1.6.6　速度继电器

速度继电器又称为反接制动继电器，它主要用于三相鼠笼形异步电动机的反接制动控制。图 1-38 所示为速度继电器的原理示意图及图形符号，它主要由转子、定子和触头三部分组成。转子是一个圆柱形永久磁铁；定子是一个鼠笼形空心圆环，由硅钢片叠成，并装有鼠笼形绕组。其转子的轴与被控电动机的轴相连接，当电动机转动时，转子（圆柱形永久磁铁）随之转动并产生一个旋转磁场，定子中的鼠笼形绕组切割磁力线而产生感应电流和磁场，两个磁场相互作用，使定子受力而跟随转动，当达到一定转速时，装在定子轴上的摆锤推动簧片触点运动，使常闭触点断开，常开触点闭合。当电动机转速低于某一数值时，定子产生的转矩减小，触点在簧片作用下复位。

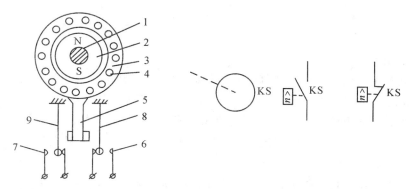

（a）速度继电器原理示意图　　　　（b）速度继电器图形符号

1—转子；2—电动机轴；3—定子；4—绕组；5—定子柄；

6—静触头；7—动触头；8、9—簧片

图 1-38　速度继电器的原理示意图及图形符号

常用的速度继电器有 JY1 型和 JFZ0 型两种。其中，JY1 型可在 700～3600 r/min 范围工作，JFZ0 - 1 型适用于 300～1000 r/min，JFZ0 - 2 型适用于 1000～3000 r/min。

一般速度继电器都具有两对转换触点，一对用于正转时动作，另一对用于反转时动作。触点的额定电压为 380 V，额定电流为 2 A。通常速度继电器动作转速为 130 r/min，复位转速在 100 r/min 以下。

1.6.7　液位继电器和压力继电器

液位继电器和压力继电器是通用电气元件，在电气控制系统中常用于检测液体的液位和压力，如高位水箱的液位和供水系统的压力检测等。

1. 液位继电器

液位继电器主要用于对液位的高低进行检测并发出开关量信号，以控制电磁阀、液泵等设备对液位的高低进行控制。液位继电器的种类很多，工作原理也不尽相同，下面介绍 JYF - 02 型液位继电器。其结构示意图及图形符号如图 1 - 39 所示。浮筒置于液体内，浮筒的另一端为一根磁钢，靠近磁钢的液体外壁也装一根磁钢，并和动触点相连，当水位上升时，受浮力上浮而绕固定支点上浮，带动磁钢条向下。当内磁钢 N 极低于外磁钢 N 极时，由于液体壁内外两根磁钢同性相斥，壁外的磁钢受排斥力迅速上翘，带动触点迅速动作。同理，当液位下降，内磁钢 N 极高于外磁纲 N 极时，外磁钢受排斥力迅速下翘，带动触点迅速动作。液位高低的控制是由液位继电器安装的位置决定的。

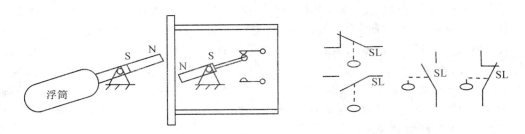

（a）液位继电器（传感器）示意图　　　　（b）图形符号

图 1 - 39　JYF - 02 型液位继电器结构示意图及图形符号

2. 压力继电器

压力继电器主要用于对液体或气体压力的高低进行检测并发出开关量信号，以控制电磁阀、液泵等设备对压力的高低进行控制。其结构示意图及图形符号如图 1 - 40 所示。

压力继电器主要由压力传送装置和微动开关等组成，液体或气体压力经压力入口推动橡皮膜和滑杆，克服弹簧反力向上运动；当压力达到给定压力时，触动微动开关，发出控制信号，旋转调压螺母可以改变给定压力。

继电器作为控制元件，概括起来有如下几种作用：

（1）扩大控制范围。例如，多触点继电器控制信号达到某一定值时，可以按触点组的不同形式，同时换接、关断、接通多路电路。

（2）放大。例如，灵敏型继电器、中间继电器等，用一个很微小的控制量，可以控制很大功率的电路。

（3）综合控制信号。例如，当多个控制信号按规定的形式输入多绕组继电器时，经过比较、综合，达到预定的控制效果。

（4）自动、遥控、监测。例如，自动装置上的继电器与其他电器一起，可以组成程序控制线路，从而实现自动化运行。

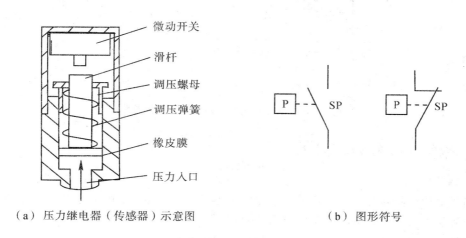

（a）压力继电器（传感器）示意图　　　　　（b）图形符号

图 1-40　压力继电器结构示意图及图形符号

1.7　电气控制常用其他低压电器

1.7.1　常用控制电磁铁

电气控制常用的电磁铁有 MQ 型牵引电磁铁、MW 型起重电磁铁、MZ 型制动电磁铁等。

MQ 型牵引电磁铁用于在低压交流电路中作为机械设备及各种自动化系统操作机构的远距离控制。

MW 型起重电磁铁用于安装在起重机械上吸引钢铁等磁性物质。

MZD 型单相制动电磁铁和 MZS 型三相制动电磁铁一般用于组成电磁制动器。由制动电磁铁组成的 TJ2 型交流电磁制动器的结构示意图如图 1-41(a)所示。通常，电磁制动器和电动机轴安装在一起，其电磁制动线圈和电动机线圈并联，两者同时得电或电磁制动线圈先得电之后电动机紧随其后得电。电磁制动器线圈得电吸引衔铁使弹簧受压，闸瓦和固定在电动机轴上的闸轮松开，电动机旋转。当电动机和电磁制动器同时失电时，在压缩弹簧的作用下闸瓦将闸轮抱紧，以使电动机制动。

电磁铁的图形符号和电磁制动器一样，文字符号为 YB。电磁制动器的图形符号如图 1-41(b)所示。

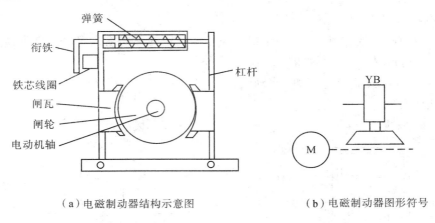

（a）电磁制动器结构示意图　　　　　　（b）电磁制动器图形符号

图 1-41　电磁制动器的示意图及图形符号

1.7.2　常用其他低压控制电器

1. 信号灯

信号灯也叫指示灯，是通用电气元件，在各种电气设备及电气线路中可作为电源指示、显示设备的工作状态以及操作警示等使用。

信号灯发光体主要有白炽灯、氖灯和发光二极管等。

信号灯有持续发光（平光）和断续发光（闪光）两种发光形式，一般信号灯用平光灯。

常用的信号灯型号有 AD11、AD30、ADJ1 等。信号灯的主要参数有工作电压、安装尺寸及发光颜色等。具体内容可查阅相关参考手册。

2. 报警器

常用的电气报警器有电铃和电喇叭等，一般电铃用于正常的操作信号（如设备启动前的警示）和设备的异常现象（如变压器的过载、漏油）；电喇叭用于设备的故障信号（如线路短路跳闸）。报警器的图形符号如图 1-42 所示。

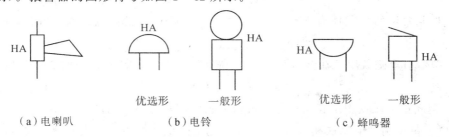

优选形　　　一般形　　　　　　　优选形　　　一般形

（a）电喇叭　　　　　　（b）电铃　　　　　　　（c）蜂鸣器

图 1-42　报警器的图形符号

3. 液压控制元件

随着计算机和自动控制技术的不断发展，液压控制技术与电气控制结合得越来越紧密。液压控制元件在建筑电气设备中也得到了广泛应用。液压传动具有运动平稳，可实现在大范围内无级调速，易实现功率放大等特点，被广泛地应用于工业生产的各个领域。液压传动系统由 4 种主要元件组成：动力元件——液压泵，执行元件——液压缸和液压马达，控制元件——各种控制阀，辅助元件——油箱、油路、滤油器等。其中，控制阀包括压力控制阀、流量控制阀、方向控制阀和电液比例控制阀等。压力控制阀用以调节系统的压力，如溢流阀、减压阀等；流量控制阀用以调节系统工作液流量大小，如节流阀、调速阀等；方向控制阀用以接通或关断油路，改变工作液体的流动方向，实现运动换相；电液比例控制阀用以利用开环或闭环控制方式对液压系统中的压力、流量进行有级或无级调节。液压元件的种类很多，这里介绍几种常用的液压元件及其符号。在液压系统图中，液压元件的符号只表示元件的职能，不表示元件的结构和参数。图 1-43 所示为几种常用液压元件的符号。

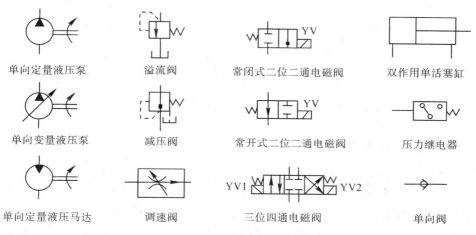

图 1-43　常用液压元件的符号

液压阀的控制有手动控制、机械控制、液压控制、电气控制等。电磁阀线圈的电气图形符号和电磁铁、继电器线圈一样，文字符号为 YV。具体内容可查阅相关参考手册。

1.8　电气元件的图形符号和文字符号

1.8.1　电气元件的图形符号

电气元件的图形符号是电气设计人员的通用语言，国际上通用的电气图形符号标准是 IEC(国际电工委员会)标准。中国新的国家标准图形符号(GB)和 IEC 标准是一致的，国标序号为 GB4728。这些通用的电气图形符号在相关手册中都可查到。目前，电气图形符号执行的国家标准是新的 GB/T4728 — 1996 — 2000《电气简图用图形符号》、GB/T6988.1 — 4 — 2002《电气技术文件编制》等新标准。以上标准给出了大量的常用电器图形符号，以表示产品特征。对于一些组合电器，在不必考虑其内部细节时可用方框符号表示。

新的国家标准的一个显著特点就是图形符号可以根据需要进行组合，在该标准中除了提供了大量的一般符号之外，还提供了大量的限定符号和符号要素。限定符号和符号要素不能单独使用，它相当于一般符号的配件。将某些限定符号或符号要素与一般符号进行组合就可组成各种电气图形符号，如图 1-44 所示。

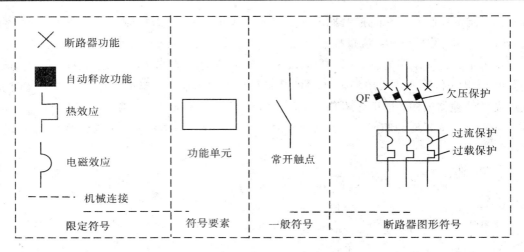

图 1-44　断路器图形符号的组成

1.8.2　电气元件的文字符号

电气元件的文字符号是在电气元件图形符号旁标注的文字代号，起辅助说明作用，它是电气设计人员的通用语言文字符号。目前执行的国家标准是 GB/T7159—1987《电气技术中的文字符号制定通则》。在 GB/T7159—1987《电气技术中的文字符号制定通则》中，将所有的电气设备、装置和元件分成 23 大类，每个大类用一个大写字母表示。文字符号分为基本文字符号和辅助文字符号。

基本文字符号分为单字母符号和双字母符号两种。单字母符号应优先采用，每个单字母符号表示一个电器大类。如 C 表示电容器类、R 表示电阻器类等。

双字母符号由一个表示种类的单字母符号和另一个字母组成，其中第一个字母表示电器的大类，第二个字母表示对某电器大类的进一步划分。例如，G 表示电源大类，GB 表示蓄电池；S 表示电路开关，SB 表示按钮，SP 表示压力传感器(继电器)。

文字符号用于标明电器的名称、功能、状态和特征。同一电器如果功能不同，其文字符号也不同。例如，照明灯的文字符号为 EL，信号灯的文字符号为 HL。

辅助文字符号表示电气设备、装置和元件的功能、状态和特征，由 1～3 位英文名称缩写的大写字母表示。例如，辅助文字符号 BW(Backward 的缩写)表示向后，P(Pressure 的缩写)表示压力。辅助文字符号可以和单字母符号组合成双字母符号，例如，单字母符号 K(表示继电器接触器大类)和辅助文字符号 AC(交流)组合成双字母符号 KA，表示交流继电器；单字母符号 M(表示电动机大类)和辅助文字符号 SYN(同步)组合成双字母符号 MS，表示同步电动机。辅助文字符号可以单独使用。常用的建筑电气元件图形符号和文字符号参见附录。

思考题与习题 1

1-1　低压电器的分类有哪几种？

1-2 常用的低压电器有哪些？它们在电路中起何种保护作用？

1-3 熔断器的额定电流、熔体的额定电流有什么区别？

1-4 闸刀开关在安装时，为什么不能倒装？如果将电源线接在闸刀下端，将有什么问题？

1-5 根据低压断路器的原理图，说明在什么情况下自由脱扣机构可以动作。

1-6 复合按钮动作时，动合触点和动断触点如何动作？

1-7 交流接触器线圈断电后，动铁芯不能立即释放，电动机不能立即停止，原因是什么？

1-8 交流电磁线圈错误接入对应直流电压电源，直流电磁线圈错误接入对应交流电压电源，将会发生什么现象？为什么？

1-9 在电动机主电路中装有熔断器，为什么还要装热继电器？热继电器与熔断器的作用有何不同？

1-10 接触器选用的原则是什么？

1-11 交流电磁式继电器与直流电磁式继电器以什么来区分？

1-12 过电压继电器与过电流继电器的整定范围各是多少？

1-13 中间继电器与电压继电器在结构上有哪些异同点？在电路中各起什么作用？

1-14 电磁式继电器的选择要点是什么？

1-15 简述电磁阻尼式时间继电器延时工作原理及调节延时方法。

1-16 对于星形联结三相感应电动机可用一般三相热继电器作断相保护吗？对于三角形联结三相感应电动机必须使用三相具有断相保护的热继电器，对吗？

1-17 试比较电磁阻尼式、空气阻尼式、电动式、电子式时间继电器的工作原理、应用场合。

1-18 简述双金属片式热继电器的结构与工作原理。

1-19 如何选择热继电器？

1-20 热继电器与熔断器在电路中功能有什么不同？

1-21 熔断器的额定电流、熔体的额定电流和熔断器的极限分断电流三者各有什么不同？

1-22 低压断路器具有哪些脱扣装置？试分别叙述其功能。

1-23 如何选用塑壳式断路器？

1-24 控制按钮有哪些主要参数？如何选用？

1-25 主令开关的主要参数有哪些？如何选用？

1-26 什么是电气元件图中的图形符号和文字符号？

第 2 章　电气控制常用继电接触控制
线路与典型控制系统分析

电气控制系统的控制方法主要有继电接触器逻辑控制、可编程逻辑控制、DDC 控制器控制、计算机控制（单片机、可编程控制器等）等。主要由继电器和接触器等控制电器组成的自动控制系统，称为继电器-接触器逻辑控制系统，简称继电接触控制系统。继电接触器逻辑控制是由各种有触点电器，如接触器、继电器、按钮、开关等组成的。它具有结构简单，价格便宜，抗干扰能力强等优点，可应用于各类生产设备及控制、远距离控制和生产过程自动控制。它是传统的电气控制技术，也是电气控制系统常用的控制技术。任何复杂的控制电路或系统，都是由一些比较简单的基本控制环节、保护环节根据不同要求组合而成的。

本章主要介绍继电接触控制的基本线路和典型电气设备的继电接触控制系统分析，掌握这些基本控制环节是学习以后各章内容和 PLC 控制技术的基础。

2.1　电气控制常用继电接触控制的基本线路

2.1.1　点动控制和连续控制

1. 点动控制

所谓点动，即按下按钮时电动机转动工作，松开按钮时电动机停止工作。点动控制线路如图 2-1 所示，图中左侧部分为主电路，三相电源经刀开关 QS、熔断器 FU 和接触器 KM 的三对主触点，接到电动机定子绕组。主电路中流过的电流是电动机工作电流，电流值较大。右侧部分为控制电路，由按钮 SB 和接触器 KM 线圈串联而成，控制电路的电流较小。

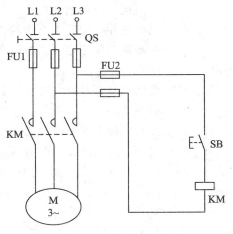

图 2-1　点动控制线路

点动控制线路的工作原理：合上刀开关 QS后，因为未按下点动按钮 SB，接触器 KM 线圈没有得电，KM 的主触点断开，电动机 M 不得电，所以不会启动。

按下点动按钮 SB 后，控制电路中接触器 KM 线圈得电，其主回路中的动合触点闭合，电动机得电启动运行。

松开按钮 SB 后，按钮在复位弹簧作用下自动复位断开，控制电路中 KM 线圈失电，主电路中 KM 触点恢复断开状态，电动机断电直至停止运行。

该控制电路中，QS 为刀开关，不能直接控制电动机，只能起电源引入的作用。主回路熔断器 FU1 起短路保护作用，如发生三相电路的任两路熔断器相之间短路，或者任一相电路发生对地短路，短路电流使熔断器迅速熔断，从而切断主电路电源，实现对电动机的短路保护。

点动控制电路常用于短时工作制电气设备或需精定位场合，如门窗的启闭控制或吊车吊钩移动控制等。点动控制基本环节一般是在接触器线圈中串接常开控制按钮，在实际控制线路中有时也用继电器常开触头代替按钮控制。

2. 连续控制

连续控制亦称长动控制，是指按下按钮后，电动机通电启动运转，松开按钮后，电动机仍然继续运行，只有按下停止按钮，电动机才失电直至停转。连续控制与点动控制的主要区别在于松开启动按钮后，电动机能否继续保持得电运行的状态。若所设计的控制线路能满足松开启动按钮后，电动机仍然保持运转，即完成了连续控制；否则就是点动控制。

连续控制线路如图 2-2 所示，比较图 2-1 所示点动控制线路可见，连续控制线路是在点动控制线路的启动按钮 SB2 两端并联一个接触器 KM 的辅助动合触点，另外串联一个动断停止按钮 SB1。

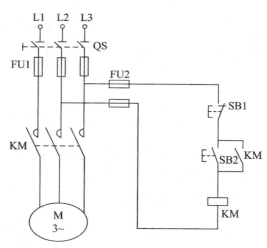

图 2-2　连续控制线路

连续控制线路的工作原理：合上刀开关 QS，按下按钮 SB2，KM 线圈得电，KM 主触点闭合，电动机 M 启动；KM 辅助触点闭合自锁。按下按钮 SB1，KM 线圈断电，电动机 M 停止。

接触器的动合触点称为自锁触点。自锁是依靠接触器自身的辅助触点来保证线圈继续通电的现象。带有自锁功能的控制线路具有失压（零压）和欠压保护作用，即一旦发生断电或者电源电压下降到一定值（一般降到额定值 85% 以下）时，自锁触点就会断开，接触器 KM 线圈就会断电，不再按下启动按钮 SB2，电动机将无法自行启动。只有在操作人员再次按下启动按钮 SB2，电动机才能重新启动，从而保证人身和设备的安全。

2.1.2 多地控制和互锁控制

1. 多地控制

在大型设备中，为了操作方便，常常要求能在多个地点进行控制。图 2-3 所示为两地控制的控制线路。其中 SB1、SB3 为安装在甲地的启动按钮和停止按钮，SB2、SB4 为安装在乙地的启动按钮和停止按钮。该线路的特点是：启动按钮应并联接在一起，停止按钮应串联接在一起，这样就可以分别在甲、乙两地控制同一台电动机，达到操作方便的目的。对于三地或多地控制，只要将各地的启动按钮并联、停止按钮串联即可实现。

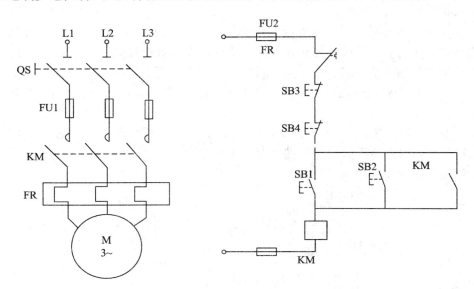

图 2-3　两地控制的电动机控制线路

由此可以得出普遍结论：欲使几个电器都能控制接触器通电，则几个电器的动合触点应并联接到该接触器的启动按钮；欲使几个电器都能控制某个接触器断电，则几个电器的动断触点应串联接到该接触器的线圈电路中。

2. 互锁控制

各种生产机械和电气设备常常要求具有上/下、左/右、前/后等相反方向的运动，这就要求电动机能够正、反向运转。对于三相交流电动机，将三相交流电的任意两相对换即可改变定子绕组相序，实现电动机反转。图 2-4 所示是三相鼠笼形异步电动机正/反转控制线路，图中，KM1、KM2 分别为正、反转接触器，其主触点接线的相序不同，KM1 按 U—V—W 相序接线，KM2 按 V—U—W 相序接线，即将 U、V 两相对调，所以两个接触器分别工作时，电动机的旋转方向不一样，实现电动机的可逆运转。

图 2-4 所示控制线路虽然可以完成正/反转的控制任务，但这个线路存在重大缺陷，在按下正转按钮 SB2 后，KM1 通电并且自锁，接通正序电源，电动机正转。若发生错误操作，在电动机正转时按下反转按钮 SB3，KM2 通电并自锁，此时在主电路中将发生 U、V 两相电源短路事故。

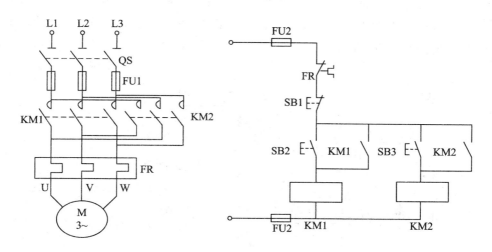

图 2-4　电动机的正/反转控制线路

为了避免上述事故的发生，就要求保证两个接触器不能同时得电，必须相互制约，这种在同一时间里两个接触器只允许一个工作的制约控制作用称为互锁或联锁控制。图 2-5 所示为带互锁保护的正/反转控制线路，在该控制线路中，正、反转接触器 KM1 和 KM2 线圈支路都分别串联了对方的动断触点，任何一个接触器接通的条件是另一个接触器必须处于断电释放的状态。例如，正转接触器 KM1 线圈被接通得电，它的辅助动断触点被断开，将反转接触器 KM2 线圈支路切断，KM2 线圈在 KM1 接触器得电的情况下是无法接通得电的。两个接触器之间的这种相互关系称为互锁。在图 2-5 所示带互锁保护的正/反转控制线路中，互锁是依靠电气元件来实现的，也称为电气互锁。实现电气互锁的触点称为互锁触点。

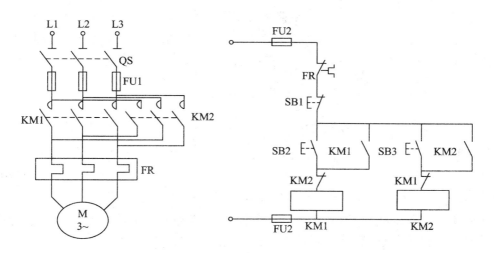

图 2-5　带互锁保护的正/反转控制线路

电气互锁正/反转控制线路存在的缺点是从一个转向过渡到另一个转向时，要先按停止按钮 SB1，不能直接过渡，显然这是十分不方便的。为了解决这个问题，在生产上通常采用复式按钮触点构成的机械互锁线路，如图 2-6 所示。

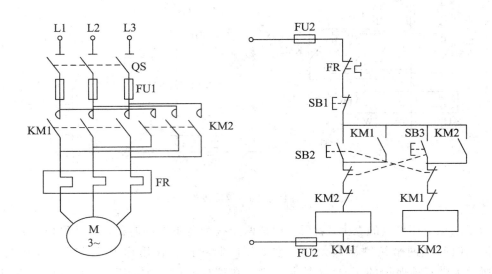

图 2-6　双重联锁的电动机正/反转控制线路

在图 2-6 中，保留了由接触器动断触点组成的电气互锁，增加了由按钮 SB2 和 SB3 的动断触点组成的机械联锁。这样，当电动机由正转变为反转时，只需按下反转按钮 SB3，便会通过 SB3 的动断触点先断开 KM1 电路，KM1 失电，互锁触点复位闭合；继续按下 SB3，KM2 线圈得电，其主触点闭合，实现了电动机反转。当电动机由反转变为正转时，按下 SB2，原理与前述一样。

双重联锁的电动机正/反转控制线路结合了电气互锁和按钮互锁的优点，是一种比较完善的既能实现正/反直接启动的要求，又具有较高可靠性的控制线路。这种控制线路广泛应用在电力拖动控制系统中。

2.1.3　行程控制

常用的行程控制有单行程控制和自动往复行程控制两种，下面分别介绍。

1. 单行程控制

图 2-7 所示为吊车机电设备的限位行程控制。图中安装了行程开关 SQF 和 SQZ，将它们的动断触点串接在电动机正、反转接触器 KMF 和 KMR 的线圈回路中。当按下正转按钮 SBF 时，正转接触器 KMF 通电，电动机正转，此时吊车上升，到达顶点时吊车撞块顶撞行程开关 SQF，其动断触点断开，使接触器线圈 KMF 断电，于是电动机停转，吊车不再上升(此时应有抱闸将电动机转轴抱住，以免重物滑下)。此时，即使误按 SBR，接触器线圈 KMR 也不会通电，从而保证吊车不会运行超过 SQF 所在的极限位置。

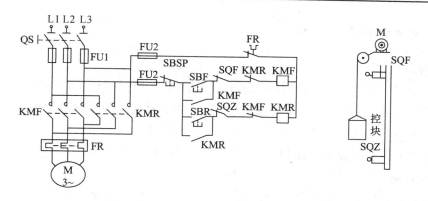

（a）控制线路　　　　　　　　　　（b）限位开关位置

图 2-7　限位行程控制

当按下反转按钮 SBR 时，反转接触器 KMR 通电，电动机反转，吊车下降，到达下端终点时顶撞行程开关 SQZ，电动机停转，吊车不再下降。

2. 自动往复行程控制

行程往返控制如图 2-8 所示。按下正向启动按钮 SB1，电动机正向启动运行，带动工作台向左运动。当运行到 SQ2 位置时，挡块压下 SQ2，接触器 KM1 断电释放，KM2 通电吸合，电动机反向启动运行，使工作台向右运动。工作台运动到 SQ1 位置时，挡块压下SQ1，KM2 断电释放，KM1 通电吸合，电动机又正向启动运行，工作台又向左运动。如此一直循环下去，直到需要停止时按下 SB3，KM1 和 KM2 线圈同时断电释放，电动机脱离电源停止转动。

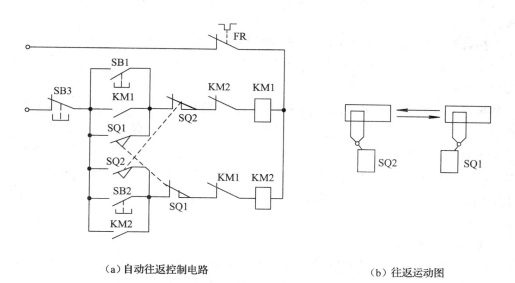

（a）自动往返控制电路　　　　　　　　　（b）往返运动图

图 2-8　行程往返控制

2.1.4 时间控制和速度控制

1. 时间控制

在生产中经常需要按一定的时间间隔来对生产机械进行控制,例如,电动机的降压启动需要一定的时间,然后才能加上额定电压;在一条自动生产线中的多台电动机,常需要分批启动,在第一批电动机启动后,需经过一定时间,才能启动第二批等。这类自动控制称为时间控制。时间控制通常是利用时间继电器实现的。

2. 速度控制

在生产中有时需要按电动机或生产机械转轴的转速变化来对电动机进行控制,例如,在电动机的反接制动中,要求在电动机转速下降到接近零时,能及时地将电源断开,以免电动机反方向转动。这类自动控制称为速度控制。速度控制通常是利用速度继电器实现的。

2.2　电气设备继电接触控制常用线路

在各种生产机械电气设备的控制中,主要是对电动机的控制,特别是对交流异步电动机的控制。交流异步电动机常用的控制主要有启动、停止、调速、制动等。

2.2.1 三相异步电动机的启动控制线路

三相异步电动机包括鼠笼形和绕线形两大类,其启动方法有直接启动和降压启动两种。

直接启动亦称为全电压启动,电动机容量在 7.5 kW 以下的,一般采用全电压直接启动方式。三相鼠笼形异步电动机直接启动的方法有采用刀开关直接启动控制和采用接触器直接启动控制。

如果电动机的容量较大(大于 7.5 kW),可采用降压启动的方法,对于鼠笼形异步电动机可采用定子绕组串电阻(电抗)启动、星形-三角形(Y-△)降压启动、自耦变压器降压启动和延边三角形降压启动等方式;对于绕线型异步电动机,还可采用转子串电阻启动或转子串频敏变阻器启动等方式。降压启动的实质是,启动时减小加在电动机定子绕组上的电压,以减小启动电流;而启动后再将电压恢复到额定值,电动机进入正常工作状态。

1. 直接启动和停止

图 2-9 所示是采用交流接触器直接启动和停止控制线路,它由主电路和控制电路组成。主电路由刀开关 QS、熔断器 FU、接触器 KM 的主触头、热继电器 FR 的发热元件和电动机 M 组成;控制电路由停止按钮 SB2、启动按钮 SB1、接触器 KM 的常开辅助触头和线圈、热继电器 FR 的常闭触头组成。

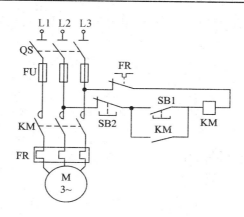

图 2-9　接触器直接启动和停止控制线路

1）启动控制

按下启动按钮 SB1，接触器 KM 线圈通电，与 SB1 并联的 KM 辅助常开触点闭合，以保证松开按钮 SB1 后 KM 线圈持续通电，串联在电动机回路中的 KM 主触点闭合，电动机连续运转，从而实现连续运转控制。

2）停止控制

按下停止按钮 SB2，接触器 KM 线圈断电，与 SB1 并联的 KM 辅助常开触点断开，以保证松开按钮 SB2 后 KM 线圈持续失电，串联在电动机回路中的 KM 主触点断开，电动机停转。

图 2-9 所示的启动控制线路还可实现短路保护、过载保护和失压（或欠压）保护。其中起短路保护的是串接在主电路中的熔断器 FU。一旦电路发生短路故障，熔体立即熔断，电动机立即停转。

起过载保护的是热继电器 FR。当过载时，热继电器的发热元件发热，将其常闭触点断开，使接触器 KM 线圈断电，串联在电动机回路中的 KM 主触点断开，电动机停转。同时 KM 辅助触点也断开，解除自锁。故障排除后若要重新启动，需按下 FR 的复位按钮，使 FR 的常闭触点复位（闭合）即可。

起失压（或欠压）保护的是接触器 KM 本身。当电源暂时断电或电压严重下降时，接触器 KM 线圈的电磁吸力不足，衔铁自行释放，使主、辅触点自行复位，切断电源，电动机停转，同时解除自锁。

2. 降压启动

三相异步电动机采用直接启动时，虽然控制线路结构简单，使用、维护方便，但启动电流很大（约为正常工作电流的 4～7 倍）。这样大的启动电流不仅会减低电动机的寿命，而且还会使变压器二次电压大幅下降，引起电源电压波动，影响同一供电网路中其他设备的正常运行。所以对于容量较大的电动机来说必须采用降压启动的方法，以限制其启动电流。

1）定子串电阻降压启动控制电路

图 2-10 所示为定子绕组串接电阻降压启动控制线路图。这种控制线路是根据启动所需时间利用时间继电器控制切除降压电阻的。启动时在三相定子绕组中串接电阻 R，使电

动机定子绕组电压降低，启动结束后再将电阻 R 短接，使电动机全压运行。

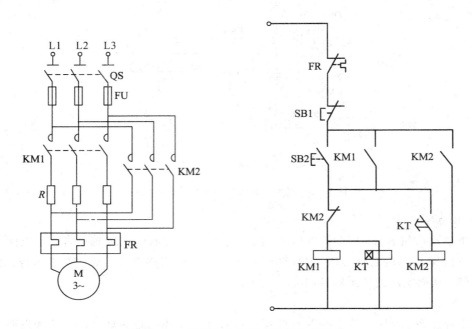

图 2-10 定子串电阻降压启动控制线路

启动过程如下：合上刀开关 QS，按下启动按钮 SB2，接触器 KM1 线圈得电，使得 KM1 主触头闭合，定子绕组串接电阻 R 启动。在接触器 KM1 线圈得电的同时，时间继电器 KT 通电开始计时，当达到时间继电器的整定值时，时间继电器 KT 常开触头闭合，使接触器 KM2 线圈得电，这样一方面使得 KM2 主触头闭合，短接启动电阻 R；另一方面使 KM2 常闭辅助触头断开，从而使 KM1 和 KT 断电，电动机 M 投入全压运行。

2）Y-△降压启动

对于正常运行时电动机额定电压等于电源线电压，定子绕组为三角形连接方式的三相异步电动机，可以采用 Y-△降压启动。它是指启动时，将电动机定子绕组接成星形，待电动机的转速上升到一定值后，再换接成三角形连接。这样做，电动机启动时每相绕组的工作电压为正常时绕组电压的 $1/\sqrt{3}$，启动电流为三角形直接启动时的 $1/3$。

图 2-11 所示为鼠笼形异步电动机 Y-△降压启动的控制线路。启动过程如下：当合上刀开关 QS 以后，按下启动按钮 SB2，接触器 KM1 线圈、KM3 线圈以及通电延时型时间继电器 KT 线圈得电，电动机接成星形启动；同时，通过 KM1 的动合辅助触点自锁，时间继电器开始定时。当电动机接近于额定转速，即时间继电器 KT 延时时间已到，KT 的延时断开动断触点断开，切断 KM3 线圈电路，KM3 断电释放，其主触点和辅助触点复位；同时，KT 的延时动合触点闭合，使 KM2 线圈得电并自锁，主触点闭合，电动机接成三角形运行。时间继电器 KT 线圈也因 KM2 动断触点断开而失电，时间继电器复位，为下一次启动做好准备。图中的 KM2、KM3 动断触点是互锁控制，防止 KM2、KM3 线圈同时得电而造成电源短路。

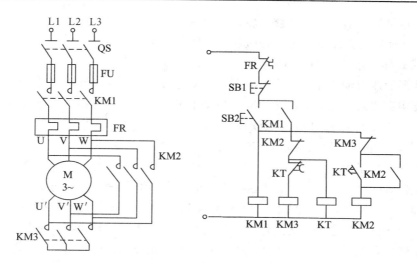

图 2-11　Y-△降压启动控制线路

与其他方法相比，Y-△降压启动控制线路成本较低，结构简单，其缺点是启动转矩小。因而这种启动方法适用于小容量电机及电动机轻载启动的场合。

3）自耦变压器降压启动

自耦变压器降压启动是指电动机启动时利用自耦变压器来降低加在电动机定子绕组上的启动电压，待电动机启动后，再将自耦变压器切除，使电动机在全压下正常运行。自耦变压器降压启动控制线路如图 2-12 所示。

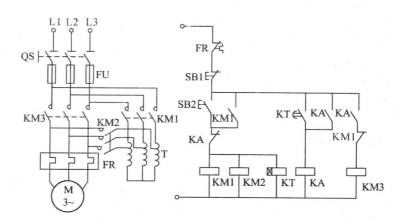

图 2-12　自耦变压器降压启动控制线路

启动过程如下：合上刀开关 QS，按下启动按钮 SB2，接触器 KM1、KM2 线圈和时间继电器 KT 线圈同时得电，KM1 主触头和辅助触头闭合，KM2 主触头闭合，电动机定子串自耦变压器降压启动。经过一定的延时后，KT 的延时闭合常开触头闭合，中间继电器 KA 线圈得电并自锁，KA 的动断触头断开使 KM1、KM2 线圈断电，切除自耦变压器；另外，KA 的动合触头闭合和 KM1 的动断触头闭合使接触器 KM3 线圈得电，KM3 主触头闭合使电动机 M 全压正常运行。

自耦变压器降压启动控制线路对电网的电流冲击小，损耗功率也小，但是自耦变压器价格较高，这种启动方法主要用于启动较大容量的电动机。

3. 绕线式异步电动机的启动

与鼠笼形异步电动机相比，三相绕线式异步电动机的优点是可以在转子绕组中串接电阻或频敏变阻器进行启动，由此达到减小启动电流，提高转子电路的功率因数和增加启动转矩的目的。一般在要求启动转矩较高的场合（例如，桥式起重机吊钩电动机、卷扬机等），绕线式异步电动机的应用非常广泛。

串接于三相转子电路中的启动电阻，一般都连接成星形。在启动前，启动电阻全部接入电路；在启动过程中，启动电阻被逐级地短接。启动电阻被短接的方式有三相电阻不平衡短接法和三相电阻平衡短接法。三相电阻不平衡短接法是转子每相的启动电阻按先后顺序被短接；而三相电阻平衡短接法是转子三相的启动电阻同时被短接。使用凸轮控制器来短接启动电阻宜采用三相电阻不平衡短接法，因为凸轮控制器中各对触头闭合顺序一般是按三相电阻不平衡短接法来设计的，故控制线路简单，如桥式起重机就是采用这种控制方式。使用接触器来短接启动电阻时宜采用三相电阻平衡短接法。下面介绍使用接触器控制的三相电阻平衡短接法启动控制。

1）按钮控制的启动控制

图 2 - 13 所示为按钮控制的绕线式异步电动机启动控制线路。

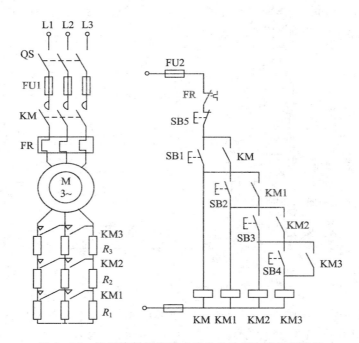

图 2 - 13　按钮控制的绕线式异步电动机启动控制线路

工作原理为：合上电源开关 QS，按下 SB1，KM 得电吸合并自锁，电动机串接全部电阻启动，经过一定时间后，按下 SB2，KM1 得电吸合并自锁，KM1 主触头闭合切除第一级电阻 R_1，电动机转速继续升高；再经一定时间后，按下 SB3，KM2 得电吸合并自锁，KM2

主触头闭合切除第二级电阻 R_2，电动机转速继续升高；当电动机转速接近额定转速时，按下 SB4，KM3 得电吸合并自锁，KM2 主触头闭合切除全部启动电阻，启动结束，电动机在额定转速下正常运行。

　　2）时间继电器控制的启动控制线路

　　图 2-14 所示为时间继电器控制的绕线式电动机启动控制线路，又称为时间原则控制。其中，三个时间继电器 KT1、KT2、KT3 分别控制三个接触器 KM1、KM2、KM3 按顺序依次吸合，自动切除转子绕组中的三级电阻。与启动按钮 SB1 串接的 KM1、KM2、KM3 三个常闭触头的作用是保证电动机在转子绕组中接入全部启动电阻的条件下才能启动。若其中任何一个接触器的主触头因熔焊或机械故障而没有释放时，则电动机就不能启动。

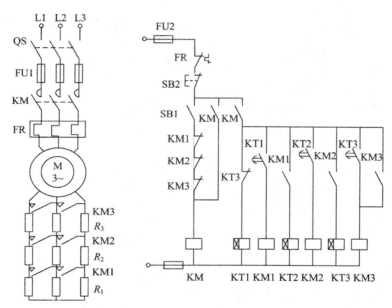

图 2-14　时间继电器控制的绕线式电动机启动控制线路

2.2.2　三相异步电动机的制动控制线路

　　在实际运用中，有些生产机械的电气设备往往要求电动机快速、准确地停车，而电动机在脱离电源后由于机械惯性的存在，完全停止需要一段时间，这就要求对电动机采取有效措施进行制动。电动机制动分机械制动和电气制动两大类。

　　机械制动是在电动机断电后，利用机械装置对其转轴施加相反的作用力矩（制动力矩）来进行制动的。电磁抱闸是常用方法之一，结构上电磁抱闸由制动电磁铁和闸瓦制动器组成。断电制动型电磁抱闸在电磁线圈断电后，利用闸瓦对电动机轴进行制动，电磁线圈得电后，松开闸瓦，电动机可以自由转动。这种制动在起重机械上被广泛应用。

　　电气制动是在电动机停车时产生一个与转子原来的实际旋转方向相反的电磁转矩来进行制动的。常用的电磁制动有反接制动和能耗制动。

1. 反接制动控制

采用反接制动时在电动机三相电源被切断后，立即通上与原相序相反的三相电源，以形成与原转向相反的电磁转矩，利用这个制动转矩使电动机迅速停止转动。这种制动方式必须在电动机转速降到接近零时切除电源，否则电动机仍有反向力矩可能会反转，造成事故。

1）单向运行反接制动控制线路

图 2-15 所示为单向运行电动机反接制动控制线路。它是利用速度继电器实现对反接制动的控制，图中主电路所串接的电阻 R 为制动限流电阻，防止反接制动瞬间过大的电流可能会损坏电动机。

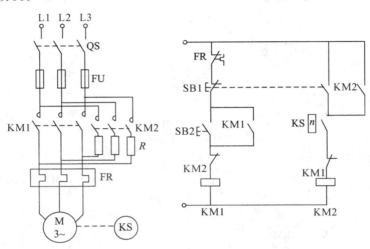

图 2-15　按速度原则控制的单向反接制动控制线路

工作原理：合上开关 QS，接通电源，按下启动按钮 SB2，接触器 KM1 得电吸合并自锁，KM1 主触头闭合使电动机 M 启动，当转速上升到 100 r/min 时，速度继电器 KS 动作，KS 动合触头闭合，为反接制动做准备。

按下停止按钮 SB1，其动断触头断开，使接触器 KM1 断电释放，电动机断电；SB1 动合触头闭合，KM2 得电吸合并自锁（因这时电动机转速仍很高，速度继电器 KS 仍是动作状态，KS 动合触头是闭合的），KM2 主触头闭合使电动机换相，反接制动开始，电动机转速快速下降，当转速低于 100 r/min 时，KS 动合触头断开，KM2 断电释放，反接制动过程结束。

2）可逆运行的反接制动控制线路

图 2-16 所示为鼠笼形异步电动机降压启动可逆运行反接制动控制线路。图中电阻 R 在启动过程和制动过程中都起限流作用。开始启动时，由于速度继电器的动合触头 KS1 和 KS2 均是断开的，故接触器 KM3 不通电，电阻 R 接入电路中成为定子串接电阻降压启动。当转速 $n > 100$ r/min 后，动合触头 KS1 或 KS2（在反转时）闭合使 KM3 通电吸合，电阻 R 被切除，电动机在额定电压下运行。制动时，利用中间继电器 KA3、KA4 的动断触头断开使 KM3 断电释放，从而接入电阻 R 实现串限流电阻反接制动。

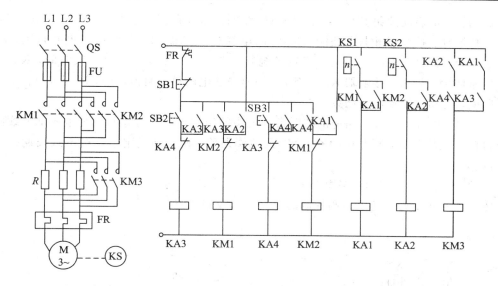

图 2-16　电动机的可逆运行反接制动控制线路

2. 能耗制动控制

　　三相异步电动机能耗制动是在切断定子绕组的交流电源后，在定子绕组任意两相通入直流电流，以产生一个静止磁场，利用转子感应电流与静止磁场的作用，产生反向电磁转矩而制动。能耗制动时制动转矩的大小与转速有关，转速越高，制动转矩越大，随着转速的降低制动转矩也下降，当转速为零时，制动转矩也为零。制动结束必须及时切除直流电源。

　　1）按时间原则控制的能耗制动控制线路

　　图 2-17 所示为按时间原则控制的能耗制动控制线路。主电路在进行能耗制动时所需的直流电源，由二极管组成单相桥式整流电路通过接触器 KM2 引入，交流电源与直流电源的切换是由 KM1、KM2 来完成的，制动时间由时间继电器 KT 决定。

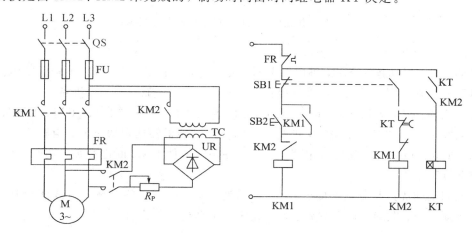

图 2-17　按时间原则控制的电动机能耗制动控制线路

工作原理如下：

启动：按下启动按钮 SB2，继电器 KM1 线圈得电并自锁，电动机 M 运行工作。

能耗制动：按下停止按钮 SB1，KM1 断电释放，KM2 和 KT 线圈得电并自锁，KM2 主触头闭合，将直流电源接入电动机定子绕组，进行能耗制动。经过一段时间，KT 延时断开的常闭触头断开，接触器 KM2 断电，切断通往电动机的直流电源，时间继电器 KT 也随之断电，电动机能耗制动结束。

在图 2-17 中，自锁回路中的瞬时常开触头的作用是为了考虑时间继电器 KT 线圈断线或机械卡住故障时，断开接触器 KM2 的线圈通路，使电动机定子绕组不致长期接入直流电源。

2）按速度原则控制的能耗制动控制线路

图 2-18 所示为按速度原则控制的能耗制动控制线路。

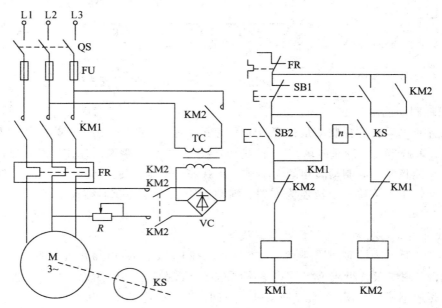

图 2-18　按速度原则控制的能耗制动控制线路

工作原理如下：

启动：按下启动按钮 SB2，继电器 KM1 线圈得电并自锁，电动机 M 运行工作。当电动机速度上升到一定转速时，速度继电器 KS 触点闭合，为能耗制动做准备。

能耗制动：按下按钮 SB1，KM1 断电释放，同时 KM2 得电并自锁，KM2 主触头闭合，将直流电源接入电动机定子绕组，进行能耗制动。电动机转速很快下降，当转速下降接近零速（$n<100$ r/min）时，速度继电器 KS 动合触点断开使 KM2 断电释放，切除直流电源，能耗制动过程结束。

能耗制动的优点是制动准确、平稳、能量消耗小，但需要整流设备。故能耗制动常用于要求制动平稳、准确和启动频繁、容量较大的电动机。

2.2.3　三相异步电动机调速控制线路

三相异步电动机的转速公式为

$$n = \frac{60 f_1}{p}(1 - s) \qquad\qquad (2-1)$$

式中：s 为转差率；f_1 为电源频率，单位为 Hz；p 为定子绕组的极对数。

由式（2-1）可知，三相异步电动机的调速方法有改变电动机定子绕组的极对数 p、改变电源频率 f_1、改变转差率 s。其中，改变转差率调速又包括绕线转子电动机在转子电路串接电阻调速、绕线转子电动机串级调速、异步电动机交流调压调速、电磁离合器调速等。此处只介绍变极调速和变频调速两种调速线路。

1. 变极调速

在绕线式异步电动机的定子绕组极对数改变后，它的转子绕组必须相应地重新组合，这很难实现。而三相鼠笼形异步电动机采用改变磁极对数调速，当改变定子极数时，转子极数也同时改变，鼠笼形转子本身没有固定的极数，它的极数随定子极数而定。因此，变极对数调速方法仅适用于鼠笼形异步电动机。因为这种调速方法只能一级一级地改变转速，所以不能平滑地调速。

鼠笼形异步电动机改变定子绕组极对数的方法主要有以下三种：

（1）定子上只有一套绕组，改变其不同的接线组合，得到不同的极对数。

（2）在定子槽内安放两种不同极对数的独立绕组。

（3）在定子槽内安放两种不同极对数的独立绕组，而且每个绕组又有不同的接线组合，得到不同的极对数。

多速电动机一般有双速、三速、四速之分。双速电动机定子装有一套绕组，三速、四速电动机则装有两套绕组。

双速电动机定子绕组的结构及接线方式如图 2-19 所示。图 2-19(a) 所示为结构示意图，改变接线方式可获得两种接法；图 2-19(b) 所示为三角形接法，磁极对数为 2 对极，同步转速为 1500 r/min，是一种低转速接法；图 2-19(c) 所示为双星形接法，磁极对数为 1 对极，同步转速为 3000 r/min，是一种高转速接法。

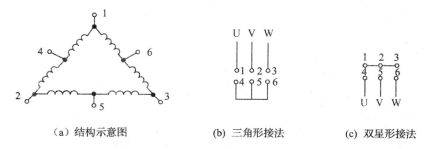

(a) 结构示意图　　　　(b) 三角形接法　　　　(c) 双星形接法

图 2-19 　双速电动机定子绕组的结构及接线方式

1) 双速三相异步电动机手动控制变极调速线路

双速三相异步电动机手动控制变极调速线路如图 2-20 所示。

工作原理如下：

低速控制：按下按钮 SB3，接触器 KM1 线圈得电并自锁，此时电动机绕组为三角形连接，低速运行。

高速控制：按下按钮 SB2，接触器 KM1 线圈断电，同时接触器 KM2、KM3 线圈得电并自锁，此时电动机绕组为双星形连接，高速运行。

电动机停止：按下按钮 SB1，电动机停止运行。

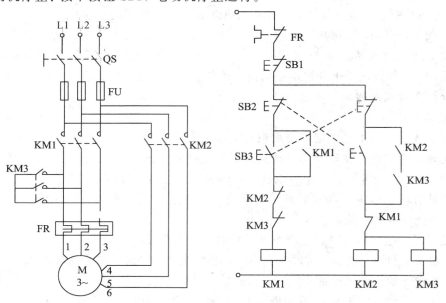

图 2-20 双速三相异步电动机手动控制变极调速线路

2）双速三相异步电动机自动控制变极调速线路

双速三相异步电动机自动控制变极调速线路如图 2-21 所示。图中，转换开关 SA 有三个位置：中间位置，所有接触器和时间继电器都不接通，控制电路不起作用，电动机处于停止状态；低速位置，接通 KM1 线圈电路，其触点动作的结果是电动机定子绕组接成三角形，以低速运转；高速位置，接通 KM2、KM3 和 KT 线圈电路，电动机定子绕组接成双星形，以高速运转。但应注意，该线路高速运转必须从低速运转过渡。

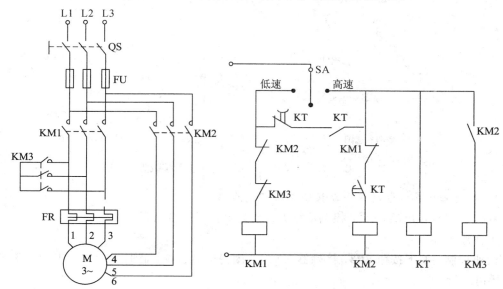

图 2-21 双速三相异步电动机自动控制变极调速线路

工作原理：转换开关 SA 置于高速位置，时间继电器 KT 得电，其瞬时触点闭合，接触器 KM1 得电，电动机 M 低速运行；当时间继电器的设定时间到达后，KM1 失电，同时 KM2、KM3 得电，电动机 M 高速运行。

2. 变频调速

变频调速是通过变频装置将电网提供的恒压、恒频交流电变为变压、变频的交流电。它是通过平滑改变异步电动机的供电电源频率 f_1，从而改变异步电动机的同步转速 n_1，故可以由高速到低速保持较小的转差率。变频调速时平滑性好、效率高，调速范围大、精度高，启动电流低，对系统及电网无冲击，节电效果明显。变频调速是交流电动机的一种比较理想的调速方法。

2.2.4　变频器及其继电接触控制线路

交流电机变频调速是当今节电、改善工艺流程以提高产品质量和改善环境、推动技术进步的一种主要手段。对于建筑的风机和泵类负载，如采用变频调速方法改变其流量，节电率可达 20%～60%。

1. 变频器的工作原理

变频器的工作原理是把工频交流电通过整流器变成平滑直流电，然后利用半导体器件组成的三相逆变器，将直流电变成可变电压和可变频率的电流，并采用输出波形调制技术使得输出波形更加完善，如采用正弦脉宽调制（SPWM）方法可使输出的波形近似于正弦波，用于驱动电动机，实现无级调速，即把恒压恒频的交流电转化为变压变频的交流电以满足交流电动机变频调速的需要。

2. 变频器的额定参数

1）输入侧的额定参数

（1）输入电压，即电源侧的电压。在我国低压变频器的输入电压通常为 380 V（三相）和 220 V（单相），中高压变频器的输入电压通常为 0.66 kV、3 kV、6 kV（三相）。此外，变频器还对输入电压的允许波动范围作出规定，如 ±10%、−15%～+10% 等。

（2）输入侧电源的相数，如单相、三相。

（3）输入侧电源的频率通常为工频 50 Hz，频率的允许波动范围通常规定为 ±5%。

2）输出侧的额定参数

（1）额定电压。因为变频器的输出电压要随频率而变，所以额定电压被定义为输出的最高电压。它通常与输入电压相等。

（2）额定电流是指变频器允许长时间输出的最大电流。

（3）过载能力是指变频器的输出电流允许超过额定值的倍数和时间。大多数变频器的过载能力规定为：150%，1 min。变频器的允许过载能力与电机的运行过载能力相比，变频器的过载能力是很低的。

3. 变频器的选择

变频器的选择应注意以下几条：

（1）电压等级与驱动电动机相符，变频器的额定电压与负载的额定电压相符。

（2）额定电流为所驱动电动机额定电流的 1.1～1.5 倍。由于变频器的过载能力没有电动机的过载能力强，因此一旦电动机过载，首先损坏的是变频器。如果机械设备选用的电动机功率大于实际机械负载功率，并将把机械功率调节至电动机输出功率，则此时变频器的功率选用一定要等于或大于电动机功率。

（3）根据被驱动设备的负载特性选择变频器的控制方式。变频器的选型除一般需注意的事项（如输入电源电压、频率、输出功率、负载特点等）外，还要求与相应的电动机匹配良好，当它正常运行时，在充分发挥其节能优势的同时，避免过载运行，并尽量避开其拖动设备的低效工作区，以保证其高效、可靠地运行。

4. 变频器的继电接触控制线路

目前，变频器的型号和生产厂家很多，例如 ABB 公司、三菱公司、西门子公司、欧姆龙公司等。由于三菱公司变频器具有高性能、低噪声、功能强、输入电压范围宽等特点，因此得到了广泛的应用。下面以三菱公司 FR－A500 系列变频器为例介绍其控制线路。

FR－A500 系列通用变频器控制端子接线如图 2－22 所示。

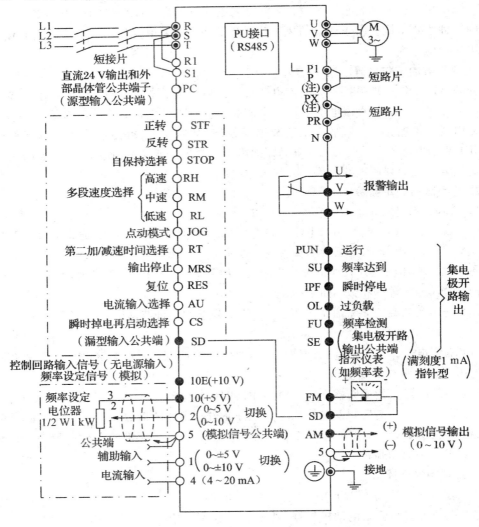

图 2－22　FR－A500 系列通用变频器端子接线图

（1）主电路接线端子：

R、S、T——电源接线端（380 V）。

U、V、W——变频器主回路输出端。它们通常用于连接电动机。

R1、S1——控制回路电源。

（2）控制电路接线端子：

STF——正转启动信号。此信号处于 ON 为正转，处于 OFF 为停止。

STR——反转启动信号。此信号处于 ON 为反转，处于 OFF 为停止。

STOP——启动自保持选择信号。此信号处于 ON，可选择启动自保持。

RH、RM、RL——多段速度选择信号。用高速 RH、中速 RM 和低速 RL 的组合可选择多段速度。

JOG——点动模式选择信号。当此信号为 ON 时，选择点动运行（出厂设定）。

RT——第二加/减速时间选择信号。当此信号处于 ON 时，选择第二加/减速时间。

MRS——输出停止信号。当此信号处于 ON 时，变频器输出停止。

RES——复位信号。用于解除保护回路动作的保持状态。

AU——电流输入选择信号。此信号处于 ON 时，变频器可用直流 4 ～20 mA 作为频率设定。

SD——公共输入端子（漏型）。

U、V、W——异常输出信号（图中报警输出）。当变频器内部出现故障时，此信号输出。

FM——指示仪表信号（脉冲）。它可以从多种输出信号中选择，例如频率信号。

AM——模拟信号输出。它可以从多种输出信号中选择。

10、2、5——频率信号设定，它可以连接 1 kΩ 滑动电位器，作为频率信号输入。

图 2 - 23 所示为具有正/反转运行控制功能的变频调速控制外部端子继电接触控制接线图。

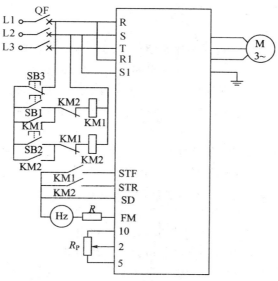

图 2 - 23　正/反转运行的变频调速控制继电接触控制接线图

如图 2 - 23 所示，当正转启动时，按下按钮 SB1，接触器 KM1 线圈得电并自锁，KM1

动合触点闭合，接通 STF 端子，电动机正转运行；同理，当反转启动时，按下按钮 SB2，接触器 KM2 线圈得电并自锁，KM2 动合触点闭合，接通 STR 端子，电动机反转运行。当需要停止运行时，按下按钮 SB3，接触器 KM1、KM2 线圈失电，STF 或 STR 端子断开，变频器无输出电压，电动机停止运行。

10、2、5 端连接的电位器用于设定输出频率，改变电位器的阻值，即可改变输出的最高频率。FM 端连接的频率计用于监视输出频率的大小。

2.3　继电接触控制线路分析方法

在分析电气控制线路前，先介绍分析电气控制线路图的一般方法。工程上通常将电气控制线路分为电气原理图、元器件布置图、安装接线图等三大图。电气原理图主要是指电气主电路、控制电路、辅助控制电路的工作原理电路等的电路图。元器件布置图是指根据电气主电路、控制电路、辅助控制电路等电路中的电气元器件的实际尺寸、空间大小、控制功能要求、电磁环境要求、安装接线位置等要求的实际电气元器件布置图。安装接线图是指将电气元器件布置图中的电气元器件按照电气原理图的工作原理要求和接线工艺要求进行连接的线路图。下面主要介绍电气原理图的分析方法。

2.3.1　电气原理图的基本分析方法与步骤

1. 电气原理图的基本分析方法

电气原理图的基本分析方法和思路是"先机后电、先主后控、先主后辅、先简后繁、从电源开始、从左到右、从上到下、化整为零、集零为整、统观全局、总结特点"。控制电路的最基本分析方法是查线读图法。

2. 分析电气原理图的基本步骤和方法

1）分析电气主电路

电气主电路是指成套电气设备中用来驱动电动机等执行电器动作的强电器件的电气通路。相对于辅助（控制）电路而言，电气主电路具有十分简洁的形式，因此分析电气原理图时应从电气主电路入手，根据对象（电动机、电磁阀等执行电器）的控制要求去分析电动机的启动控制、转向控制、调速控制、制动控制等基本控制功能要求。

2）分析控制电路

控制电路的分析通常采用"先主后控、先主后辅、先简后烦、从电源开始、从左到右、从上到下、化整为零、集零为整"的读图分析方法。即在读图分析时，采用"先主后控、先主后辅、先简后繁、从电源开始、从左到右、从上到下"的方法，根据电气主电路所具有的环节，对应找出控制电路中相应的控制环节。然后采用"化整为零、集零为整"的方法，按其功能或控制顺序将其划分成若干个控制单元，再利用典型控制环节的分析方法逐一进行分析。在完成对每个控制环节或局部工作电路的原理分析后，再根据各环节之间的控制关系，对控制线路进行整体分析。其一般步骤如下：

（1）从电气主电路入手对应找出控制电路中相应的控制环节，即根据主电路中的接触器等设备的接入方式，由电气主电路控制元件主触点的文字符号查找控制电路的相应设备；将控制电路按功能划分为若干个局部控制线路，然后从电源和主令信号开始，对每一个局部控制环节，按因果关系进行逻辑判断，以便理清控制流程的脉络，简单明了地表达出电路的自动工作过程。

在分析各个局部控制线路时，可把对此环节分析没有影响、暂时不参与控制的电路元件"去除"，即将其视为"通路"或者"断路"。

（2）根据各元件及其在线路中的对应触点，寻找相关局部环节及环节间的联系。

（3）从电源合闸开始，分析启动及控制环节，该分析过程一般从按下启动按钮开始。

按下启动按钮，观察线路中各电磁线圈的得电情况，并找出其分布在控制线路各个部分的触点，分析这些触点的通、断对其他控制元件的影响。对于接触器，还应查看其主触点的动作情况及对被控设备的控制情况。按线圈的接通顺序，依次分析各元件在线路中的作用。

对于各类继电器，应特别注意其各对触点在控制线路中的作用，不能遗漏。对于时间继电器，还应特别注意其延时触点和瞬动触点在线路中的不同作用。

分析时应按步骤列写线路的工作原理，以避免遗漏。

3）分析辅助电路

辅助电路包括执行元件的工作状态显示、电源显示、参数测定、照明和故障报警等。这部分电路具有相对独立性，起辅助作用但又不影响线路主要功能。辅助电路中很多部分是受控制电路中元件控制的，所以在分析辅助电路时，还要回过头来对照控制电路对这部分电路进行分析。

4）分析联锁与保护环节

生产机械对于安全性、可靠性有很高的要求，实现这些要求，除了合理地选择拖动、控制方案外，在控制线路中还设置了一系列电气保护和必要的电气联锁。在电气控制原理图的分析过程中，电气联锁与电气保护环节是一个重要内容，不能遗漏。

5）分析特殊控制环节

在某些控制电路中，还设置了一些与电气主电路、控制电路关系不密切且相对独立的某些特殊环节，如产品计数装置、自动检测系统、晶闸管触发电路和自动调温装置等。这些部分往往自成一个小系统，其读图分析的方法可参照上述分析过程，并灵活运用电子技术、变流技术、自控系统、检测与转换等知识进行逐一分析。

6）总体检查

经过"化整为零"，逐步分析每一局部电路的工作原理以及各部分之间的控制关系之后，还必须用"集零为整"的方法检查整个控制线路，查看是否有遗漏。特别是要从整体角度出发进一步检查和理解各控制环节之间的联系，以达到正确理解电气原理图中每一个电气元器件的作用。

2.3.2　继电接触控制原理图的查线读图法

查线读图法是分析继电接触控制电路的最基本方法。继电接触控制电路主要由信号元器件、控制元器件和执行元器件组成。

用查线读图法阅读电气控制原理图时，一般先分析执行元器件的线路（即主电路），查看主电路有哪些控制元器件的触头及电气元器件等，根据它们大致判断被控制对象的性质和控制要求，然后根据主电路分析结果所提供的线索及元器件触头的文字符号，在控制电路上查找有关的控制环节，结合元器件表和元器件动作位置图进行读图。控制电路的读图通常是由上而下或从左往右的，读图时假想按下操作按钮，跟踪控制线路，观察有哪些电气元器件受控动作，再查看这些被控制元器件的触头又怎样控制另外一些控制元器件或执行元器件动作的。如果有自动循环控制，则要观察执行元器件带动机械运动将使哪些信号元器件状态发生变化，并又引起哪些控制元器件状态发生变化。在读图过程中，特别要注意控制环节相互间的联系和制约关系，直至将电路全部看懂为止。

查线读图法的优点是直观性强，容易掌握；其缺点是分析复杂电路时易出错。因此，在用查线读图法分析线路时，一定要认真、细心。

2.4　电气设备典型继电接触控制系统分析

2.4.1　电梯的继电接触控制系统分析

电梯是随现代工业和民用建筑的兴起而发展起来的一种垂直升降交通工具。在现代社会里，它像汽车、轮船一样，不仅标志着建筑物的现代化程度，而且已成为人们生产和生活不可缺少的交通运输工具。电梯交通系统的设计是否合理将直接影响着建筑物功能的发挥。下面在简要介绍电梯的结构和原理的基础上，着重讨论电梯的继电接触控制。

1. 电梯的分类和基本结构

1）电梯的分类

常用电梯分为两大类，一类是电扶梯，简称扶梯；另一类是垂直升降电梯，简称电梯。

电梯按用途分类主要有乘客电梯、载货电梯、医用电梯、服务电梯、建筑工程用电梯、自动扶梯、其他专用电梯（如观光电梯、矿井电梯、船舶电梯）等。

电梯按速度分类主要有低速梯（$v \leqslant 1$ m/s）、快速电梯（1 m/s$< v < 2$ m/s）、高速电梯（$v > 2$ m/s）。

电梯按拖动电动机类型分类主要有交流电梯、直流电梯。

电梯按控制方式分类主要有手柄控制电梯（它由司机在轿厢内操纵手柄开关）、按钮控制电梯、信号控制电梯（它是一种自动控制程度较高的电梯）、集选控制电梯（它分为下、上集选形式）、并联控制电梯（即多台电梯并联运行）、群控电梯、梯群智能控制电梯、微机控制电梯等。

2）电梯的基本结构

电梯是机电一体化的大型系统设备，它是现代科学技术的综合产品，其基本结构示意图如图 2-24 所示。电梯通常是由曳引系统、电力拖动系统、导向系统、轿厢系统、门系统、重量平衡系统、电气控制系统、安全保护系统等八大系统组成。

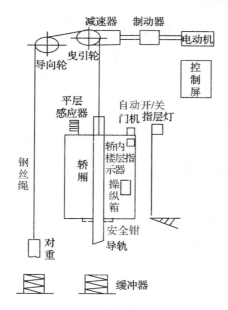

图 2-24　电梯基本结构示意图

2. 电梯的电力拖动

电梯的电力拖动方式经历了从简单到复杂的过程。目前，用于电梯的拖动系统主要有交流单速电动机拖动系统、交流双速电动机拖动系统、交流调压调速拖动系统、交流变频变压调速拖动系统、直流发电机-电动机晶闸管励磁拖动系统、晶闸管直流电动机拖动系统等。

交流单速电动机拖动系统由于舒适感差，仅用在杂物电梯上。

交流双速电动机拖动系统具有结构紧凑，维护简单的特点，广泛应用于低速电梯中。

交流调压调速拖动系统多采用闭环控制系统，加上能耗制动或涡流制动等方式，它具有舒适感好、平层准确度高、结构简单等优点，使其所控制的电梯能在快速、低速范围内大量取代直流快速和交流双速电梯。

直流发电机-电动机晶闸管励磁拖动系统具有调速性能好、调速范围宽等优点，在 20 世纪 70 年代以前得到广泛的应用。但因其机组结构体积大、耗电大、造价高等缺点，已逐渐被性能与其相同的交流调速电梯所取代。

晶闸管直流电动机拖动系统在工业上早有应用，但用于电梯上却要解决低速时的舒适感问题，因此其应用较晚，它几乎与微机同时应用在电梯上。目前世界上最高速度（10 m/s）的电梯就是采用这种系统。

交流变频变压调速拖动系统可以包括上述各种拖功系统的所有优点，已成为世界上最新的电梯拖动系统，目前其速度已达 6 m/s。

从理论上讲，电梯是垂直运动的运输工具，无需旋转机构来拖动，更新的电梯拖动系统可能是直线电机拖动系统。

图 2-25 所示是常见的交流双速电梯拖动电动机主电路。电动机为单绕组双速鼠笼形异步电机，与双绕组双速电动机的主要区别是它增加了虚线部分和辅助接触器 KMFA。

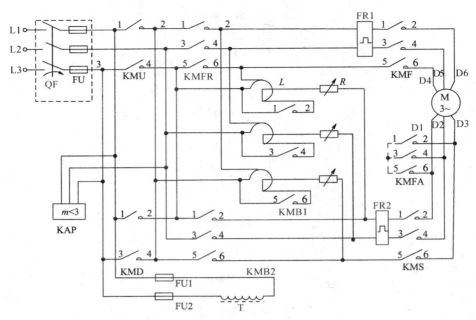

图 2-25　交流双速电梯拖动电动机的主电路

　　交流双速曳引电动机有两种不同的结构形式。一种电动机的快、慢速定子绕组是两个独立绕组。当快速绕组通电时，电动机以 1000 r/min 同步转速作快速运行；当慢速绕组通电时，电动机以 250 r/min 同步转速作慢速运行。另一种电动机的快、慢速定子绕组是同一绕组，依靠控制系统改变绕组接法，实现一个绕组具有两个不同速度的目的。当绕组为 YY 联结时，电动机的同步转速为 1000 r/min 。当绕组为 Y 联结时，电动机的同步转速为 250 r/min 。该绕组的接线原理图如图 2-26 所示。

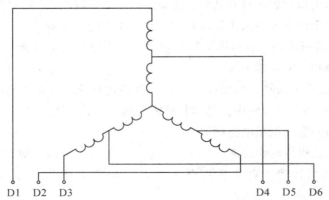

图 2-26　交流双速单绕组电动机接线原理

　　当快速运行时，快速接触器 KMF 触点动作，向电动机引出线 D4、D5、D6 提供交流电源，快速辅助接触器 KMFA 触点动作，把电动机引出线 D1、D2、D3 短接，于是，绕组形成 YY 联结。

　　当慢速运行时，KMF 和 KMFA 复位，慢速接触器 KMS 动作，交流电源经 D1、D2、D3 端引入电动机，电机绕组变为 Y 联结。

为了使乘用人员有舒适感，电梯高速换低速较平稳，电路中串有电阻和电抗。

3. 交流双速电梯轿内按钮继电器控制线路分析

电梯的控制系统主要由电梯的曳引主电机控制电路、自动开关门控制电路、选层和定向控制电路、启动和运行控制电路、停层减速控制电路、平层停车控制电路、厅门停车控制电路、厅门召唤控制电路、轿厢位置和方向显示电路、安全保护控制电路等组成。可以看出，电梯的控制系统是一个十分复杂的控制系统，由于篇幅所限，此处不可能一一介绍，作为建筑电气典型的继电接触控制系统分析实例，现以交流双速电梯轿内按钮继电器控制线路为例，对电梯的部分继电接触控制系统的原理进行分析。图 2-27 所示为交流双速电梯轿内按钮控制电路；其控制的曳引主电路如图 2-25 所示。

如图 2-25 交流双速电梯的主电路和图 2-27 交流双速电梯轿内按钮控制电路所示，主电路中的交流接触器 KMU 和 KMD 分别控制电动机的正转和反转，即电梯的上行和下行。接触器 KMF 和 KMS 分别控制电动机的快速和慢速接法。

如图 2-27 所示，图 2-25 所示主电路中的交流接触器 KMU 和 KMD、KMF 和 KMS 的主触头分别由图 2-27 中的相应控制线圈进行控制。图 2-25 中快速接法的启动电抗器 L 由图 2-27 中的快速运行接触器 KMFR 控制线圈控制切除。慢速接法的启动、制动电抗器 L 和启动、制动电阻 R 由图 2-27 中的接触器 KMB1 和 KMB2 控制线圈分两次控制切除，均按时间原则控制。

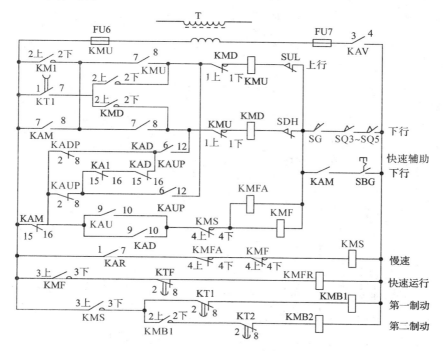

图 2-27　交流双速电梯轿内按钮控制电路

曳引电动机正常工作的工艺过程是：图 2-25 和图 2-27 中接触器 KMU 或 KMD 通电吸合，通过图 2-27 中的电梯上行或下行控制电路选择好方向；快速接触器 KMF 和快速辅助接触器 KMFA 通电吸合；曳引电动机定子绕组接成 6 极接法，串入电抗器 L 启动。

经过图 2-27 中的延时电路 KTF，快速运行接触器 KMFR 通电吸合，短接电抗器 L，电动机稳速运行。电梯运行到需停的层楼区时，由停层装置控制使 KMF、KMFA 和 KMFR 失电，使图 2-27 中慢速接触器 KMS 通电吸合，控制图 2-25 主电路中的曳引电动机接成 24 极接法，串入电抗器 L 和电阻 R 进入回馈制动状态，电梯减速。经过延时，图 2-27 中的制动接触器 KMB1 通电吸合，控制图 2-25 中的制动接触器 KMB1 切除电抗器 L，电梯继续减速。又经延时，制动接触器 KMB2 通电吸合，切除电阻 R，曳引电动机进入稳定的慢速运行状态。当电梯运行到平层时，由平层装置控制使 KMS、KMB1、KMB2 失电，电动机由电磁制动器制动停车。

2.4.2　变频调速恒压供水继电接触控制系统分析

变频调速恒压供水方式的特点是：水泵的供水量随着用水量的变化而变化，无多余水量，无需蓄水设备。其实现方法是通过控制线路中变频器和水压变送器的作用，使变频泵电动机的供电频率发生变化，从而调节水泵的转速，确保在用水量变化时，供水量随之相应变化，最终维持供水系统的压力不变，实现供水量和用水量的闭环控制。

1. 变频调速恒压供水继电接触控制系统组成

变频调速恒压供水继电接触控制系统由两台水泵（一台为由变频 VVVF 供电的变速泵，另一台为全电压供电的定速泵）、控制器 KGS 及两台泵的相关控制电路组成。其主电路如图 2-28 所示；控制系统电路如图 2-29 所示。

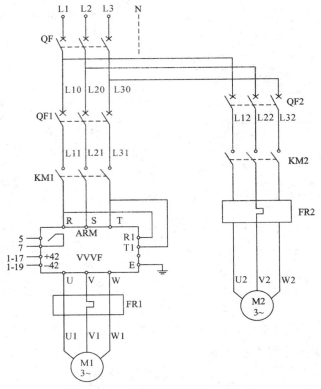

图 2-28　变频调速恒压供水主电路

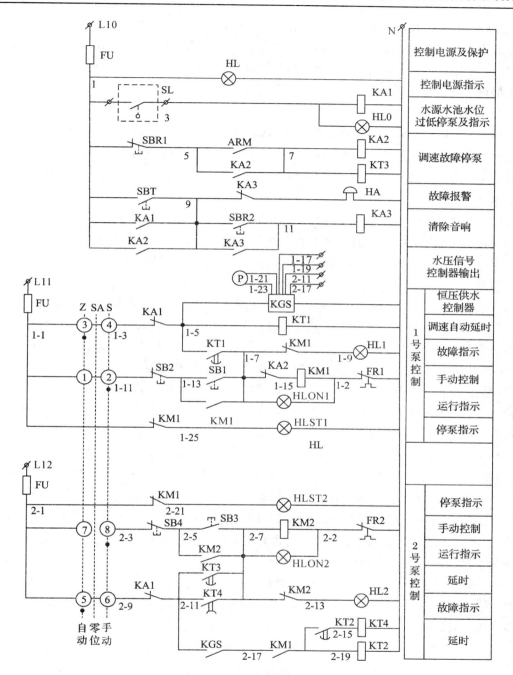

图 2-29　变频调速恒压供水继电接触控制电路

2. 变频调速恒压供水继电接触控制原理电路分析

1) 主电路工作原理分析

变频调速恒压供水系统的主电路由电源、变频器、变频调速泵、定速泵和其他外围电路组成。在其正常上电后，水压信号经水压变送器 P 送到恒压供水控制器 KGS，由 KGS 控制变频器 VVVF 的输出频率，从而控制水泵的转速。当系统用水量增大时，水压下降，

KGS 使 VVVF 输出频率提高，水泵加速，供水量相应增大，实现需求量与供水量的平衡。当系统用水量减少时，水压上升，KGS 使 VVVF 输出频率降低，水泵减速，供水量减少。这样，根据用水量对水压的影响，通过控制器 KGS 改变 VVVF 的频率实现对水泵电动机转速的调节，以维持系统水压基本不变。

2）控制电路工作原理分析

（1）正常用水量的控制。将选择开关 SA 打到图 2-29 所示控制电路中的"Z"位，系统即进入自动工作状态。合上开关 QF1、QF2，则恒压供水控制器 KGS 和时间继电器 KT1 同时通电。延时一段时间后 KT1 常开触头闭合，KM1 通电，使变速泵 M1 启动，开始恒压供水。

（2）大水量时的控制。随着用水量的增加，变速泵不断加速以使供水量增加。若仍无法满足用水量要求，KGS 可使 2 号泵控制回路中的 2-11 与 2-17 号接通，KT2 通电。延迟一段时间后其常开触头 KT4 闭合，KM2 通电，使 M2 和变速泵同时运转以提高总供水量。当系统用水量减小到一定值时，KGS 的 2-11 与 2-17 断开，使 KT2、KT4 失电，KT4 延时断开后，KM2 失电，定速泵 M2 停止运转，变速泵又开始单独恒压供水。

（3）辅助电路分析。对于 1 号泵的控制，其辅助电路包括故障指示、运行指示和停泵指示。当其正常运行时，选择开关 SA 在手动位时按启动按钮 SB1，KM1 得电，使变速泵 M1 运转。同时，KM1 的常开触头闭合，实现自锁。运行指示灯 HLON1 点亮，此时 KM1 的常闭触头断开，故障指示灯不亮。停泵时，按停止按钮 SB2，使 KM1 失电，其常闭触头闭合，停泵指示灯 HLST1 点亮。当 1 号泵发生故障，比如热保护继电器 FR1 动作时，继电器 KM1 失电，其常闭触头 KM1 闭合，使故障指示灯 HL1 发光。

对于 2 号泵的控制，其辅助电路同样包括故障指示、运行指示和停泵指示。当其正常运行时，选择开关 SA 在手动位时按启动按钮 SB3，KM2 得电，使变速泵 M2 运转。同时，KM2 的常开触头闭合，实现自锁。运行指示灯 HLON2 点亮，此时 KM1 的常闭触头断开，故障指示灯不亮。停泵时，按停止按钮 SB4，使 KM2 失电，其常闭触头闭合，停泵指示灯 HLST2 点亮。当 2 号泵发生故障，比如热保护 FR2 动作时，继电器 KM2 失电，其常闭触头 KM2 闭合，使故障指示灯 HL2 发光。

（4）联锁与保护电路分析。当变速泵电动机 M1 出现故障时，变频器中的电接点 ARM 闭合，使继电器 KA2 通电，故障报警器 HA 报警。同时 KT3 通电，延时一段时间后 KT3 闭合，使 KM2 通电，定速泵 M2 启动以代替故障泵 M1 投入工作。

思考题与习题 2

2-1 什么叫自锁、互锁？它们如何实现？

2-2 在电动机正/反转控制电路中，已有按钮的机械互锁，为什么还采用电气互锁？

2-3 三相鼠笼形异步电动机常用的降压启动方法有几种？

2-4 电动机在什么情况下采用降压启动？定子绕组为星形接法的鼠笼形异步电动机

能否采用星形-三角形降压启动？为什么？

2-5　鼠笼形异步电动机降压启动的目的是什么？重载时宜采用降压启动吗？

2-6　三相鼠笼形异步电动机常用的制动方法有几种？

2-7　电动机反接制动和能耗制动各有什么优缺点？可分别适用于什么场合？请分别举一电气设备实例说明。

2-8　在反接制动和能耗制动控制线路中都采用了速度继电器，试说明速度继电器的作用。

2-9　请设计一个顺序启动的控制线路，要求：第一台电动机启动 5 s 后第二台电动机启动，再经过 10 s 第三台电动机启动，再经过 12 s 全部电动机停止。

2-10　什么是变频器？变频器的作用是什么？

2-11　变频器的控制方式有哪些？各有什么特点？

2-12　交流电动机变频调速，在改变电源频率的同时，为什么要成比例地改变电源的电压？

2-13　继电接触控制线路分析的基本思路是什么？基本分析方法是什么？

2-14　查线读图法的方法和要点是什么？

2-15　电梯主要由哪些系统组成？各系统的主要功能是什么？

2-16　电梯的曳引系统主要由哪几部分组成？曳引轮、导向轮各起什么作用？

2-17　变频调速恒压供水系统在供水高峰和低峰时，继电接触控制系统如何进行工作？

第 3 章 可编程序控制器(PLC)的组成及工作原理

可编程序控制器(PLC),最初是由电子逻辑电路组成的一种可以编程的逻辑控制器,是 20 世纪 70 年代以后,在继电器-接触器(简称继电接触)控制系统中引入微型计算机控制技术后发展起来的一种专门用于工业控制领域的新型控制器。它是工业控制领域一个专用的计算机控制器,是电气控制领域常用的新型控制器,是替代继电器-接触器控制系统的新型控制器。本章主要介绍可编程序控制器的基本概念、组成、工作原理和编程语言等。

3.1 PLC 概 述

20 世纪 60 年代以前,自动控制最先进的装置就是继电控制盘,对当时的生产力发展确实发挥了很大的作用。相对于大型计算机和微型计算机而言,它是一个专用的计算机控制器,而在工业控制领域中则是个通用的计算机控制器。

可编程序控制器以软件控制取代了常规电气控制系统中的硬件控制。它具有功能强、可靠性高、配置灵活、使用方便、体积小、重量轻等优点,目前已在工业自动化生产的各个领域中获得了广泛使用,成为工业控制领域的关键性控制器。

1. PLC 的基本定义

国际电工委员会(IEC)对可编程序控制器的定义:可编程序逻辑控制器是一种数字运算操作的电子系统,专为在工业控制环境下应用而设计的。它采用了可编程序的存储器,用来在其内部存储执行逻辑运算、顺序控制、定时、计算和算术运算等操作的指令,通过数字式和模拟式的输入和输出来控制各类机械的生产过程。可编程序控制器及其有关外围设备都是按易于与工业系统联成一个整体,易于扩充其功能的原则设计的。

2. PLC 的技术特点

现代可编程序控制器主要有如下一些技术特点:

(1) 高可靠性与高抗干扰能力。可编程序控制器是专为工业控制环境设计的,机内采取了一系列抗干扰措施。其平均无故障时间为 40 000~50 000 h,远远超过采用硬接线的继电器-接触器控制系统,也远远高于一般的计算机控制系统。可编程序控制器在软件设计上采取了循环扫描、集中采样、集中输出的工作方式,设置了多种实时监控、自诊断、自保护、自恢复程序功能;在硬件设计上采用了屏蔽、隔离、滤波、联锁控制等抗干扰电路结构,并实现了整体结构的模块化。可编程序控制器适应于恶劣的工业控制环境,这是它优于普通微型计算机控制系统的主要特点。

(2) 通用、灵活、方便。PLC 作为专用微机控制系统产品,采用了标准化的通用模块结构,其 I/O 接口电路采用了足够的抗干扰设计;既可以使用模拟量,也可以使用开关量;现场信号可以直接接入,用户不需要进行硬件的二次开发;控制规模可以根据控制对象的信号数量与所需功能进行灵活、方便的模块组合。它具有接线简单,使用、维护十分方便的优点。

(3) 编程简单,易于掌握。这是 PLC 优于普通微机控制系统的另一个重要特点。可编程序控制器的程序编写一般不需要高级语言,通常使用的梯形图语言类似于继电器控制原理图,即使未掌握专业计算机知识的现场工程技术人员也可以很快熟悉和使用。这种面向问题和控制过程的编程语言直观、清晰,修改方便,且易于掌握。当然,不同机型可编程序控制器在编程语言上是多样化的,但同一档次不同机型的控制功能可以十分方便地相互转换。

(4) 设计和开发周期短。设计一套常规继电器控制系统需顺序进行电路设计、安装接线、逻辑调试三个步骤,只有完成系统的前一步设计才能进入下一步设计。其开发周期长,线路修改困难,而且工程量越大这一缺点就越明显。若使用可编程序控制器完成一套电气控制系统设计和产品开发,只要电气总体设计完成,I/O 接口分配完毕,软件设计、模拟调试与硬件设计就可以同时分别进行。在软件设计及调试方面,控制程序可以反复修改;在硬件设计方面,安装接线只涉及输入和输出装置,不涉及复杂的继电器控制线路,硬件投资少,故障率低。在软、硬件分别完成之后的正式调试中,控制逻辑的修改也仅涉及软件修改,大大缩短了产品的开发周期。

(5) 功能强、体积小、重量轻。由于 PLC 是以微型计算机为核心的,因此具有许多计算机控制系统的优越性。以日本三菱公司的 FX2N - 32MR 小型可编程序控制器为例进行介绍。该 PLC 的外形尺寸为 87 mm×40 mm×90 mm,重量为 0.65 kg。其内部包含各类继电器 3228 个,状态寄存器 1000 个,定时器 256 个,计数器 241 个,数据寄存器 8122 个,耗电量为 150 W。它的应用指令包括程序控制、传送比较、四则逻辑运算、移位、数据(包括模拟量)处理等,指令执行时间为每步小于 0.1 μs,无论是在体积、重量上,还是在执行速度、控制功能上,它都是常规继电器控制系统所无法相比的。

可编程序控制器(PLC)按 I/O 点数和存储容量可分为小型 PLC、中型 PLC 和大型 PLC 三个等级。小型 PLC 的 I/O 点数在 256 点以下,存储容量为 2 K 步,具有逻辑控制、定时、计数等功能。目前的小型 PLC 产品也具有算术运算、数据通信和模拟量处理功能。

中型 PLC 的 I/O 点数在 256~2048 点之间,存储容量为 2~8 K 步,具有逻辑运算、算术运算、数据传送、中断、数据通信、模拟量处理等功能,用于多种开关量、多通道模拟量或数字量与模拟量混合控制的复杂控制系统。

大型 PLC 的 I/O 点数在 2048 点以上,存储容量达 8 K 步以上,具有逻辑运算、算术运算、模拟量处理、联网通信、监视记录、打印等功能。它有中断、智能控制、远程控制等能力,可完成大规模的过程控制,也可构成分布式控制网络,以完成整个工厂的网络化自动控制。

3.2 PLC 的基本硬件组成

3.2.1 PLC 的基本结构

根据外部硬件结构的不同,可以将可编程序控制器(PLC)分为整体式 PLC 和模块式 PLC。

1. 整体式 PLC 的结构

整体式 PLC 主机主要由 CPU、存储器、I/O 接口、电源、通信接口等几大部分组成。根据用户需要可配备各种外部设备,如编程器、图形显示器、微型计算机等,各种外部设备都可通过通信接口与主机相连。图 3-1 所示为整体式 PLC 的外部结构;图 3-2 所示为整体式 PLC 的硬件组成结构示意图。整体式 PLC 的 CPU、I/O 接口电路、电源等装在一个箱状机壳内,结构紧凑、体积小、价格低。其中基本单元内有 CPU 模块、I/O 模块和电源,扩展单元内只有 I/O 模块和电源,基本单元和扩展单元之间用扁平电缆连接。整体式 PLC 一般配备有许多专用的特殊功能单元,如模拟量 I/O 单元、位置控制单元和通信单元等。

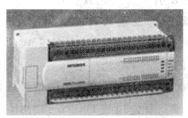

图 3-1 整体式 PLC 外部结构

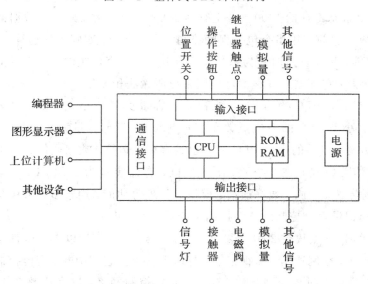

图 3-2 整体式 PLC 硬件组成结构示意图

2. 模块式 PLC 的结构

大、中型 PLC 一般都采用模块式结构。图 3-3 所示为模块式 PLC 的外部结构。模块式 PLC 采用搭积木的方式组成系统，一般由模块和机架组成。其中，模块插在模块插座上，后者焊在机架的总线连接板上；机架有不同的槽数供用户选用，如果一个机架容纳不下所选用的模块，可以增加扩展机架。各机架之间用 I/O 扩展电缆连接。

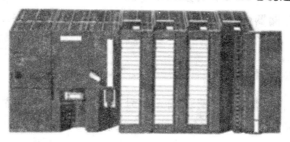

图 3-3　模块式 PLC 外部结构

用户可以选用不同档次的 CPU 及按需求选用 I/O 模块。除电源模块和 CPU 模块插在固定的位置外，其他槽可以按需要插上输入或输出模块，所插槽位不同，输入或输出点的地址也不同。不同型号的 PLC 及不同点数的 I/O 模块，其相应地址号也不同，具体可参考相应的用户使用手册。

机架：用于固定各种模块，并完成模块间通信。

CPU 模块：由微处理器和存储器组成。CPU 模块是 PLC 的核心部件，用于整机的控制。

电源模块：供 PLC 内部各模块工作，并可为输入电路和外部现场传感器提供电源。

输入模块：用于采集输入信号。输入模块分为开关量和模拟量输入模块。

输出模块：用于控制动作执行元件。输出模块分为开关量和模拟量输出模块。输出有三种形式：继电器输出、晶闸管输出、晶体管输出。

功能模块：用于完成各种特殊功能的模块，如运动控制模块、高速计数器模块、通信模块等。

3.2.2 中央处理器和存储器

中央处理器简称 CPU，它是 PLC 的核心，在整机中起到类似于人脑的神经中枢作用，对 PLC 的整机性能有着决定性作用。目前，大多数 PLC 都用 8 位或 16 位单片机作 CPU。单片机在 PLC 中的功能分为两部分，一部分是对系统进行管理，如自诊断、查错、信息传送、时钟、计数刷新等；另一部分是读取用户程序、解释指令、执行输入/输出操作等。

PLC 的存储器分为系统程序存储器和用户程序存储器两种。

（1）系统程序存储器。它是用来存放制造商为用户提供的监控程序、模块化应用功能子程序、命令解释程序、故障诊断程序及其他各种管理程序的。程序固化在 ROM 中，用户无法改变。

（2）用户程序存储器。它是专门提供给用户存放程序和数据的。用户程序存储器决定了 PLC 的输入信号与输出信号之间的具体关系，其容量一般以字(每个字由 16 位二进制数组成)为单位。

PLC 程序存储器的种类如下：

(1) 随机存储器(RAM)：一般为用户存储器。

(2) 只读存储器(ROM)：一般为系统存储器。

(3) 可电擦除的存储器(EPROM、E^2PROM)：用于存放用户程序，存储时间远远长于 RAM，一般作为 PLC 的可选件。

3.2.3 输入/输出接口电路

输入接口电路用于采集输入信号。输入信号有开关量、模拟量、数字量三种形式，对应的则有开关量、模拟量、数字量三种形式的输入模块形式和输入接口电路。

图 3-4 所示为采用光电耦合的开关量输入接口电路原理图。图中，当现场开关 S 闭合时，光电耦合 T 中的发光二极管因有足够的电流流过而发光，输出端的光敏三极管导通，A 点为高电平，经滤波电路输入到 PLC 的内部电路。电阻 R_1、R_2 分压，且 R_1 起限流作用，R_2 和 C 构成滤波电路。所有的输入信号都是经过光电耦合以及 RC 电路滤波后才送入 PLC 内部放大器，采用光电耦合并经 RC 电路滤波的措施后能有效地消除环境中杂散电磁波等造成的干扰。

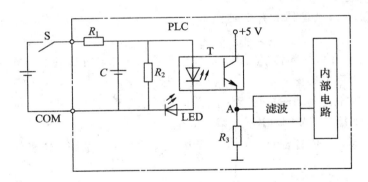

图 3-4 输入接口电路

输出接口电路用于控制信号输出或控制驱动电路输出。在 PLC 中，输出控制信号可直接控制驱动电路完成各种动作。在开关量输出模块中有晶体管、晶闸管和继电器三种功率放大元件的输出接口电路形式。其输出电流为 0.3~2 A，可直接驱动小功率负载电路完成各种动作。

图 3-5 所示为继电器输出接口电路原理图。图中，继电器 KA 既是输出开关器件，又是隔离器件；电阻 R_1 和 LED 组成了输出状态显示器；电阻 R_2 和电容 C 组成了 RC 放电灭弧电路。在程序运行过程中，当某一输出点有输出信号时，通过内部电路使得相应的输出继电器线圈接通，继电器触头闭合，使外部负载电路接通，同时输出指示灯点亮，指示该路输出端有信号输出。负载电源由外部提供。

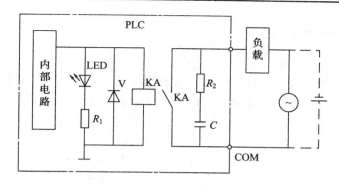

图 3-5　继电器输出接口电路

3.2.4　模拟量输入/输出模块

在建筑电气自动化控制系统中和工业自动化控制系统中,有些控制输入量往往是连续变化的模拟量,如压力、流量、温度、转速等。而某些执行机构要求 PLC 输出模拟信号,如伺服电动机、调节阀、记录仪等。然而 PLC 的 CPU 只能处理数字量,这就产生了将模拟信号转换成数字信号及将数字信号转换成模拟信号的模拟量输入/输出模块。

1. 模拟量输入(A/D)转换模块

A/D 转换模块的作用是将输入模拟量转换为数字量。模拟量首先被传感器和变送器转换为标准的电流或电压信号,通过 A/D 转换模块将模拟量变成数字量送入 PLC;PLC 根据数字量的大小便能判断模拟量的大小。例如,测速发电机随着电动机速度的变化,其输出的电压也随着变化。该输出的电压信号通过变送器后送入 A/D 转换模块,变成数字量。PLC 对此信号进行处理,便可知测速发电机速度的快慢。图 3-6 所示为模拟量输入(A/D)转换过程。

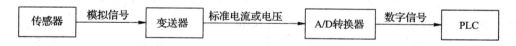

图 3-6　模拟量输入(A/D)转换过程

2. 数字量输出(D/A)转换模块

D/A 转换模块的作用是将 PLC 的数字输出量转换成模拟电压或电流,再去控制执行机构。图 3-7 所示为数字量输出 D/A 的转换过程。

图 3-7　数字量输出(D/A)转换过程

模拟量 I/O 模块的主要任务就是通过模拟量输入(A/D)转换模块将模拟量输入信号转换成数字量,经 PLC 进行数字运算后,通过数字量输出(D/A)转换模块将数字量再转换成模拟量输出,然后去控制执行机构。

3.2.5 其他硬件模块和接口

1. 高速计数模块

PLC 中计数器的最高工作频率受扫描周期的限制,一般仅为几十赫兹。在工业控制中,有时要求 PLC 有快速计数功能,计数脉冲可能来自旋转编码器、机械开关或电子开关。高速计数模块可以对几十千赫兹甚至上百千赫兹的脉冲计数。它们大多有一个或几个开关量输出点,当计数器的当前值等于或大于预置值时,可通过中断程序及时地改变开关量输出的状态。这一过程与 PLC 的扫描过程无关,可以保证负载被及时驱动。

例如,三菱 FX2N 的 PLC 就有一个高速计数模块 FX2N-1HC,FX2N-1HC 中有一个高速计数器,可以单相/双相 50 kHz 的高速计数,用外部输入或通过 PLC 的程序,可使计数器复位或启动计数过程。它可与编码器连接。

2. 运动控制模块

运动控制模块一般带有微处理器,用来控制运动物体的位置、速度和加速度。它可以控制直线运动或旋转运动、单轴或多轴运动。运动控制模块可使运动控制与 PLC 的顺序控制功能有机地结合在一起,被广泛地应用在机床、装配机械等场合。

位置控制一般采用闭环控制,用伺服电动机作驱动装置。如果用步进电动机作驱动装置,既可以采用开环控制,也可以采用闭环控制。运动控制模块用存储器来存储给定的运动曲线。

3. 通信模块

通信模块是通信网络的窗口。在 PLC 中,通信模块用来完成与别的 PLC、其他智能控制设备或主计算机之间的通信。远程 I/O 系统也必须配备相应的通信接口模块。

4. 人机接口

随着科学技术的不断发展以及自动控制的需要,PLC 的控制日趋完美。许多品牌的 PLC 配备了种类繁多的显示模块和图形操作终端(人机界面)等作为人机接口。

(1)显示模块。以三菱 FX-10DM-E 显示模块为例,FX-10DM-E 显示模块可安装在面板上,用电缆与 PLC 连接。它有 5 个键和带背光的 LED 显示器,可显示两行数据,每行 16 个字符,可用于各种型号的 FX 系列 PLC;可监视和修改定时器 T、计数器 C 的当前值,监视和修改数据寄存器 D 的当前值。

(2)图形操作终端(人机界面)。图形操作终端(人机界面)在液晶画面中可以显示各种信息、图形,还可以自由显示指示灯、PLC 内部数据、棒图、时钟等内容;同时,可以配备设备的状态,使设备的运行状况一目了然。图形操作终端(人机界面)配置有触摸屏,可以在画面中设置开关键盘,只需触按屏幕即可完成操作。显示画面的内容可以通过专用的画面制作软件,非常简便地创建。其制作过程是从库中调用、配置所需部件的设计过程。

(3)编程器。编程器用来对 PLC 进行编程、发出命令和监视 PLC 的工作状态等。它通过通信端口与 PLC 的 CPU 连接,完成人机对话连接。目前常用的编程器有手持式简易编程器、便携式图形编程器和微型计算机编程等三种形式。

① 手持式简易编程器。不同品牌的 PLC 配备不同型号的专用手持式简易编程器,相互之间互不通用。它们不能直接输入和编辑梯形图程序,只能输入和编辑指令表程序。手持式简易编程器的体积小,价格便宜,一般用电缆与 PLC 连接,常用来给小型 PLC 编程,

用于系统的现场调试和维修也比较方便。

　　② 便携式图形编程器。便携式图形编程器可直接进行梯形图程序的编制。不同品牌的 PLC，其图形编程器相互之间不通用。它比手持式简易编程器的体积大。其优点是显示屏大，一屏可显示多行梯形图，但由于性价比不高，使它的发展和应用受到了很大的限制。

　　③ 微型计算机编程。用微型计算机编程是最直观、功能最强大的一种编程方式。在微型计算机上可以直接用梯形图编程或指令编程，以及依据机械动作的流程进行程序设计的 SFC(顺序功能图)方式编程，而且这些程序可相互变换。

　　微型计算机编程的主要优点是用户可以使用现有的计算机，笔记本电脑配上编程软件也很适于在现场调试程序。对于不同厂家生产的以及不同型号的 PLC，只需要使用相应的编程软件就可以了。

　　编程器对应的工作方式有下列三种：

　　① 编程方式。编程器在这种方式下可以把用户程序送入 PLC 的内存，也可对原有的程序进行显示、修改、插入、删除等编辑操作。

　　② 命令方式。此方式可对 PLC 发出各种命令，如向 PLC 发出运行、暂停、出错复位等命令。

　　③ 监视方式。此方式可对 PLC 进行检索，观察各个输入/输出点的通/断状态和内部线圈、计数器、定时器、寄存器的工作状态及当前值，也可跟踪程序的运行过程，对故障进行监测等。

3.3　PLC 的工作原理和常用编程语言

3.3.1　PLC 控制系统的组成

　　以 PLC 为控制核心单元的控制系统称为可编程序控制器控制系统。图 3-8 所示为 PLC 控制系统组成示意图。此控制系统由 PLC、编程器、信号输入部件和输出执行部件等组成。

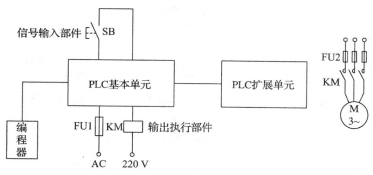

图 3-8　PLC 控制系统组成示意图

　　如图 3-8 所示，PLC 是控制系统的核心，它将逻辑运算、算术运算、顺序控制、定时、计数等控制功能以一系列指令形式存放在存储器中，然后根据检测到的输入条件按存储的程序，通过输出执行部件对生产过程进行控制。在图3-8中，编程器的功能是把控制程序输入 PLC 基本单元；信号输入部件的功能是把现场信号送入 PLC；输出执行部件的功能是执行 PLC 的控制结果，并对控制对象（电动机）进行运行控制；PLC 扩展单元的作用是在 PLC 基本单元输入/输出接口不够用时，进行输入/输出接口的扩展。

如图3-8所示，我们根据控制系统的功能要求进行编程，然后把编好的控制软件程序通过编程器输入到 PLC 基本单元的用户存储器（随机存储器 RAM）中。然后接通 PLC 控制系统的电源，启动 PLC，可编程序控制器控制系统就可根据 PLC 的现场输入控制信号，按照输入到 PLC 中的控制软件程序的功能要求进行工作，对控制对象（电动机）进行控制，控制电动机的运行。

3.3.2　PLC 的工作原理

对图3-8所示 PLC 来说，其工作原理是通过输入的用户现场控制程序和现场输入控制信号进行工作的。用户程序通过编程器输入，并存储于用户存储器中。PLC 以顺序执行用户程序的扫描基本工作方式进行有序工作，每一时刻只能执行一个指令。由于 PLC 有足够快的执行速度，从外部结果客观上看指令似乎是同时执行的。

图3-9所示为 PLC 程序执行过程。PLC 本身的工作过程可分三个阶段：输入采样阶段、程序执行阶段、输出刷新阶段。对用户程序的循环执行过程称为扫描；这种工作方式称为扫描工作方式。

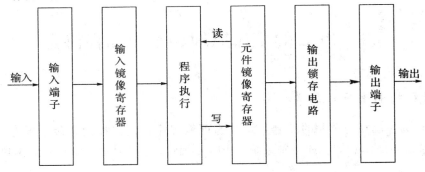

图3-9　PLC 程序执行过程

PLC 程序执行过程：

（1）输入采样阶段。PLC 在输入采样阶段以扫描方式顺序读入所有输入端子的通/断（ON/OFF）状态信息，并将此状态信息存入输入镜像寄存器，接着转入程序执行阶段。在程序执行期间，即使外部输入信号的状态变化，输入镜像寄存器的状态也不会改变。这些变化只能在下一个工作周期的输入采样阶段才被读入。

（2）程序执行阶段。PLC 在程序执行阶段顺序对每条指令进行扫描。它先从输入镜像寄存器中读入所有输入端子的状态信息（若程序中规定要读入某输出状态信息，则也在此时从元件镜像寄存器读入）；然后进行逻辑运算，由输出指令将运算结果存入元件镜像寄存器。这就是说，对于每个元件，元件镜像寄存器中所寄存的内容会随着程序的执行过程而变化。

（3）输出刷新阶段。在所有指令执行完毕后即执行程序结束指令时，元件镜像寄存器中所有输出继电器的通/断(ON/OFF)状态,在输出刷新阶段转存到输出锁存电路。因而元件镜像寄存器亦称为输出镜像寄存器。输出锁存电路的状态由上一个刷新阶段输出镜像寄存器的状态来确定。输出锁存电路的状态决定了 PLC 输出继电器线圈的状态,这才是 PLC 的实际输出。

PLC 重复执行上述三个阶段构成的工作周期亦称为扫描周期。扫描周期因 PLC 机型而异,一般执行 1000 条指令约为 20 ms。

PLC 工作完成一个工作周期后,在第二个工作周期输入采样阶段进行输入刷新。因而输入镜像寄存器的数据由上一个刷新时间 PLC 输入端子的通/断状态信息决定。

3.3.3　PLC 常用的编程语言

PLC 常用的编程语言主要有梯形图语言、指令表语言、顺序功能图(SFC)语言、功能块图(FBD)语言、BASIC 语言、C 语言及汇编语言等。其中,BASIC 语言、C 语言及汇编语言为与计算机兼容的高级语言。以上各种语言都有各自的特点,一般来说,功能越强,语言就越高级,但掌握这种语言就越困难。最常用到的编程语言是梯形图语言和指令表语言。

1. 梯形图语言

梯形图语言是由继电器控制系统图演变而来的,与继电接触电气逻辑控制原理图非常相似,是一种形象、直观的实用图形语言。它是 PLC 控制系统的主要编程语言,绝大多数 PLC 均具有这种编程语言。

由于梯形图语言是一种形象、直观的编程语言,对于熟悉继电接触控制线路的电气技术人员来说,学习梯形图语言编程是比较容易的。

梯形图语言特别适用于开关逻辑控制。梯形图由触点、线圈和应用指令组成。触点代表逻辑输入条件,如外部的输入信号和内部参与逻辑运算的条件等。线圈一般代表逻辑输出结果,它既可以是输出软继电器的线圈,也可以是 PLC 内部辅助软继电器或定时器、计数器的线圈等。

图 3-10(a)所示为一个具有自锁功能的继电接触控制电路;图 3-10(b)所示为与其对应的梯形图程序。

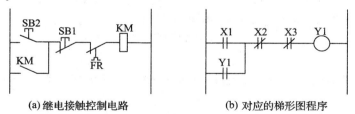

(a)继电接触控制电路　　　　　　　　　(b) 对应的梯形图程序

图 3-10　具有自锁功能的继电控制电路及其对应的梯形图

在图 3-10(b)中,X1、X2、X3、Y1 可称为逻辑元件或编程元件,也可称为软继电器。每个软继电器线圈及所连各逻辑元件触点的逻辑组合构成一个逻辑梯级或称梯级。每个逻辑梯级内可安排若干个逻辑行连到一个软继电器线圈上。左、右侧分别有一条竖直母线(有时省略了右侧的母线),相当于继电接触控制电路的控制母线。

(1) 梯形图绘制原则和要求:

① 梯形图按从上到下、从左到右的顺序绘制。每个逻辑元件起于左母线、终于右母线。继电器线圈与右母线直接连接，不能在继电器线圈与右母线之间连接其他元素，整个逻辑图形成阶梯形。

② 对电路各元件分配编号。用户输入设备按输入点的地址编号，如启动按钮 SB2 的编号为 X1。用户输出设备都按输出地址编号，如接触器 KM 的编号为 Y1。如果梯形图中还有其他内部继电器，则同样按各自分配的地址来编号。

③ 在梯形图中，输入触点用以表示用户输入设备的输入信号。当输入设备的触点接通时，对应的输入继电器动作，其常开触点接通，常闭触点断开。当输入设备的触点断开时，对应的输入继电器不动作，其常开触点恢复断开，常闭触点恢复闭合。

④ 在梯形图中，同一继电器的常开、常闭触点可以多次使用，不受限制，但同一继电器的线圈只能使用一次。

⑤ 输入继电器的状态取决于外部输入信号的状态，因此在梯形图中不能出现输入继电器的线圈。

（2）软继电器与能流（控制信号流）：

① 软继电器（又称内部线圈）。在 PLC 的梯形图中，主要利用软继电器线圈的吸、放功能以及触点的通、断功能来进行。PLC 内部并没有继电器那样的实体，只有内部寄存器中的位触发器，它根据计算机对信息的存、取原理，来读出触发器的状态，或在一定条件下改变它的状态。

② 能流（控制信号流）。想象左、右两侧竖直母线之间有一个左正右负的直流电源电压（有时省略了右侧的竖直母线），电流信号从母线的左侧流向母线的右侧，这就是能流（控制信号流）。

实际上，并没有真实的电流流动，仅仅是为了分析 PLC 的周期扫描原理以及信息存储空间分布的规律。能流（控制信号流）在梯形图中只能作单方向流动（即从左向右流动），层次的改变只能先上后下。

（3）梯形图与继电接触控制线路比较：

① 相同之处：

（a）电路结构形式大致相同。

（b）梯形图大都沿用继电控制电路元件符号。

（c）信号输入、信息处理以及输出控制的功能均相同。

② 不同之处：

（a）组成器件不同。继电控制电路由真实的继电器组成，梯形图由所谓软继电器组成。

（b）工作方式不同。当电源接通时，继电控制线路各继电器都处于该吸合的都应吸合，不吸合的继电器都因条件限制不能吸合。而在梯形图中，各继电器都处于周期性循环扫描接通之中。

（c）触点数量不同。继电接触控制电路中的继电器触点数量有限；而在 PLC 梯形图中，软继电器的触点数量无限，这是因为在 PLC 存储器中的触发器状态可以执行任意次。

（d）编程方式不同。继电控制电路中，其程序已包含在电路中，功能专一、不灵活；而梯形图的设计和编程灵活多变。

(e) 联锁方式不同。在继电控制电路中,设置了许多制约关系的联锁电路;而在梯形图中,由于它是扫描工作方式,不存在几个并列支路同时动作的因素,因此简化了电路设计。

2. 指令表语言

PLC 的指令是一种与微型计算机汇编语言中的指令相似的助记符表达式。由指令组成的程序叫做指令表程序语言。指令表与梯形图有着完全的对应关系,两者之间可以相互转换。指令表程序较难阅读,其中的逻辑关系很难一眼看出,所以在程序设计时一般使用梯形图语言。当用手持式简易编程器键入梯形图程序时,必须将梯形图程序转换为指令表程序,这是因为手持式简易编程器不具备梯形图程序编辑功能。在用户程序存储器中,指令按序号顺序排列。

如果用便携式图形编程器或微型计算机进行编程,既可以用梯形图语言又可以用指令表语言,而且梯形图与指令表可以相互自动转换,当程序写入 PLC 时,只需按"Download"(下载)即可。

3. 顺序功能图(SFC)语言

顺序功能图语言是一种位于其他编程语言之上的图形语言,用来编制顺序控制程序。顺序功能图提供了一种组织程序的图形方法。步、转换和动作是顺序功能图的三种主要元件。顺序功能图用来描述开关量控制系统的功能,根据它可以很容易地画出顺序控制梯形图程序。图 3-11 所示为顺序功能图。

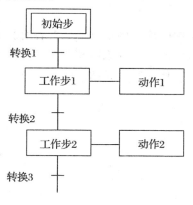

图 3-11 顺序功能图

4. 功能块图(FBD)语言

功能块图语言是一种类似于数字逻辑门电路的编程语言。该编程语言用类似与门、或门的方框来表示逻辑运算关系。方框的左侧为逻辑运算的输入变量,右侧为输出变量。输入、输出端的小圆圈表示"非"运算,方框被"导线"连接在一起,信号自左向右运动。图 3-12(b)所示为西门子 PLC 功能块图与语句表,它与图 3-12(a)梯形图的控制逻辑相同。

5. 高级编程语言

高级编程语言是一种结构文本语言,是与计算机兼容的高级语言。与梯形图相比,它能完成复杂的数学运算,所编写的程序非常简洁和紧凑,如 BASIC 语言、C 语言及汇编语言等。

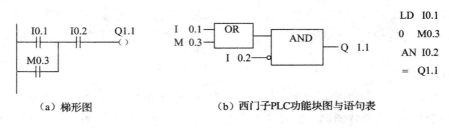

（a）梯形图　　　　　　　　（b）西门子PLC功能块图与语句表

图 3-12　西门子 PLC 功能块图与梯形图

思考题与习题 3

3-1　可编程序控制器主要有哪些技术特点？

3-2　可编程序控制器与继电器-接触器控制系统、微型计算机控制系统、单片机控制系统有何相同和不同之处？

3-3　小型 PLC 可编程序控制器由几部分组成？各部分的主要作用是什么？

3-4　简要说明 PLC 可编程序控制器的工作过程和工作原理。

3-5　可编程序控制器有哪几种输出形式？各有什么特点？

3-6　试比较 PLC 梯形图与继电器-接触器控制电路图的异同。如何绘制可编程序控制器的梯形图？

3-7　可编程序控制器常用的编程语言有哪些？各有什么特点？

3-8　可编程序控制器的梯形图绘制原则和要求是什么？

3-9　什么叫指令表语言？什么叫顺序功能图（SFC）语言？什么叫功能块图（FBD）语言？什么叫高级编程语言？

第 4 章　三菱 FX 系列小型 PLC 及编程方法

目前,在工业控制领域主流的小型 PLC 主要有三菱 FX 系列、西门子系列、OMRON 系列等。本章主要介绍三菱 FX 系列小型 PLC 的性能特点和硬件,三菱 FX 系列 PLC 中的编程元件、基本指令及其编程方法、基本指令的应用和编程实例。西门子系列小型 PLC 将在后面第 6~8 等章中介绍。

4.1　三菱 FX 系列小型 PLC 的性能特点和硬件

4.1.1　三菱 FX 系列 PLC 的性能特点和型号含义

1. 三菱 FX 系列 PLC 的性能特点

(1) 体积小。三菱 FX1S、FX1N 系列高度为 90 mm、深度为 75 mm,FX2N、FX2NC 系列高度为 90 mm、深度为 87 mm。内置的 24V DC 电源可作为输入回路的电源和传感器的电源。

(2) 外形美观。基本单元、扩展单元和扩展模块的高度、深度相同,宽度不同。它们之间用扁平电缆连接,紧密拼装后组成一个整齐的长方体。

(3) 多个子系列。有 FX1S、FX1N、FX2N、FX2NC 子系列。FX1S 子系列最多有 30 个 I/O 点,具有通信功能,用于小型开关量控制系统。FX1N 子系列最多有 128 个 I/O 点,具有较强的通信功能,用于要求较高的中小型控制系统。FX2N、FX2NC 子系列最多有 256 个 I/O 点,具有很强的通信功能,用于要求很高的中小型控制系统。

(4) 系统配置灵活。用户除了可选用不同的子系列外,还可以选用多种基本单元、扩展单元和扩展模块,组成不同 I/O 点和不同功能的控制系统。

(5) 功能强,使用方便。内置高速计数器,有输入/输出刷新、中断、输入滤波时间调整、恒定扫描时间等功能,有高速计数器的专用比较指令。使用脉冲列输出功能,可直接控制步进电机或伺服电机。脉冲宽度调整功能可用于温度控制或照明等的调光控制。可设置 8 位数字密码。

2. FX 系列 PLC 的型号含义

FX 系列 PLC 的型号含义如图 4-1 所示。

$$\text{FX}\ \square\square\ -\ \square\square\ \square\ \square\ -\ \square$$
$$(1)\quad\quad (2)\quad (3)\ (4)\quad\quad (5)$$

图 4-1　FX 系列 PLC 型号含义

(1) 为系列名称,如 1S、1N、2N 等。

（2）为 I/O 的总点数，如 16、32、48、128 等。

（3）为单元类型。M 为基本单元；E 为输入/输出混合扩展单元与扩展模块；EX 为输入专用扩展模块；EY 为输出专用扩展模块。

（4）为输出形式。R 为继电器输出；T 为晶体管输出；S 为双相晶闸管输出。

（5）为电源和输入、输出类型等特征。D 和 DS 为 24 V DC 电源；DSS 为 24 V DC 电源，晶体管输出；ES 为交流电源；ESS 为交流电源，晶体管输出；UA1 为 AC 电源，AC 输入。

例如，FX2N - 64MR - D 属于 FX2N 系列，它有 64 个 I/O 点的基本单元，继电器输出，使用 24 V DC 电源。FX2N - 48ER - D 属于 FX2N 系列，它有 48 个 I/O 点的扩展单元，继电器输出，使用 24 V DC 电源。

FX1N 系列 PLC 有 13 种基本单元：

- FX1N - 14MR - 001，FX1N - 24MR - 001，FX1N - 40MR - 001，FX1N - 60MR - 001；
- FX1N - 24MT，FX1N - 40MT，FX1N - 60MT；
- FX1N - 24MR - D，FX1N - 40MR - D，FX1N - 60MR - D；
- FX1N - 24MT - D，FX1N - 40MT - D，FX1N - 60MT - D。

FX2N 系列 PLC 有 20 种基本单元，功能强、速度快，每条指令执行时间仅为 0.08 μs，内置用户存储器为 8K 步（可扩展到 16K 步），I/O 点最多可扩展到 256 点。它有多种特殊功能模块或功能扩展板，可实现多轴定位控制。机内有实时钟，PID 指令可实现模拟量闭环控制。它有很强的数学指令集，如浮点数运算、开平方和三角函数等。每个 FX2N 基本单元可扩展 8 个特殊单元。

4.1.2 三菱 FX2N 系列 PLC 硬件简介

下面以三菱 FX2N - 64MR 为例进行介绍。

1. 三菱 FX2N - 64MR 的结构

图 4 - 2 所示为 FX2N - 64MR 型 PLC 结构示意图。

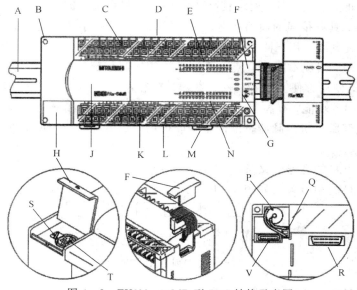

图 4 - 2 　FX2N - 64MR 型 PLC 结构示意图

图中：

A：35 mm 宽 DIN 导轨；　　　B：安装孔 4 个（φ4.5）；　　C：输入端子；

D：输入端子盖板；　　　　　E：输入指示灯；　　　　　F：I/O 扩展单元接口盖板；

G：状态指示灯；　　　　　　H：编程器接口；　　　　　J：面板盖；

K：输出端子；　　　　　　　L：输出端子盖板；　　　　M：DIN 导轨装卸用卡子；

N：输出指示灯；　　　　　　P：后备电池；　　　　　　Q：后备电池连接插座；

R：另选存储器滤波器接口；　S：内置运行/停止开关；

T：编程器接口；　　　　　　V：功能扩展板接口。

2. 输入/输出信号接线示例

图 4-3 所示为三菱 FX2N-64MR 型 PLC 基本单元端子排列图，X 为输入端子，Y 为输出端子。图中，输出部分有 COM1、COM2…COM6，共有 6 个公共点，构成 6 组输出，各组公共端间相互隔离。对共用一个公共端的同一组输出，必须用同一电压类型和同一电压等级；不同的公共端组，可以使用不同的电压类型和电压等级。如 Y0～Y3 共用 COM1，Y4～Y7 共用 COM2，Y0～Y3 使用的电压可以是 220 V AC，Y4～Y7 使用的电压可以是 24 V DC。这为不同电压类型和等级的负载驱动提供了方便。

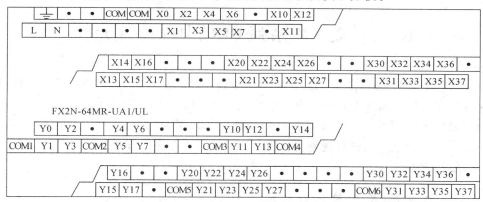

图 4-3　三菱 FX2N-64MR 型 PLC 基本单元端子排列图

图 4-4 所示为三菱 FX2N PLC 输入信号接线示意图，输入端子和 COM 端子之间用无电压接点或 NPN 开路集电极晶体管连接，就进入输入状态。这时表示输入的 LED 亮灯。

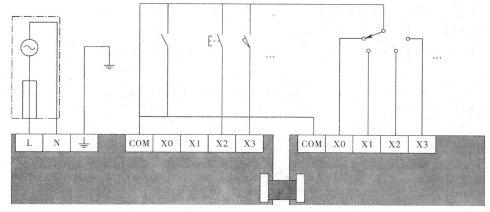

图 4-4　三菱 FX2N　PLC 输入信号接线示意图

图 4-5 所示为三菱 FX2N PLC 输出接线示意图。图中，继电器 KA1、KA2 和接触器 KM1、KM2 线圈为 220 V AC，电磁阀 YV1、YV2 为 24 V DC，这样电磁阀与继电器、接触器便不能分在一组。而继电器、接触器为相同电压类型和等级，可以分在一组，如果一组安排不下，可以分在两组或多组，但这些组的公共点要连在一起。

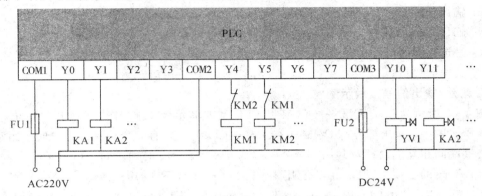

图 4-5 三菱 FX2N PLC 输出接线示意图

4.2 三菱 FX 系列 PLC 中的编程元件

PLC 提供给用户使用的每个输入/输出继电器、状态继电器、辅助继电器、计数器、定时器及每个存储单元都称为元件。由于这些元件都可以用程序（即软件）来指定，故又称为软元件或编程元件。各个元件有其各自的功能，有其固定的地址，而元件的多少决定了 PLC 整个系统的规模及数据处理能力。编程元件的名称由字母和数字组成，它们分别代表元件的类型和元件号。

4.2.1 输入继电器（X）和输出继电器（Y）

1. 输入继电器

输入继电器是 PLC 接收外部输入信号的窗口。PLC 通过光电耦合器将外部信号的状态读入并存储在输入镜像寄存器中。输入端可以外接常开触点或常闭触点，也可以接多个触点组成的串、并联电路或电子传感器（如接近开关）。在梯形图中，可以多次使用输入继电器的常开触点和常闭触点。表 4-1 所示为 FX1N、FX2N 系列 PLC 主机输入继电器元件编号。

表 4-1 FX1N、FX2N 系列 PLC 主机输入继电器元件编号

PLC 型号	FX1N-14M	FX1N-24M	FX1N-40M	FX1N-60M		
输入继电器	X0～X7 8 点	X0～X15 14 点	X0～X27 24 点	X0～X43 36 点		
PLC 型号	FX2N-16M	FX2N-32M	FX2N-48M	FX2N-64M	FX2N-80M	FX2N-128M
输入继电器	X0～X7 8 点	X0～X17 16 点	X0～X27 24 点	X0～X37 32 点	X0～X47 40 点	X0～X267 184 点

输入继电器的元件号为八进制。如 FX2N - 32M 型 PLC 共有 16 个输入点，编号分别为 X0、X1、X2、X3、X4、X5、X6、X7、X10、X11、X12、X13、X14、X15、X16、X17。输入继电器的线圈在程序设计时不允许出现。

PLC 在每一个周期开始时读取输入信号，输入信号的通、断持续时间应大于 PLC 的扫描周期。如果不满足这一条件，那么可能会丢失输入信号。

2. 输出继电器

输出继电器是 PLC 向外部负载发送信号的窗口。输出继电器用来将 PLC 的输出信号通过输出电路硬件驱动外部负载。

输出继电器的线圈在程序设计时只能使用一次，不可重复使用，但触点可以多次使用，输出继电器的线圈"通电"后，继电器型输出模块中对应的硬件输出继电器的常开触点闭合，使外部负载工作。硬件输出继电器只有一个常开触点，接在 PLC 的输出端子上。表 4 - 2 所示为 FX1N、FX2N 系列 PLC 主机输出继电器元件编号。

表 4 - 2　FX1N、FX2N 系列 PLC 主机输出继电器元件编号

PLC 型号	FX1N - 14M	FX1N - 24M	FX1N - 40M	FX1N - 60M		
输出继电器	Y0～Y5	Y0～Y11	Y0～Y17	Y0～Y27		
	6 点	10 点	16 点	24 点		
PLC 型号	FX2N - 16M	FX2N - 32M	FX2N - 48M	FX2N - 64M	FX2N - 80M	FX2N - 128M
输出继电器	Y0～Y7	Y0～Y17	Y0～Y27	Y0～Y37	Y0～Y47	Y0～Y267
	8 点	16 点	24 点	32 点	40 点	184 点

输出继电器的元件号为八进制。如 FX2N - 32M 型 PLC 共有 16 个输出点，编号分别为 Y0、Y1、Y2、Y3、Y4、Y5、Y6、Y7、Y10、Y11、Y12、Y13、Y14、Y15、Y16、Y17。

4.2.2　辅助继电器(M)

PLC 内有很多辅助继电器，它们是用软件实现的。辅助继电器的线圈可以由 PLC 内部各软继电器的触点驱动，它们不能像输入继电器那样接收外部的输入信号，也不能像输出继电器那样直接驱动外部负载，而是一种内部的状态标志，起到相当于继电器控制系统中的中间继电器的作用。

1. 通用辅助继电器

在 FX 系列 PLC 中，除了输入继电器和输出继电器的元件号采用八进制外，其他编程元件的元件号都采用十进制，因此，通用辅助继电器的元件号采用十进制编排。

不同型号 PLC 的通用辅助继电器的数量是不同的，其编号范围也不同，使用时，必须参照其编程手册。在此仅介绍 FX1N 和 FX2N 型 PLC 的通用辅助继电器点数及编号范围：FX1N 型 PLC 通用辅助继电器点数为 384 点，元件号从 M0 到 M383；FX2N 型 PLC 通用辅助继电器点数为 500 点，元件号从 M0 到 M499。

通用辅助继电器只能在 PLC 内部起辅助作用，在使用时，除了它不能驱动外部元件外，其他功能与输出继电器非常类似。

FX 系列 PLC 的通用辅助继电器与输出继电器一样没有断电保持功能，即在断电后，无论程序运行时是 ON 还是 OFF，都将 OFF；通电后，必须由其他逻辑条件使之 ON。图

4-6 所示为含有通用辅助继电器的梯形图。

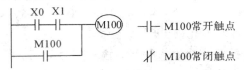

图 4-6 含有通用辅助继电器的梯形图

2. 失电保持辅助继电器

PLC 在运行中若突然停电,有时需要保持失电前的状态,以便来电后继续进行断电前的工作,这靠输出继电器和通用辅助继电器是无能为力的。这时就需要一种能保存失电前状态的辅助继电器,即失电保持辅助继电器。失电保持辅助继电器并非断电后真正能在自身电源也切断的条件下保存原工作状态,而是靠 PLC 内部的备用电池供电而已。

FX1N 型 PLC 失电保持辅助继电器点数为 1152 点,元件号从 M384 到 M1535;FX2N 型 PLC 失电保持辅助继电器点数为 2572 点,元件号从 M500 到 M3071。

图 4-7 所示是具有停电保持功能的辅助继电器用法举例。图中,在 X1 接通后,M600 动作,其常开触点闭合自锁,即使 X1 再断开,M600 的状态仍保持不变。若此时 PLC 失去供电,待 PLC 恢复供电后再运行时只要停电前 X2 的状态不发生改变,M600 仍能保持动作。M600 保持动作的原因并不是自锁,而是因为 M600 为失电保持辅助继电器,有后备电池供电的缘故。

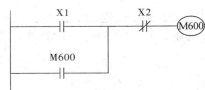

图 4-7 停电保持功能辅助继电器用法

3. 特殊辅助继电器

PLC 内有 256 个特殊辅助继电器,这些特殊辅助继电器各自具有特定的功能。它们可以分为两大类:只能利用触点型、可驱动线圈型。

(1) 只能利用触点型。这类特殊辅助继电器的线圈由 PLC 自动驱动,用户只能利用其触点。例如:

M8000——运行监控(PLC 运行时自动接通,停止时断开)。

M8002——初始脉冲(仅在 PLC 运行开始时接通一个扫描周期)。

M8005——PLC 后备锂电池电压过低时接通。

M8011——10 ms 时钟脉冲。

M8012——100 ms 时钟脉冲。

M8013——1 s 时钟脉冲。

M8014——1 min 时钟脉冲。

图 4-8 所示为只能利用触点型特殊辅助继电器在 PLC 运行(RUN)和停止(STOP)时的时序图。

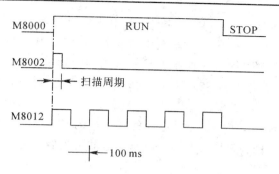

图 4-8 只能利用触点型特殊辅助继电器时序图

（2）可驱动线圈型。这类特殊辅助继电器的线圈可由用户驱动，而线圈被驱动后，PLC 将作特定动作。例如：

M8030——线圈被驱动后使后备锂电池欠电压指示灯熄灭。

M8033——线圈被驱动后 PLC 停止运行时输出保持。

M8034——线圈被驱动后禁止所有的输出。

M8039——线圈被驱动后 PLC 以 D8039 中指定的扫描时间工作。

应注意，没有定义的特殊辅助继电器是不可以在用户程序中出现的。

4.2.3 状态继电器（S）

状态继电器在步进顺控程序的编程中是一类非常重要的软元件，它与后述的步进顺控指令 STL 组合使用。

状态继电器有以下五种类型：

（1）初始状态 S0～S9 共有 10 点。

（2）回零 S10～S19 共有 10 点。

（3）通用 S20～S499 共有 480 点。

（4）失电保持 S500～S899 共有 400 点。

（5）报警器 S900～S999 共有 100 点。

通用状态继电器没有失电保持功能。在使用 IST（初始化状态功能）指令时，S0～S9 供初始状态使用。失电保持状态继电器 S500～S899 在断电时依靠后备锂电池供电保持。在使用应用指令 ANS（信号报警器置位）和 ANR（信号报警器复位）时，报警器 S900～S999 可用作外部故障诊断输出。报警器为失电保持型。

使用举例：图 4-9 所示为机械手抓取物体动作顺序功能图。

设启动信号输入点为 X0，下限位开关信号输入点为 X1，夹紧限位开关信号输入点为 X2，上限位开关信号输入点为 X3；控制下降电磁阀的输出点为 Y0，控制夹紧电磁阀的输出点为 Y1，控制上升电磁阀的输出点为 Y2；S0 为初始状态（原位）；S20、S21、S22 为工作步状态继电器。其动作过程如下：接通启动信号，X0

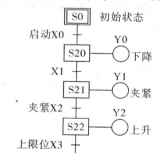

图 4-9 机械手抓取物体动作
顺序功能图

=ON，状态继电器 S20 置位(=ON)，随之，控制下降电磁阀的输出继电器 Y0 动作；当下限位开关 X1 变为 ON 后，状态继电器 S21 置位(=ON)，状态继电器 S20 自动复位(=OFF)，输出继电器 Y0 随之复位，控制夹紧电磁阀的输出继电器 Y1 动作；当夹紧限位开关 X2 变为 ON 时，状态继电器 S22 置位，同时状态继电器 S21 自动复位，输出继电器 Y1 随之复位，控制上升电磁阀的输出继电器 Y2 动作。

随着状态动作的转移，前一状态继电器的状态自动复位(变为 OFF)。状态继电器的触点可多次使用。如果不用步进顺控指令，状态继电器可当做普通的辅助继电器使用。

4.2.4 定时器(T)

PLC 内有几百个定时器，其功能相当于继电接触控制系统中的时间继电器。

定时器是根据时钟脉冲的累积计时的。时钟脉冲有 1 ms、10 ms、100 ms 三种，当所计时间达到设定值时，其输出触点动作。

定时器有一个设定值寄存器(一个字长)、一个当前值寄存器(一个字长)和一个用来存储其输出触点状态的映像寄存器(占二进制的一位)，这三个单元使用同一个元件号。

定时器用常数 K 作为设定值，也可将数据寄存器(D)的内容作设定值。用数据寄存器(D)的内容作设定值时，一般使用失电保持型数据寄存器，原因是断电时不会丢失数据。

FX 系列 PLC 的定时器分为非积算定时器和积算定时器。

1. 非积算定时器

所谓非积算定时器，是指定时器在停电或定时器线圈输入断开时，定时器将复位。当复电或定时器线圈输入再次接通后，非积算定时器将按照原设定时间重新计时，若再次动作时仍按照原设定时间动作，不进行设定时间的累积相加计算。FX1N 和 FX2N 型 PLC内，100 ms 非积算定时器有 200 点(T0～T199)，时间设定值为 0.1～3276.7 s；10 ms 非积算定时器有 46 点(T200～T245)，时间设定值为 0.01～327.67 s。图 4-10 所示为非积算定时器在程序中的使用及动作时序。

在图 4-10 中，如果定时器线圈 T200 的驱动输入 X0 接通，T200 用的当前值计数器将 10 ms 时钟脉冲相加计算。如果该值等于设定值 K123，定时器的输出触点就动作。即X0 接通 1.23 s 后(也就是 T200 的线圈"通电"0.01×123=1.23 s 后)，T200 的触点动作，Y0 随之动作。X0 断开或停电，定时器复位，输出触点复位。非积算定时器没有失电记忆功能。

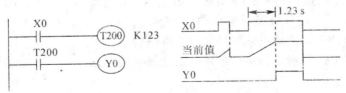

图 4-10 非积算定时器在程序中的使用及动作时序

2. 积算定时器

所谓积算定时器，是指在定时器停电或定时器线圈输入断开时，定时器保存已计时间。当复电或定时器线圈输入再次接通后，积算定时器继续计时，计时时间为原保存的时间与继续计时时间之和，直到计时时间达到设定值，积算定时器的触点动作，即进行设定时间的累积相加计算。FX1N 和 FX2N 型 PLC 内，1 ms 积算定时器有 4 点（T246～ T249），时间设定值为 0.001～32.767 s；100 ms 积算定时器有 6 点（T250～T255），时间设定值为0.1～3276.7 s。图 4 - 11 所示为积算定时器在程序中的使用及动作时序。

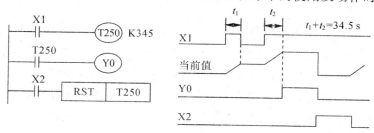

图 4 - 11　积算定时器在程序中的使用及动作时序

在图 4 - 11 中，如果定时器线圈 T250 的驱动输入 X1 接通，则 T250 用的当前值计数器将 100 ms 时钟脉冲相加计算。如果相加值等于设定值 K345（即 0.1×345＝34.5 s），则定时器的输出触点动作。在该计算过程中，X1 断开或停电，当再动作后，继续进行相加计算，直到相加的时间等于设定时间后，定时器的输出触点动作。积算定时器具有失电记忆功能，要想使得 T250 复位，只有复位输入 X2 接通，强制进行。

非积算定时器没有电池后备，在定时过程中，若停电或定时器线圈输入断开，非积算定时器复位。当复电或定时器线圈输入再次接通后，非积算定时器重新计时。积算定时器有锂电池后备，若停电或定时器线圈输入断开，积算定时器保存已计时间。当复电或定时器线圈输入再次接通后，积算定时器继续计时，计时时间为原保存的时间与继续计时时间之和。

需要注意的是，在 FX1N 和 FX2N 型 PLC 中，在子程序与中断程序内应采用 T192～ T199 和 T246～T249 定时器，这些定时器在执行指令或执行 END 指令时计时。如果计时达到设定值，则在执行线圈指令或 END 指令时，输出触点动作。在子程序与中断程序内使用其他定时器，工作可能不正常。

定时器的精度与程序的编写有关。如果定时器的触点在线圈之前，精度将会降低。如果定时器的触点在线圈之后，最大定时误差为 2 倍扫描周期加上输入滤波器时间；如果定时器的触点在线圈之前，最大定时误差为 3 倍扫描周期加上输入滤波器时间。

最小定时误差为输入滤波器时间减去定时器的分辨率。如 1 ms、10 ms、100 ms 定时器的分辨率分别为 1 ms、10 ms 和 100 ms。

4.2.5　计数器（C）

1. 内部计数器

内部计数器是在执行扫描操作时对内部元件（如 X、Y、M、S、T、C）的信号进行计数的计数器。因此，其接通和断开时间应长于 PLC 的扫描周期。

1）16 位增计数器

FX 系列 PLC 有两种类型的 16 位增计数器，一种为通用型，另一种为失电保持型。

（1）通用型 16 位增计数器。C0～C99 为通用型 16 位增计数器，共有 100 点，其设定值为 K1～K32 767。计数输入信号每接通一次，计数器的当前值增 1，当计数器的当前值为设定值时，计数器的输出触点接通，之后即使计数输入信号再接通，计数器的当前值也保持不变，只有复位输入信号接通时，执行复位指令，才能将计数器当前值复位为 0，其输出触点也随之复位。计数过程中如果失电，通用型计数器失去原计数数值，再次通电后，它将重新计数。

（2）失电保持型 16 位增计数器。C100～C199 为失电保持型 16 位增计数器，共有 100 点，其设定值为 K1～K32 767。它的工作过程与通用型相同，只是在计数过程中如果失电，失电保持型计数器的当前值和输出触点的置位/复位状态保持不变。

计数器的设定值除了可以用常数 K 直接设定外，还可以通过指定数据寄存器（D）的元件号来间接设定，此号寄存器内的内容便是设定值，如指定 D125，而 D125 的内容是 200，则与设定值 K200 等效。

图 4 - 12 所示为 16 位增计数器的动作时序。X2 为计数输入，X2 每接通一次，计数器的当前值增 1，当计数器的当前值为 10 时，即计数达 10 次，计数器 C0 的输出触点接通，随之 Y0 线圈得电。当复位输入 X1 接通，执行 RST（复位）指令时，计数器当前值复位为 0，其输出触点也随之复位。

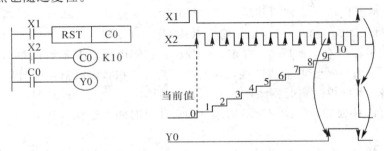

图 4 - 12　16 位增计数器的动作时序

2）32 位双相计数器

双相计数器就是既可以设置为增计数又可以设置为减计数的计数器。32 位双相计数器计数值设定范围为 $-2\ 147\ 483\ 648$～$+2\ 147\ 483\ 647$。FX 系列 PLC 有两种 32 位双相计数器，一种为通用型，另一种为失电保持型。

（1）通用型 32 位双相计数器。C200～C219 为通用型 32 位双相计数器，共有 20 点。它作增计数或减计数（计数方向）时由特殊辅助继电器 M8200～M8219 设定。计数器与特殊辅助继电器一一对应，如计数器 C212 对应 M8212。对于计数器，当对应的辅助继电器接通（置 1）时为减计数；当对应的辅助继电器断开（置 0）时为增计数。计数值的设定可以直接用常数 K 或间接用数据寄存器（D）的内容作为设定值，但间接设定时，需要用元件号连在一起的两个数据寄存器。因为如果用 16 位的数据寄存器，则必须由两个 16 位的数据寄存器才能组成 32 位。

（2）失电保持型 32 位双相计数器。C220～C234 为失电保持型 32 位双相计数器，共有 15 点。它作增计数或减计数（计数方向）时由特殊辅助继电器 M8220～M8234 设定。它的工作过程与通用型 32 位双相计数器基本相同，不同之处在于失电保持型 32 位双相计数器的当前值和触点状态在失电时均能保持。

图 4 - 13 所示为 32 位双相计数器的动作时序。计数器 C212 作增计数还是减计数取决

于 M8212 的通、断。M8212 断开，C212 作增计数；M8212 接通，C212 作减计数。因而 X1 的通、断决定了 C212 的计数方向。X3 作为计数输入，驱动 C212 线圈进行增计数或减计数。X2 用于计数器 C212 复位。

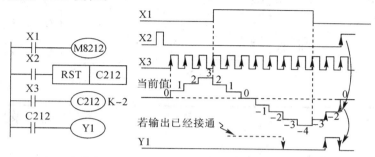

图 4－13　32 位双相计数器的动作时序

当计数器的当前值由－3→－2(增加)时，计数器的触点接通(置位)，Y1 便有输出；由－2→－3(减小)时，其触点断开(复位)。当复位输入 X2 接通，通过 RST(复位)指令，使得计数器 C212 复位，其触点断开(复位)，随之 Y1 停止输出。

双相计数器是循环计数器，如果计数器的当前值在最大值 2 147 483 647 时进行增计数，则当前值就成为最小值－2 147 483 647。类似地，如果计数器的当前值在最小值－2 147 483 647 时进行减计数，则当前值就成为最大值 2 147 483 647。

2. 高速计数器

FX 系列 PLC 中共有 21 点高速计数器，元件编号为 C235～C255。这些计数器在 PLC 中共享 8 个高速计数器输入端 X0～X7。当一个输入端被某个高速计数器占用时，这个输入端就不能再用于另一个高速计数器，也不能用作其他的输入。也就是说，由于只有 8 个高速计数的输入，因此最多只能同时使用 8 个高速计数器。

高速计数器是按中断方式运行的，与扫描周期无关。所选定计数器的线圈应被连续驱动，以表示与它有关的输入点已被使用，其他高速计数器的处理不能与它冲突。连续驱动计数器的软元件触点可以是输入继电器触点，也可以是特殊辅助继电器(如 M8000)的常开触点等。

高速计数器分为 1 相型和 2 相型两类。1 相型高速计数器分为 1 相无启动/复位和 1 相带启动/复位两种；2 相型高速计数器分为 2 相双向计数器和 2 相 A－B 相计数器。表 4－3 所示为高速计数器简表。

表 4－3　高速计数器简表

中断输入	1 相无启动/复位计数器						1 相带启动/复位计数器					2 相双向计数器					2 相 A－B 相计数器				
	C235	C236	C237	C238	C239	C240	C241	C242	C243	C244	C245	C246	C247	C248	C249	C250	C251	C252	C253	C254	C255
X0	U/D						U/D			U/D		U	U		U		A	A		A	
X1		U/D					R			R		D	D		D		B	B		B	
X2			U/D					U/D			U/D		R		R			R		R	
X3				U/D				R			R			U		U			A		A

续表

中断输入	1相无启动/复位计数器						1相带启动/复位计数器					2相双向计数器					2相A-B相计数器				
	C235	C236	C237	C238	C239	C240	C241	C242	C243	C244	C245	C246	C247	C248	C249	C250	C251	C252	C253	C254	C255
X4					U/D				U/D					D		D			B		B
X5						U/D			R					R		R			R		R
X6										S					S					S	
X7											S					S					S

注：U—增计数输入；D—减计数输入；A—A相输入；B—B相输入；R—复位输入；S—启动输入。

1) 1 相型高速计数器

1 相型高速计数器共有 11 点（C235～C245），所有计数器都是 32 位增/减计数器，即双相计数器，其触点动作方式及计数方向设定与普通 32 位双相计数器相同。它作增计数器时，在计数值达到设定值时触点动作并保持；它作减计数时，在计数值达到设定值时触点复位。

C235～C240 为 1 相无启动/复位计数器，C241～C245 为 1 相带启动/复位计数器。特殊辅助继电器 M8235～M8245 用来设置与之对应的计数器 C235～C245 的计数方向。M 为 ON 时，1 相型高速计数器为减计数；M 为 OFF 时，1 相型高速计数器为增计数。要想使得计数器 C235～C245 复位，只有使用 RST 指令。

（1）1 相无启动/复位计数器。1 相无启动/复位计数器（C235～C240）共有 6 点，每个计数器只有一个输入端。如表 4-3 所示，C235 利用 X0 作为高速脉冲的输入端……C240 利用 X5 作为高速脉冲的输入端，可以双向计数（U/D 表示可以增、减计数），增、减计数由 M8235～M8240 的 OFF 及 ON 决定。

图 4-14 所示为 1 相无启动/复位计数器的用法举例。要想使得计数器 C236 进行计数，X12 必须接通（即 C236 的线圈被驱动，才选中了计数器 C236）。由于输入端 X1 是计数器 C236 的脉冲计数输入端，因此在 X12 接通的条件下，计数器 C236 对来自 X1 端的脉冲进行计数。

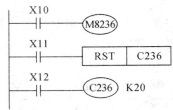

图 4-14　1 相无启动/复位计数器的用法

M8236 的通、断决定了计数器 C236 是减计数还是增计数，所以当 X10 接通时 C236 进行的是减计数，X10 断开时 C236 进行的是增计数。在进行增计数时，当计数值达到设定值 K20 时，C236 的触点动作并保持；在进行减计数时，当计数值达到设定值 K20 时，C236 的触点复位。

要想使得计数器 C236 复位，只有使用 RST 指令，X11 的接通使得计数器 C236 复位，其触点断开。

（2）1 相带启动/复位计数器。1 相带启动/复位计数器共有 5 点（C241～C245）。每个计数器各有一个计数输入端和一个复位输入端。其中，C244、C245 还另有一个启动输入端，例如 C244（参见表 4-3），计数输入端为 X0（对 X0 输入的脉冲进行计数），复位输入端为 X1（X1 端接通使得 C244 复位），启动输入端为 X6（X6 接通，C244 立即对 X0 输入的脉冲进行计数）。特殊辅助继电器 M8241～M8245 的接通、断开决定了 C241～C245 是减计数还是增计数。

图 4-15 所示为 1 相带启动/复位计数器的用法举例。当 X12 接通时，C244 被选中，如果 X6 接通，C244 立即对 X0 输入的脉冲进行计数。计数设定值为数据寄存器 D1、D0 的内容（D1，D0）。可以在程序上用 X11 对 C244 进行复位，但是，如果 X1 接通，则 C244 立即复位，不需要该条程序。M8244 的通、断决定 C244 是减计数还是增计数，因而 X10 的通、断决定了 C244 是减计数还是增计数。

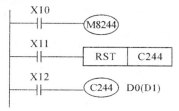

图 4-15　1 相带启动/复位计数器用法

2）2 相型高速计数器

2 相型高速计数器共有 10 点（C246～C255）。所谓 2 相，是指这些计数器有两个输入端，其中一个输入端专门用于增计数信号输入，而另一个输入端专门用于减计数信号输入。

（1）2 相双向计数器。C246～C250 为 2 相双向计数器。它们有一个增计数输入端和一个减计数输入端，某些计数器还有复位和启动输入端，例如 C246 的增、减计数端分别是 X0 和 X1（如表 4-3 所示）。在计数器的线圈接通后，X0 的上升沿使得计数器的当前值加 1；X1 的上升沿使得计数器的当前值减 1。

（2）2 相 A-B 相计数器。C251～C255 为 2 相 A-B 相计数器。它们有两个计数输入端，有的计数器还有复位和启动输入端（参见表 4-3）。计数器的最高计数频率受两个因素制约，一是各个输入端的响应速度；二是全部高速计数器的处理时间。高速计数器的处理时间是限制高速计数器计数频率的主要因素。高速计数器是采用中断方式运行的，因此，同时使用的计数器数量越少，计数频率就越高，如果某些计数器用比较低的频率计数，则其他计数器就能以较高的频率计数。

对于高速计数器的计数频率，单向和双向计数器最高计数频率为 10 kHz，A-B 相计数器最高为 5 kHz。最高总计数频率是指同时在 PLC 计数输入端出现的所有输入信号频率之和的最大值。最高的总计数频率：FX1N 为 60 kHz，FX2N 为 20 kHz。另外，计算总计数频率时，A-B 相计数器的频率应加倍。

4.2.6　数据寄存器（D）

数据寄存器在模拟量检测、控制及位置控制等场合用来存储数据和参数，用 D 表示。

数据寄存器可以存储 16 位二进制数或称一个字。要想存储 32 位二进制数据（双字），必须同时用两个序号连续的数据寄存器进行数据存储。例如用 D0 和 D1 存储双字，D0 存放低 16 位，D1 存放高 16 位。字或双字的最高位为符号位，0 表示为正数，1 表示为负数。

数据寄存器的数值读出与写入一般采用应用指令，而且可以从数据存储单元（显示器）与编程装置直接读出/写入。

数据寄存器分为通用数据寄存器、失电保持数据寄存器、特殊数据寄存器、文件寄存器、外部调整寄存器、变址寄存器等。表 4 - 4 所示为 FX1N 和 FX2N PLC 各类数据寄存器的点数及地址编号范围。

表 4 - 4　数据寄存器

	FX1N	FX2N
通用数据寄存器	128(D0～D127)	200(D0～D199)
失电保持数据寄存器	7872(D128～D7999)	7800(D200～D7999)
特殊数据寄存器	256(D8000～D8255)	256(D8000～D8255)
文件寄存器	7000(D1000～D7999)	7000(D1000～D7999)
外部调整寄存器	2(D8030、D8031)	—

（1）通用数据寄存器。将数据写入通用数据寄存器后，其值将保持不变，直到下一次被改写。PLC 由运行（RUN）状态进入到停止（STOP）状态时，所有通用数据寄存器的值都变为 0。如果前述可驱动线圈型特殊辅助继电器 M8033 接通，PLC 由运行（RUN）状态进入到停止（STOP）状态时，通用数据寄存器的值将保持不变。

（2）失电保持数据寄存器。失电保持数据寄存器在 PLC 由运行（RUN）状态进入到停止（STOP）状态时，其值保持不变。利用参数设定，可以改变失电保持数据寄存器的范围。

（3）特殊数据寄存器。特殊数据寄存器中写入特定目的的数据或事先写入特定的内容，用来控制和监视 PLC 内部的各种工作方式和元件，如备用锂电池的电压、扫描时间、正在动作的状态的编号等。PLC 上电时，这些特殊数据寄存器被写入默认的值。

（4）文件寄存器。文件寄存器以 500 点为单位，可被外部设备存取。文件寄存器实际上被设置为 PLC 的参数区。文件寄存器与锁存寄存器重叠，数据不会丢失。FX1N 和 FX2N 系列 PLC 的文件寄存器可以通过块传送指令来改写其内容。

（5）外部调整寄存器。FX1N 系列 PLC 的外部调整寄存器为 D8030 和 D8031。在 FX1N 系列 PLC 的外部有两个小电位器，这两个电位器常用来修改定时器的时间设定值，通过调整小电位器可以改变 D8030 和 D8031 的值（0～255），依此来修改定时器的时间设定值。

4.3　三菱 FX 系列 PLC 的基本指令及编程方法

三菱 FX1N 和 FX2N PLC 中共有基本指令 27 条，基本指令一般由助记符和操作元件组成。其中，助记符是每一条基本指令的符号，它表明操作功能；操作元件是被操作的对象。但有些基本指令只有助记符，没有操作元件。

4.3.1　基本指令介绍

1. LD、LDI、OUT 指令

1）LD 指令

LD 指令称为"取用指令"，即常开触点取用指令。

功能：常开触点逻辑运算开始，常开触点与梯形图左母线连接。

操作元件：X、Y、M、S、T、C。

程序步：1。

图 4 - 16 所示为 LD 指令在梯形图中的表示。

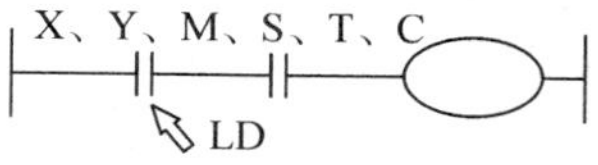

图 4 - 16　LD 指令在梯形图中的表示

2）LDI 指令

LDI 指令称为"取用反指令"，即常闭触点取用指令。

功能：常闭触点逻辑运算开始，常闭触点与梯形图左母线连接。

操作元件：X、Y、M、S、T、C。

程序步：1。

图 4 - 17 所示为 LDI 指令在梯形图中的表示。

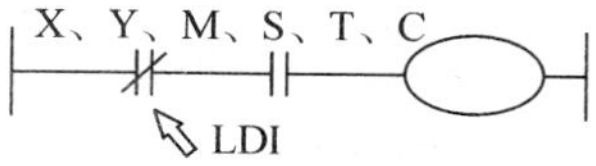

图 4 - 17　LDI 指令在梯形图中的表示

另外，LD、LDI 指令与后面将介绍的 ANB 指令组合，在分支起点处也可使用。

3）OUT 指令

OUT 指令称为"输出指令"或"驱动指令"。

功能：输出逻辑运算结果，也就是根据逻辑运算结果去驱动一个指定的线圈。

操作元件：Y、M、S、T、C。

程序步：1。

图 4 - 18 所示为 OUT 指令在梯形图中的表示。

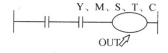

图 4 - 18　OUT 指令在梯形图中的表示

OUT 指令的使用说明：

（1）OUT 指令不能用于驱动输入继电器，因为输入继电器的状态由输入信号决定。

（2）OUT 指令可以连续使用，相当于线圈的并联，不受使用次数的限制。如图 4 - 19 所示。

（3）定时器及计数器使用 OUT 指令后，必须有常数设定值语句。此外，也可指定数据寄存器的地址号，以此地址号数据寄存器内的内容作为设定值。在图 4-19 中，OUT T0 后要有时间设定值 K20，OUT C0 后要有计数器设定值 K10 等。

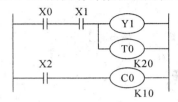

图 4-19　OUT 指令的连续使用

常数 K 的设定范围、实际的定时器常数、相对于 OUT 指令的程序步数（包含设定值）如表 4-5 所示。

表 4-5　常数 K 设定表

定时器、计数器	K 的设定范围	实际的设定值	步数
1 ms 定时器	1～32 767	0.001～32.767 s	3
10 ms 定时器	1～32 767	0.01～327.67 s	3
100 ms 定时器		0.1～3276.7 s	
16 位计数器	1～32767	同左	3
32 位计数器	−2 147 483 648～ +2 147 483 647	同左	5

下面举例说明 LD、LDI、OUT 指令的使用。

【例 4-1】　写出图 4-20 所示梯形图的指令语句表。

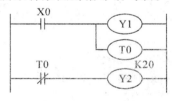

图 4-20　例 4-1 图

解　拿到梯形图后，要按从上到下、自左到右将梯形图阅读清楚，充分了解各触点之间的逻辑关系，然后应用基本指令写出指令语句表。图 4-20 所示梯形图对应的指令语句表如下：

步序	助记符	操作数
0	LD	X0
1	OUT	Y1
2	OUT	T0
	K	20
5	LDI	T0
6	OUT	Y2

2. AND、ANI 指令

1）AND 指令

AND 指令称为"与指令"，即常开触点串联指令。

功能：使继电器的常开触点与其他继电器的触点串联。

操作元件：X、Y、M、S、T、C。

程序步：1。

图 4 - 21 所示为 AND 指令在梯形图中的表示。

图 4 - 21　AND 指令在梯形图中的表示

2）ANI 指令

ANI 指令称为"与非指令"，即常闭触点串联指令。

功能：使继电器的常闭触点与其他继电器的触点串联。

操作元件：X、Y、M、S、T、C。

程序步：1。

图 4 - 22 所示为 ANI 指令在梯形图中的表示。

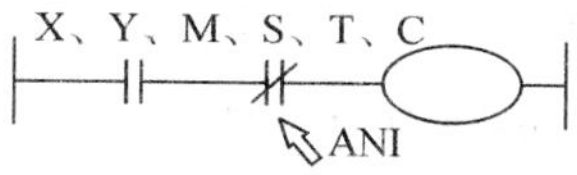

图 4 - 22　ANI 指令在梯形图中的表示

下面举例说明 AND、ANI 指令的使用。

【例 4 - 2】 写出图 4 - 23 所示梯形图的指令语句表。

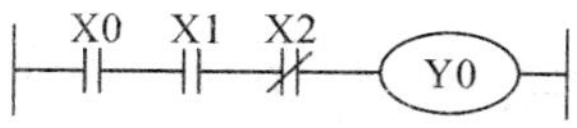

图 4 - 23　例 4 - 2 图

解　图 4 - 23 所示梯形图对应的指令语句表如下：

```
0    LD    X0
1    AND   X1
2    ANI   X2
3    OUT   Y0
```

AND、ANI 指令使用说明：

（1）用 AND、ANI 指令可进行 1 个触点的串联连接。串联触点的数量不受限制，该指令可以多次使用。

（2）OUT 指令后，通过触点对其他线圈使用 OUT 指令，称之为纵接输出。如图 4 - 24 所示，X1 的常开触点与 Y1 线圈串联后，又与 Y0 线圈并联，就是纵接输出。这时 X1 的常开触点仍可以用 AND 指令。对于这种纵接输出，如果顺序不错误，可多次重复，如图 4 - 25 所示。

0	LD	X0
1	OUT	Y0
2	AND	X1
3	OUT	Y1

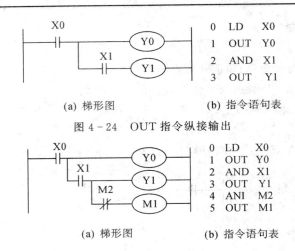

(a) 梯形图　　(b) 指令语句表

图 4－24　OUT 指令纵接输出

0	LD	X0
1	OUT	Y0
2	AND	X1
3	OUT	Y1
4	ANI	M2
5	OUT	M1

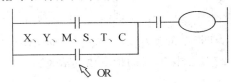

(a) 梯形图　　(b) 指令语句表

图 4－25　OUT 指令的多次纵接输出

3. OR、ORI 指令

1）OR 指令

OR 指令称为“或指令”，即常开触点并联指令。

功能：使继电器的常开触点与其他继电器的触点并联。

操作元件：X、Y、M、S、T、C。

程序步：1。

图 4－26 所示为 OR 指令在梯形图中的表示。

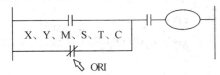

图 4－26　OR 指令在梯形图中的表示

2）ORI 指令

ORI 指令称为“或非指令”，即常闭触点并联指令。

功能：使继电器的常闭触点与其他继电器的触点并联。

操作元件：X、Y、M、S、T、C。

程序步：1。

图 4－27 所示为 ORI 指令在梯形图中的表示。

图 4－27　ORI 指令在梯形图中的表示

下面举例说明 OR、ORI 指令的使用。

【例 4－3】　写出图 4－28 所示梯形图的指令语句表。

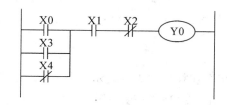

图 4 - 28　例 4 - 3 图

解　图 4 - 28 所示梯形图对应的指令语句表如下：

```
0    LD    X0
1    OR    X3
2    ORI   X4
3    AND   X1
4    ANI   X2
5    OUT   Y0
```

OR、ORI 指令使用说明：

(1) OR、ORI 指令可以连续使用，并且不受使用次数的限制，如图 4 - 29 所示。

(2) 当继电器的常开触点或常闭触点与其他继电器的触点组成的混联电路块并联时，也可以使用 OR 指令或 ORI 指令，如图 4 - 30 所示。

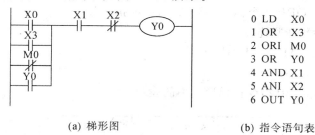

(a) 梯形图　　　　　　　　　　　　　(b) 指令语句表

图 4 - 29　OR、ORI 指令的使用图

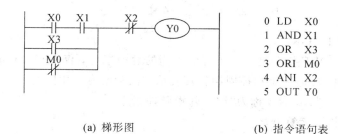

(a) 梯形图　　　　　　　　　　　　　(b) 指令语句表

图 4 - 30　OR、ORI 指令在混联电路中的使用

4. LDP、LDF、ANDP、ANDF、ORP、ORF 指令

1) LDP、ANDP、ORP 指令

LDP、ANDP、ORP 指令是进行上升沿检测的触点指令，仅在指定位软元件上升沿时（由 OFF→ON 变化)接通一个扫描周期。其表示方法为触点的中间有一个向上的箭头。

(1) LDP 指令。LDP 指令称为"取上升沿脉冲指令"。

功能：上升沿检测运算开始。

操作元件：X、Y、M、S、T、C。

程序步：1。

图 4-31 所示为 LDP 指令在梯形图中的表示。

图 4-31　LDP 指令在梯形图中的表示

（2）ANDP 指令。ANDP 指令称为"与上升沿脉冲指令"。

功能：上升沿检测串联连接。

操作元件：X、Y、M、S、T、C。

程序步：1。

图 4-32 所示为 ANDP 指令在梯形图中的表示。

图 4-32　ANDP 指令在梯形图中的表示

（3）ORP 指令。ORP 指令称为"或上升沿脉冲指令"。

功能：上升沿检测并联连接。

操作元件：X、Y、M、S、T、C。

程序步：1。

图 4-33 所示为 ORP 指令在梯形图中的表示。

图 4-33　ORP 指令在梯形图中的表示

2）LDF、ANDF、ORF 指令

LDF、ANDF、ORF 指令是进行下降沿检测的触点指令，仅在指定位软元件下降沿时（由 OFF→ON 变化）接通一个扫描周期。其表示方法为触点的中间有一个向下的箭头。

（1）LDF 指令。LDF 指令称为"取下降沿脉冲指令"。

功能：下降沿检测运算开始。

操作元件：X、Y、M、S、T、C。

程序步：1。

图 4-34 所示为 LDF 指令在梯形图中的表示。

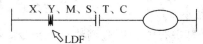

图 4-34　LDF 指令在梯形图中的表示

（2）ANDF 指令。ANDF 指令称为"与下降沿脉冲指令"。

功能：下降沿检测串联连接。

操作元件：X、Y、M、S、T、C。

程序步：1。

图 4-35 所示为 ANDF 指令在梯形图中的表示。

图 4-35　ANDF 指令在梯形图中的表示

（3）ORF 指令。ORF 指令称为"或下降沿脉冲指令"。

功能：下降沿检测并联连接。

操作元件：X、Y、M、S、T、C。

程序步：1。

图 4-36 所示为 ORF 指令在梯形图中的表示。

图 4-36　ORF 指令在梯形图中的表示

5．ANB、ORB 指令

1）ANB 指令

ANB 指令称为"回路与指令"，即回路串联指令。

功能：回路与回路串联。

操作元件：无。

程序步：1。

图 4-37 所示为 ANB 指令在梯形图中的表示。

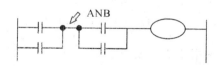

图 4-37　ANB 指令在梯形图中的表示

2）ORB 指令

ORB 指令称为"回路或指令"，即回路并联指令。

功能：回路与回路并联。

操作元件：无。

程序步：1。

图 4-38 所示为 ORB 指令在梯形图中的表示。

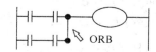

图 4-38　ORB 指令在梯形图中的表示

回路的含义：所谓回路，就是由几个触点按一定方式连接成的梯形图。由两个以上触点串联而成的回路就是串联回路；由两个以上触点并联而成的回路就是并联回路。触点的混联就形成了混联回路块。图 4 - 39 所示为各种电路块的梯形图表示。

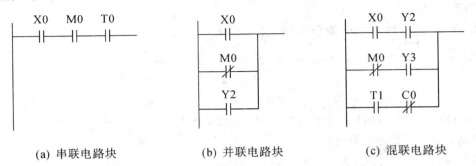

(a) 串联电路块   (b) 并联电路块   (c) 混联电路块

图 4 - 39　各种电路块的梯形图

下面举例说明 ANB、ORB 指令的使用。

【例 4 - 4】　写出图 4 - 40 所示梯形图指令语句表。

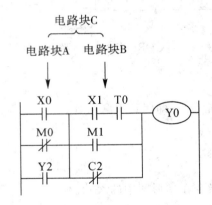

图 4 - 40　例 4 - 4 图

解　图 4 - 40 所示梯形图指令语句表如下：

0	LD	X0	
1	ORI	M0	电路块 A
2	OR	Y2	
3	LD	X1	
4	AND	T0	
5	OR	M1	电路块 B
6	ORI	C2	
7	ANB		← 电路块 A 与 B 串联
8	OUT	Y0	成较大的电路块 C

【例 4 - 5】　写出图 4 - 41 所示梯形图指令语句表。

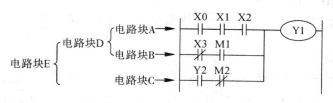

图 4-41　例 4-5 图

解　图 4-41 所示梯形图指令语句表如下：

```
0    LD    X0 ⎫
1    AND   X1 ⎬  电路块 A
2    AND   X2 ⎭

3    LDI   X3 ⎫
4    AND   M1 ⎬  电路块 B

5    ORB    ◄────  电路块 A 与 B 并联成较大的电路块 D

6    LD    Y2 ⎫
7    ANI   M2 ⎬  电路块 C

8    ORB    ◄────  电路块 C 与 D 并联成较大的电路块 E

9    OUT   Y1
```

ANB、ORB 指令使用说明：

（1）例 4-4 和例 4-5 中均采用写完两个电路块相应指令后使用 ANB 或 ORB 指令，这种编程方法，其 ANB 和 ORB 指令的使用次数不受限制，并且程序容易理解。

（2）使用 ANB 和 ORB 指令编程时，也可采用 ANB 和 ORB 连续使用的方法，即先按顺序将所有的电路块的指令写完，然后连续写 ANB 或 ORB 指令。如果有 n 个电路块，其次数应为 $n-1$ 次。采用这种方法编程，ANB 或 ORB 指令的使用次数不能超过 8 次。

例 4-5 的指令语句表也可写成：

```
0    LD    X0
1    AND   X1
2    AND   X2
3    LDI   X3
4    AND   M1
5    LD    Y2
6    ANI   M2
7    ORB
8    ORB
9    OUT   Y1
```

这个程序中有 3 个电路块并联，所以用了两个 ORB 指令。

应注意 ANB 和 AND、ORB 和 OR 之间的区别，在程序设计时要利用设计技巧，能不用 ANB 或 ORB 指令时尽量不用，这样可以减少指令的使用条数。

6. MPS、MRD、MPP 指令

MPS、MRD、MPP 均为回路分支导线指令，可用于一个电路块回路输出分支的导线连接。

1）MPS 指令

MPS 指令称为"纵向回路分支导线指令"，也可称为"回路分支开始指令"。

功能：使用一次 MPS 指令，在梯形图中，控制系统将从主回路转入纵向回路分支导线。

操作元件：无。

程序步：1。

2）MRD 指令

MRD 指令称为"转向横向回路分支导线指令"，也可称为"中向回路分支指令"。

功能：使用一次 MPS 指令，在梯形图中，控制系统将转入横向回路分支导线。

操作元件：无。

程序步：1。

3）MPP 指令

MPP 指令称为"回路分支结束导线指令"，也可称为"回路分支结束指令"。

功能：使用一次 MPS 指令，在梯形图中，控制系统将从纵向回路分支或横向回路分支转入结束回路分支导线。

操作元件：无。

程序步：1。

图 4-42 所示为 MPS、MRD、MPP 指令在梯形图中的表示。

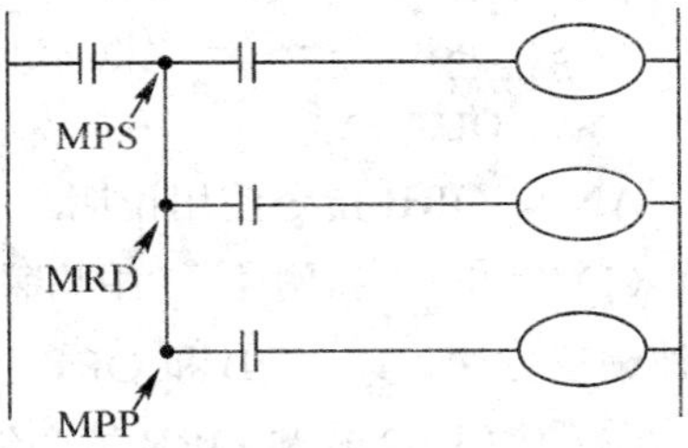

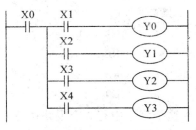

图 4-42　MPS、MRD、MPP 指令在梯形图中的表示

MPS、MRD、MPP 指令使用说明：

（1）MPS 和 MPP 指令必须成对使用。

（2）MPS 指令的使用次数不能超过 11 次。

（3）MPS、MRD、MPP 指令后如果有其他触点串联，则要用 AND 或 ANI 指令；若有电路块串联，则要用 ANB 指令；若直接与线圈相连，则应该用 OUT 指令。

下面举例说明 MPS、MRD、MPP 指令的使用。

【例 4-6】　只使用一层堆栈梯形图与指令表转换，梯形图如图 4-43 所示。

解　图 4-43 指令语句表如下：

```
0    LD    X0
1    MPS
2    AND   X1
3    OUT   Y0
4    MRD
5    AND   X2
6    OUT   Y1
7    MRD
```

图 4-43　例 4-6 图

8	AND	X3
9	OUT	Y2
10	MPP	
11	AND	X4
12	OUT	Y3
13	END	

【例 4 - 7】　写出图 4 - 44 所示梯形图的指令语句表。

解　图 4 - 44 所示梯形图的指令语句表如下：

0	LD	X0
1	MPS	
2	LD	X1
3	OR	X2
4	ANB	
5	OUT	Y1
6	MRD	
7	LD	X3
8	AND	X6
9	LD	X4
10	AND	X7
11	ORB	
12	ANB	
13	OUT	Y2
14	MPP	
15	AND	X5
16	OUT	Y3
17	LD	X10
18	OR	X11
19	ANB	
20	OUT	Y4

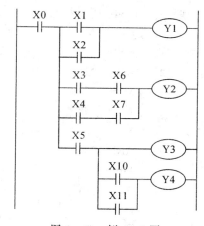

图 4 - 44　例 4 - 7 图

本例使用了接点组连接导线指令 ANB、ORB 和回路分支导线指令 MPS、MRD、MPP 并用。

【例 4 - 8】　写出图 4 - 45 所示梯形图的指令语句表。

解　图 4 - 45 所示梯形图的指令语句表如下：

0	LD	X0
1	MPS	
2	AND	X1
3	MPS	
4	AND	X2

5	OUT	Y1
6	MPP	
7	AND	M1
8	OUT	Y2
9	MPP	
10	AND	M2
11	MPS	
12	AND	M3
13	OUT	Y3
14	MPP	
15	AND	M4
16	OUT	Y4

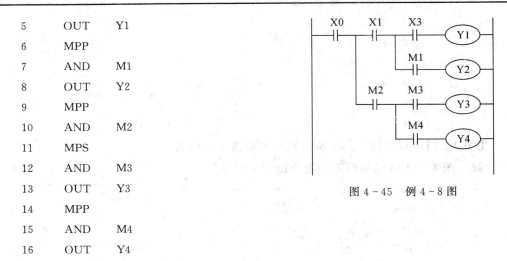

图 4－45　例 4－8 图

本例连续使用了两个 MPS 指令，称为二分支回路。

【例 4－9】　写出图 4－46 所示梯形图的指令语句表。

解　图 4－46 所示梯形图的指令语句表如下：

0	LD	M0
1	MPS	
2	AND	M1
3	MPS	
4	AND	M2
5	MPS	
6	AND	M3
7	MPS	
8	AND	M4
9	OUT	Y1
10	MPP	
11	7OUT	Y2
12	MPP	
13	OUT	Y3
14	MPP	
15	OUT	Y4
16	MPP	
17	OUT	Y5

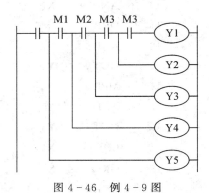

图 4－46　例 4－9 图

本例连续使用了四个 MPS 指令，称为四分支回路。

7. MC、MCR 指令

1）MC 指令

MC 指令称为"主控指令"。

功能：公共串联触点的连接，用于表示主控电路块的开始。MC 指令只能用于输出继电器 Y 和辅助继电器 M（不包括特殊辅助继电器），通过 MC 指令的操作元件 Y 或 M 的常开触点将左母线临时移到一个所需的位置，产生一个临时左母线，形成一个主控电路块。

操作元件：N、Y 或 M(特殊辅助继电器除外)。

程序步：3。

N 为主控指令使用次数(N0～N7)，也称主控嵌套，一定要按从小到大的顺序使用。图 4-47 所示为 MC 指令在梯形图中的表示。

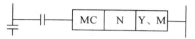

图 4-47　MC 指令在梯形图中的表示

2) MCR 指令

MCR 指令称为"主控复位指令"。

功能：用于表示主控电路块的结束。即取消临时左母线，将临时左母线返回到原来的位置，结束主控电路块。

操作元件：N。

程序步：2。

MCR 指令的操作元件即主控指令使用次数 N 一定要与 MC 指令中使用的嵌套层数相一致。如果是多层嵌套，主控返回时，一定要按从大到小的顺序返回。如果没有嵌套，通常用 N0 来编程，N0 没有使用次数限制。图 4-48 所示为 MCR 指令在梯形图中的表示。

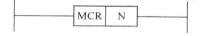

图 4-48　MCR 指令在梯形图中的表示

图 4-49 所示为多路输出转换成用主控指令编程的梯形图。

在图 4-49(b)所示梯形图中，X1 接通 N0 层嵌套的主控指令执行，M0 线圈被驱动，触点动作，M0 就是主控触点。这时，如果 X2 接通，Y0 线圈被驱动；如果 X3 接通，Y1 线圈被驱动。即 X1 接通后，执行 MC 与 MCR 之间的所有程序，执行完成后，再执行后续程序。如果 X1 没有接通，则不执行 MC 与 MCR 之间的所有程序，直接执行后续程序。

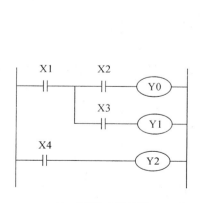

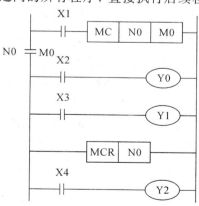

(a) 多路输出梯形图　　　　　　(b) 采用主控指令编程的梯形图

图 4-49　多路输出转换成用主控指令编程的梯形图

图 4-49(b)所示梯形图对应的指令语句表如下：

0	LD	X1
1	MC	N0
2		M0
3	LD	X2
4	OUT	Y0
5	LD	X3
6	OUT	Y1
7	MCR	N0
8	LD	X4
9	OUT	Y2

8. INV 指令

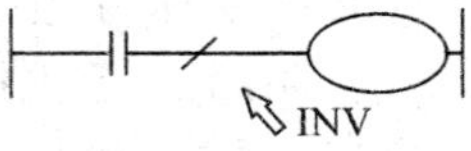

INV 指令称为"取反指令"。

功能：该指令执行之前的运算结果取反。

操作元件：无。

程序步：1。

图 4-50 所示为 INV 指令在梯形图中的表示。

图 4-50 INV 指令在梯形图中的表示

用于在 INV 指令前的起始接点指令 LD、LDI、LDF、LDP 开始的接点或接点组的逻辑结果取反。图 4-51 所示为 INV 指令在梯形图中的使用。

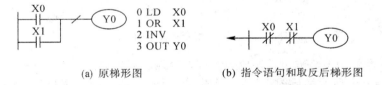

```
0 LD   X0
1 OR   X1
2 INV
3 OUT  Y0
```

(a) 原梯形图   (b) 指令语句和取反后梯形图

图 4-51 INV 对 LD 开始的接点逻辑结果取反

9. PLS、PLF 指令

PLS、PLF 指令为脉冲微分指令，主要用于检测脉冲的上升沿或下降沿，当条件满足时，产生一个扫描周期的脉冲信号输出。

1) PLS 指令

PLS 指令称为"上升沿脉冲微分指令"。

功能：在脉冲信号的上升沿时，其操作元件的线圈得电一个扫描周期，产生一个扫描周期的脉冲输出。

操作元件：Y、M(特殊辅助继电器除外)。

程序步：2。

图 4-52 所示为 PLS 指令在梯形图中的表示。

图 4-52 PLS 指令在梯形图中的表示

2）PLF 指令

PLF 指令称为"下降沿脉冲微分指令"。

功能：在脉冲信号的下降沿时，其操作元件的线圈得电一个扫描周期，产生一个扫描周期的脉冲输出。

操作元件：Y、M（特殊辅助继电器除外）。

程序步：2。

图 4 - 53 所示为 PLF 指令在梯形图中的表示。

图 4 - 53　PLF 指令在梯形图中的表示

PLS、PLF 指令应用如图 4 - 54 所示。

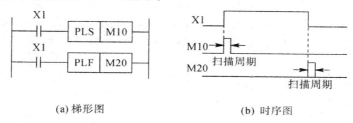

(a) 梯形图　　　　　　　　　　　(b) 时序图

图 4 - 54　PLS、PLF 指令应用

指令语句表如下：

0	LD	X1
1	PLS	M10
2	LD	X1
3	PLF	M20

10. SET、RST 指令

在 PLC 控制系统中，许多情况需要自锁，利用 SET 和 RST 指令便可以方便地进行自锁和解锁控制。

1）SET 指令

SET 指令称为"置位指令"。

功能：驱动线圈，使其保持接通状态。

操作元件：Y、M、S。

程序步：Y、M 为 1 步，S、特殊辅助继电器 M 为 2 步。

图 4 - 55 所示为 SET 指令在梯形图中的表示。

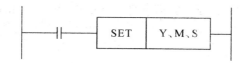

图 4 - 55　SET 指令在梯形图中的表示

2）RST 指令

RST 指令称为"复位指令"。

功能：清除线圈保持接通状态，使其复位。

操作元件：Y、M、S、T、C、D、V、Z。

程序步：Y、M 为 1 步，S、特殊辅助继电器 M、T、C 为 2 步，D、V、Z、特殊数据寄存器 D 为 3 步。

图 4-56 所示为 RST 指令在梯形图中的表示。

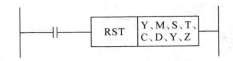

图 4-56　RST 指令在梯形图中的表示

SET、RST 指令使用说明：对同一元件，SET、RST 指令可以多次使用，顺序也可以随意，但最后执行的指令为有效；可以使用 RST 指令对数据寄存器 D、变址寄存器 V、Z 的内容进行清零；可以使用 RST 指令对积算定时器 T246～T255 的当前值及触点进行复位。

SET、RST 指令的应用如图 4-57 所示。

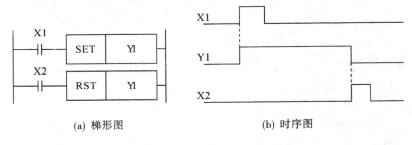

(a) 梯形图　　　　　　　　　　　(b) 时序图

图 4-57　SET、RST 指令的应用

指令语句表如下：

0	LD	X1
1	SET	Y1
2	LD	X2
3	RST	Y1

11. NOP、END 指令

1）NOP 指令

NOP 指令称为"空操作指令"。

功能：在程序清除后，指令成为空操作，在程序调试过程中，可以取代一些不必要的指令。另外，使用 NOP 空操作指令可以延长扫描周期。NOP 空操作指令在程序中不予表示。

操作元件：无。

程序步：1。

如果在调试程序时加入一定量的 NOP 空操作指令，在追加程序时可以减少控制程序的步序号变动。在修改程序时可以用 NOP 空操作指令删除接点或电路，也就是用 NOP 空操作指令代替原来的指令，这样可以使步序号不变动，如图 4-58 所示。

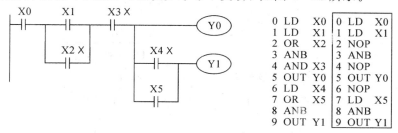

图 4-58　NOP 指令的使用

2）END 指令

END 指令称为"结束指令"。

功能：执行到 END 指令后，END 指令后面的指令不予执行，直接返回到 0 步。

操作元件：无

程序步：1。

在调试程序时，可以插入 END 指令，使得程序分段，提高程序调试速度。

PLC 所执行的程序从第 0 步开始到 END 指令结束。

如果在程序结束后不加 END 指令，PLC 将继续读 NOP 空操作指令，一直读到最大步序号。

在调试程序过程中，也可以在程序中插入 END 指令，把程序分成若干段，由于 PLC 只执行从第 0 步到第一个 END 指令之间的程序，如果有错误就一定在这段程序中，将错误纠正后将第一个 END 删除，再调试或检查下一段程序。

4.3.2　基本指令控制程序设计及编程方法

下面介绍一些常用的基本控制程序及编程方法。

1. 启动停止控制程序及编程方法

图 4-59 所示梯形图是启动停止控制程序之一。当 X1 常开触点闭合时，辅助继电器 M1 线圈接通，其常开触点闭合自锁。当 X2 常闭触点断开，M1 线圈断开，其常开触点断开。在这里 X1 就是启动信号，X2 为停止信号。图 4-60 所示为另一种启动停止控制程序，它利用了 SET/RST 指令，所达到的目的是相同的。

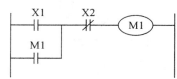

图 4-59　启动停止控制程序一

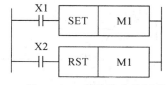

图 4-60　启动停止控制程序二

2. 产生单脉冲的控制程序及编程方法

在 PLC 程序设计时经常用到单个脉冲进行一些软继电器的复位、启动、停止等。最常用的产生单脉冲的程序就是使用 PLS 和 PLF 指令完成的，利用这两条指令可以得到宽度为一个扫描周期的脉冲。图 4-61 和图 4-62 所示分别为产生上升沿和下降沿单个脉冲的梯形图和时序图。

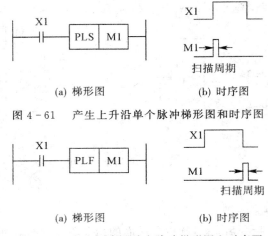

(a) 梯形图   (b) 时序图

图 4-61　产生上升沿单个脉冲梯形图和时序图

(a) 梯形图   (b) 时序图

图 4-62　产生下降沿单个脉冲梯形图和时序图

3. 产生固定脉宽连续脉冲的程序及编程方法

在 PLC 程序设计中，经常用到连续的脉冲信号，如作为计数器的计数脉冲或其他用途。图 4-63 所示为得到连续脉冲信号的程序，脉冲宽度为一个扫描周期，且不可调整。

注意：不可用输出继电器产生连续的脉冲信号，这是因为如果输出继电器为继电器输出型，硬件继电器的触点在高频率的接通、断开运行中，短时间内就将损坏。

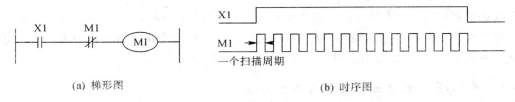

(a) 梯形图   (b) 时序图

图 4-63　连续脉冲信号程序

4. 产生可调脉宽连续脉冲的程序及编程方法

上述产生连续脉冲的程序，其脉冲宽度是不可调整的，而在 PLC 程序设计时，经常用到脉宽可调的连续脉冲。如故障报警指示灯等，要求其有一定的点亮时间，这在 PLC 程序设计时可以利用定时器 T 来完成。图 4-64 所示为产生可调脉宽连续脉冲的程序。图中，T0 为输出接通时间，T1 为输出关断时间，通过修改 T0 和 T1 的时间设定值，便可以改变 M1 的接通和断开时间。

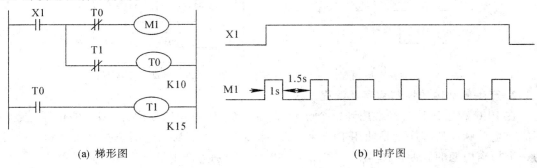

(a) 梯形图   (b) 时序图

图 4-64　可调脉宽连续脉冲程序

5. 利用特殊辅助继电器产生闪烁的程序及编程方法

在 PLC 程序设计中，如果故障报警指示灯的闪烁时间定为点亮 1 s、熄灭 1 s，则可利用特殊辅助继电器 M8013 完成程序设计。如图 4－65 所示，M8013 是时钟为 1 s 的特殊辅助继电器，我们可以利用它来驱动输出继电器。当故障检测信号 X1 有输入时，故障报警输出 Y1 便产生接通 1 s、断开 1 s 的连续输出信号。利用 M8011～M8014 可以完成10 ms、100 ms、1 s、1 min 的闪烁电路程序。

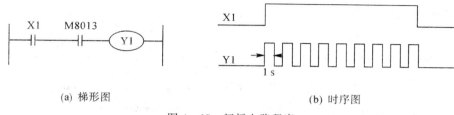

(a) 梯形图　　　　　　　　　　　(b) 时序图

图 4－65　闪烁电路程序

6. 时间控制程序及编程方法

FX 系列 PLC 的定时器为接通延时定时器，线圈得电开始延时，时间达到设定值，其常开触点闭合或常闭触点断开。当定时器线圈断电时，其触点瞬间复位。利用定时器的特点，便可以设计出多种时间控制程序，如接通延时控制程序和断开延时控制程序。图 4－66 所示为接通延时控制程序；图 4－67 所示为断开延时控制程序。

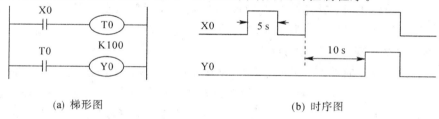

(a) 梯形图　　　　　　　　　　　(b) 时序图

图 4－66　接通延时控制程序

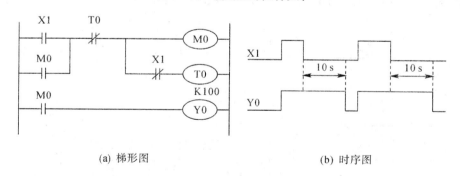

(a) 梯形图　　　　　　　　　　　(b) 时序图

图 4－67　断开延时控制程序

在图 4－66 所示程序中，X0 接通后，T0 开始延时，若 X0 接通时间不足时间设定值，T0 触点不动作。当 X0 一次接通时间达到 10 s 后(时间设定值为 K100)，Y0 便有信号输出，所以称之为接通延时控制程序。

在图 4－67 所示程序中，当 X1 接通后，Y0 便有输出；当 X1 断开 10 s 后，Y0 才停止输出，所以称之为断开延时控制程序。

7. 定时器串级使用控制程序及编程方法

在 PLC 程序设计中经常用到较长时间延时的控制程序，而定时器的时间设定值范围是固定的，达不到要求，这时可以将两个或多个定时器串级使用以扩展延时范围。图 4-68 所示程序为使用两个定时器串联，可达到 1 h 延时的控制程序。当 X0 接通后，Y0 便有输出，这时 T0 开始延时，当 T0 延时达到 1800 s（30 min）后，启动 T1 开始延时。当 T1 延时达到 1800 s（30 min）后，停止 Y0 输出。这样，在 X0 启动后 Y0 开始输出，1 h 后 Y0 停止输出。

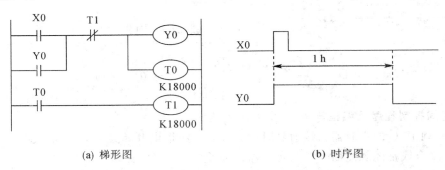

(a) 梯形图　　　　　　　　　(b) 时序图

图 4-68　定时器串级使用控制程序

当定时器串级使用时，其总的定时时间为各定时器时间常数设定值之和。如果用 N 个定时器进行串级使用，其最长的定时时间为 $3276.7 \times N(\text{s})$。

8. 采用计数器实现延时的控制程序及编程方法

使用计数器实现定时功能，需要使用时钟脉冲作为计数器的输入信号，而时钟脉冲可以由 PLC 内部的特殊辅助继电器产生，如 M8011、M8012、M8013、M8014 等。这些特殊辅助继电器分别为 10 ms、100 ms、1 s、1 min 时钟脉冲。也可以使用连续脉冲的控制程序产生。图 4-69 所示为采用计数器实现延时的控制程序。

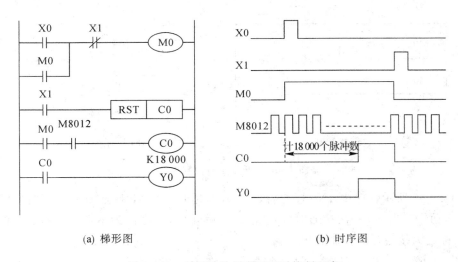

(a) 梯形图　　　　　　　　　(b) 时序图

图 4-69　采用计数器实现延时控制程序

图 4 - 69 所示控制程序运行过程：当启动信号 X0 闭合时，M0 动作并自锁，C0 开始对 M8012 产生的时钟脉冲进行计数。当计数值达到设定值 18 000 后，C0 动作，其常开触点闭合，Y0 开始有输出。当停止信号 X1 闭合时，使得 C0 复位，并使 M0 解锁，Y0 停止输出。M8012 为 100 ms 的时钟脉冲，从启动信号 X0 闭合到产生 Y0 的延时时间为 18 000×0.1＝1800 s 即 30 min。使用 M8012 延时时间最大误差为 0.1 s。要想改变延时时间，可以改变设定值；要想提高延时精度，可以使用周期更短的时钟脉冲。

4.4　基本指令的应用和编程实例

4.4.1　异步电动机 Y -△降压启动的 PLC 控制电路

下面介绍采用三菱 FX 系列 PLC 进行异步电动机 Y -△降低启动电压控制的基本电路和基本控制指令的应用编程实例。

将异步电动机三相绕组接成星形(Y 形)启动时，启动电流是直接启动的 1/3，在达到规定转速后，再切换为三角形(△形)运转。这种减小启动电流的启动方法适合于容量大、启动时间长的电动机，可避免启动时造成电网电压下降而限制电动机的使用。图 4 - 70 所示为采用三菱 FX 系列 PLC 控制异步电动机 Y -△降压启动的电路。其中，图 4 - 70(a)所示为异步电动机的主电路，当接触器 KM1、KM2 同时接通时，电动机工作在星形启动状态；而当接触器 KM2、KM3 同时接通时，电动机就转入三角形接法正常工作状态。图 4 - 70 (b)所示是 PLC 的外部输入、输出控制端口电路接线图，其中 X1 接启动按钮，X2 为停止按钮，HL 为电动机运行状态指示灯。

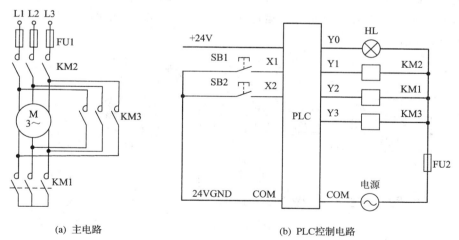

(a) 主电路 (b) PLC控制电路

图 4 - 70　PLC 控制异步电动机 Y -△启动电路

PLC 控制电动机 Y -△降压启动电路的梯形图如图 4 - 71(a)所示。定时器 T1 确定启动时间，其预置定时值 TS 应与电机相配。当电动机绕组由星形切换到三角形时，在继电器控制电路中利用常闭点断开在先而常开点的闭合在后这种机械动作的延时，保证 KM1

完全断开后，KM3 再接通，从而达到防止短路的目的。但 PLC 内部切换时间很短，为了达到上述效果，必须使 KM1 断开和 KM3 接通之间有一个锁定时间 TA，这是利用定时器 T2 来实现的。图 4-71(b)所示为工作时序图。

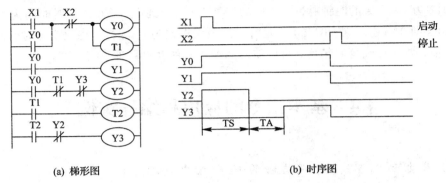

(a) 梯形图　　　　　　　　　(b) 时序图

图 4-71　PLC 控制异步电动机 Y-△启动的梯形图和时序图

4.4.2　异步电动机正/反转的 PLC 控制电路

下面介绍采用三菱 FX 系列 PLC 进行异步电动机正/反转控制的基本电路和基本控制指令的应用编程实例。

异步电动机由正转到反转或由反转到正转切换时，可以使用两个接触器 KM1、KM2 去切换三相电源中的任何两相即可，但在设计控制电路时，必须防止由于电源换相引起的短路事故。例如，由正转切换到反转，当发出使 KM1 断电的指令时，断开的主回路触点由于短时间内产生电弧，这个触点仍处于接通状态；如果这时立即使 KM2 通电，则 KM2 触点闭合，就会造成电源故障，必须在完全没有电弧时再使 KM2 接通。采用 PLC 控制可有效解决这一问题。图 4-72 所示为 PLC 控制异步电动机的正/反转接线图。其中，图 4-72(a)所示为 PLC 控制电动机可逆运行的外部输入/输出端口电路接线图；图 4-72(b) 所示为相应的梯形图。

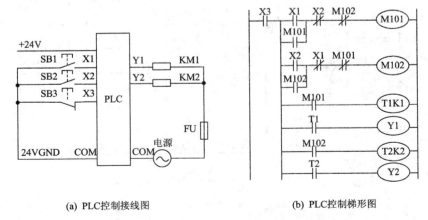

(a) PLC控制接线图　　　　　　　　(b) PLC控制梯形图

图 4-72　PLC 控制异步电动机正/反转接线图

与机械动作的继电器控制电路不同，在 PLC 的内部处理中，触点的切换几乎没有时间延时，因此必须采用防止电源短路的方法，可使用定时器来设计切换的时间滞后。在图

4－72(a)中，X1、X2 分别接正转、反转控制按钮，是常开型；X3 接停止按钮，是常闭型。PLC 控制梯形图中 M101、M102 为内部继电器；T1、T2 为定时器，分别设置正转指令和反转指令的延迟时间。

思考题与习题 4

4－1　三菱 FX2 系列 PLC 中共有几种类型的辅助继电器？这些辅助继电器各有什么特点？

4－2　概括说明积算定时器与非积算定时器的相同之处与不同之处。

4－3　三菱 FX 系列 PLC 的基本指令共有多少条？说明每一条指令的名称和功能。

4－4　简要说明 AND 指令与 ANB 指令、OR 指令与 ORB 指令之间的区别。

4－5　在什么情况下应该采用主控指令编程？编程时应注意哪些问题？

4－6　在一段完整的程序中，最后如果没有 END 指令，执行时会产生什么结果？

4－7　写出图 4－73 所示梯形图的指令语句表。

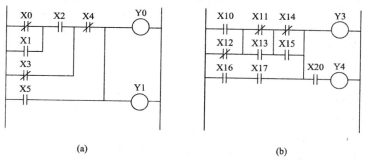

(a)　　　　　　　　　　　　　　(b)

图 4－73　习题 4－7 梯形图

4－8　绘出下列指令语句表对应的梯形图。

(1)　　0 LD X0
　　　　1 ANI X1
　　　　2 LD X1
　　　　3 ANI X3
　　　　4 ORB
　　　　5 LD X4
　　　　6 AND X5
　　　　7 LD X6
　　　　8 ANI X7
　　　　9 ORB
　　　　10 ANB
　　　　11 LD M0
　　　　12 AND M1
　　　　13 ORB
　　　　14 AND M2
　　　　15 OUT Y4

(2)　　0 LD　X0
　　　　1 ANI　M0
　　　　2 OUT　M0
　　　　3 LDI　X0
　　　　4 RST　C0
　　　　5 LD　M0
　　　　6 OUT　C0
　　　　　K8
　　　　9 LD　C0
　　　　10 OUT　C0

16 END

4 - 9　写出图 4 - 74 所示梯形图的指令语句表。

4 - 10　写出图 4 - 75 所示梯形图的指令语句表。

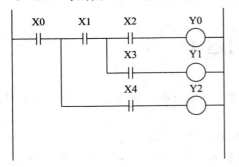
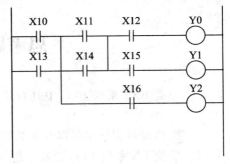

图 4 - 74　习题 4 - 9 梯形图　　　　　　　图 4 - 75　习题 4 - 10 梯形图

4 - 11　绘出下列指令语句表对应的梯形图。

0	LD	X0
1	MPS	
2	AND	X1
3	MPS	
4	AND	X2
5	MPS	
6	AND	X3
7	MPS	
8	AND	X4
9	OUT	Y0
10	MPP	
11	OUT	Y1
12	MPP	
13	OUT	Y1
14	MPP	
15	OUT	Y2
16	MPP	
17	OUT	Y4
18	END	

4 - 12　绘出下列指令语句表对应的梯形图。如果该梯形图采用 MPS/MPP 指令编程，写出对应指令语句表。

0	LD	X1
1	OR	Y1
2	ANI	X0
3	MC	N0
	M0	
6	LDI	T1

7	OUT	Y1
8	LD	X2
9	OUT	T1
		K40
11	MCR	N0
12	END	

4-13　写出图 4-76 所示梯形图的指令语句表，并补画 M0、M1 和 S30 的时序图。

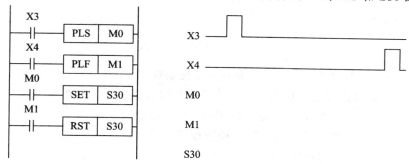

图 4-76　习题 4-13 图

4-14　写出图 4-77 所示梯形图的指令语句表，并补画 M0、M1、M2 和 Y0 的时序图。如果 PLC 的输入点 X0 接一个按钮，输出点 Y0 所接的接触器控制一台电动机，则通过这段程序能否用该按钮控制电动机启动和停止。

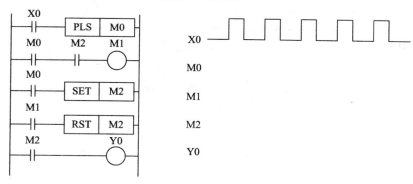

图 4-77　习题 4-14 图

4-15　用三菱 FX 系列 PLC 控制三相异步电动机 Y-△启动过程，设计出梯形图并写出指令语句表。

4-16　设计一台包装机的计数控制电路，此电路用来对装配线上的产品进行检测和计数。要求检测到每 12 个产品通过时，产生一个输出，接通电磁阀 5 s，进行包装，再进行下一道工序。

4-17　有一个指示灯，控制要求：按下启动按钮后，该灯亮 5 s、熄灭 5 s，重复 5 次后停止工作。试设计梯形图并写出指令语句表。

4-18　有三台电动机，控制要求：按 M1、M2、M3 的顺序启动；若前级电动机不启动，则后级电动机不能启动；前级电动机停止时，后级电动机也停止。试设计梯形图，并写出指令语句表。

4－19　设计一个延时接通和延时断开电路并画出其梯形图，其时序图如图 4－78 所示。

X0
10 s
10 s
Y0

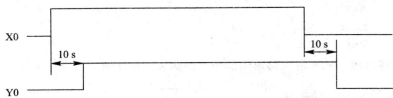

图 4－78　习题 4－19 图

4－20　设计一个智力竞赛抢答控制程序，控制要求：

(1) 当某竞赛者抢先按下按钮，该竞赛者桌上指示灯亮。竞赛者共三人。

(2) 指示灯亮后，主持人按下复位按钮后，指示灯熄灭。

4－21　设计十字路口交通信号灯的控制程序：

(1) 按图 4－79 所示规律循环。

(2) 绿灯闪光 1 s 一次，共 3 次。

(3) 开启时横向绿灯先亮。

(4) 另设手控程序，以备特殊情况为纵向(横向)通行开绿灯。

(5) 在夜间，纵向和横向都只要黄灯闪亮，1 秒一次，另加声响器与黄灯同步鸣响。

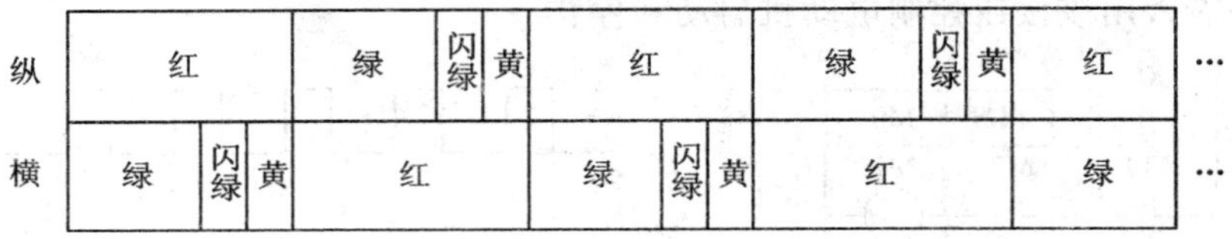

纵
红
绿
闪绿
黄
红
绿
闪绿
黄
红
…
横
绿
闪绿
黄
红
绿
闪绿
黄
红
绿
…

图 4－79　习题 4－21 图

第 5 章　三菱 FX 系列 PLC 的步进顺序控制和数据控制功能

对于复杂的控制电路或大型的自动控制系统，应用梯形图或指令表编程，程序过长，且不易阅读和编写。一些 PLC 生产厂家，为克服这一问题增加了 IEC 标准的 SFC（Sequential Function Chart，顺序功能图）语言编制控制程序的方法，称为步进顺序控制。利用增加的两条步进顺控指令和状态转移图方式编程，可以较简单地实现较复杂的步进顺序控制。随着 PLC 的运算速度、存储量不断增加，其控制功能也越来越强。PLC 不仅能处理大量开关量和进行顺序功能控制，同时还能实现模拟量和通信等数据功能处理的控制。PLC 除可以完全取代传统继电接触器控制系统的基本功能外，还具有了计算机控制系统的数据处理、联网通信、模拟量处理等功能。本章主要介绍三菱 FX 系列 PLC 的步进顺序控制和数据控制功能。

5.1　三菱 FX 系列 PLC 的步进顺序控制

5.1.1　步进顺序控制指令

步进顺序控制指令共有两条：STL(Step Ladder)和 RET。它是一种符合 IEC1131 - 3 标准中定义的 SFC 图的通用流程图语言。顺序功能图也叫状态转移图，相当于国家标准电气制图中的功能表图(Function Charts)。SFC 图特别适合于步进顺序的控制，而且编程十分直观、方便，便于读图，初学者也很容易掌握和理解。步进梯形图指令具体参见表 5 - 1。

表 5 - 1　步进梯形图指令

名　称	指　令	梯形图符号	可用软元件	程序步
步进指令	STL	—□□—或—|SIL|—	S	1
步进结束指令	RET	—[RET]		1

步进顺序控制指令 STL 的功能使状态元件 S 置位，步进开始，驱动 S 状态元件执行。其触点只有常开触点，当转移条件满足时，其状态置位，STL 触点闭合，驱动负载；当状态转移时，STL 指令断开，使与该指令有关的其他指令都不能执行。

5.1.2 单分支的状态转移图和步进梯形图

三菱 FX 系列 PLC 的状态元件一般有近百点到几百点，其中 FX2N 系列 PLC 的状态元件(S0～S899)共有 900 点，用来作初始化用的状态元件有 10 点(S0～S9)。

1. 状态转移图和步进梯形图

初始化状态元件一般用 PLC 运行后的初始化脉冲特殊继电器 M8002 置位或由其他初始信号将其初始值置位。其他元件状态由状态转移条件决定。当状态转移条件满足时，状态开始从初始化状态转移，转移后的状态被置位，而转移源的状态自动复位。这种状态的转移用状态转移图来描述。状态转移图又称为顺序功能图或状态流程图，它是用来表示步进顺序控制系统的控制过程、功能和特性的一种图形。如图 5-1 所示，SFC 图有三种表示方式，既可用状态转移图表示，也可用步进梯形图和指令表表示。

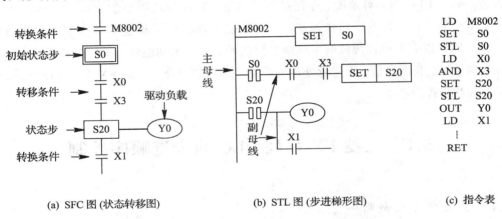

| (a) SFC 图 (状态转移图) | (b) STL 图 (步进梯形图) | (c) 指令表 |

图 5-1　SFC 图的三种表达方式

图 5-1(a)中的初始状态 S0 由 M8002 驱动，当 PLC 由 STOP→RUN 切换时，由 M8002 发出的初始化脉冲使 S0 置 1。此时当按下启动按钮 X0 和 X3 时，状态转移到 S20，S20 置 1，同时 S0 复位至零，S20 立即驱动 Y0。当转移条件 X1 接通时，状态从 S20 转移到下一个状态(如 S21 状态等，使 S21 置 1)。而 S20 则在下一执行周期自动复位至零，Y0 线圈也就断电了。将状态转移图和步进顺序控制指令相结合，就形成了步进梯形图(步进顺控图)，如图 5-1(b)所示；进而再写成指令表，如图 5-1(c)所示。

2. 单分支的状态转移图

图 5-2 所示为某送料小车自动循环控制单分支的状态转移控制图。其中，用双线框表示初始状态；其他状态元件用单线框表示；方框之间的线段表示状态转移的方向，一般由上至下或由左至右；线段间的短横线表示转移的条件；与方框连接的横线和线圈表示状态驱动的负载。

在图 5-2 中，初始状态 S0 由 M8002 驱动，当 PLC 由 STOP→RUN 切换时，M8002 初始化脉冲使 S0 置 1，当送料小车在原位时，X0 接近开关受压闭合接通。当按下启动按钮 X3 时，状态转移到 S20，S20 置 1，同时 S0 复位至零，S20 立即驱动 Y0，使送料小车前进。当送料小车前进至 A 点时，转移条件接近开关 X1 接通，状态从 S20 转移到 S21，使 S21 置 1，而 S20 则在下一执行周期自动复位至零，Y0 线圈也就断电了。当 S21 置 1 时，驱动线圈 Y1，使送料小车后退。当送料小车后退至原位时，X0 接近开关受压闭合接通，状态转移到 S22，再次驱动 Y0，使送料小车前进。当送料小车前进至 B 点时，转移条件接近开关 X2 接通，状态转移到 S23，驱动 Y1，使送料小车后退。当送料小车后退至原位时，X0 接近开关受压闭合接通，状态转移回到 S0，使初始化状态 S0 又置位，控制过程第一次循环结束。当需要再一次工作时，可按下启动按钮 X3，控制过程可再次循环动作。

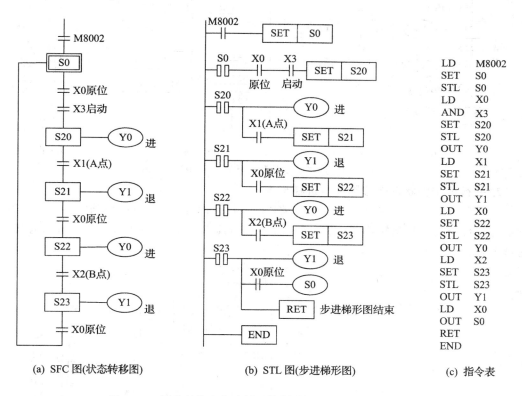

(a) SFC 图(状态转移图)　　(b) STL 图(步进梯形图)　　(c) 指令表

图 5-2　某送料小车自动循环控制单分支状态转移控制图

5.1.3　多分支的状态转移图和步进梯形图

多分支的状态转移图和步进梯形图主要有：选择性分支的状态转移图和步进梯形图、并行分支的状态转移图和步进梯形图、混合分支的状态转移图和步进梯形图等。

1. 选择性分支的状态转移图和步进梯形图

选择性分支的状态转移图是由各自的条件选择执行的，可选择左分支执行，也可选择右分支执行，具体取决于各自的选择条件。两个或两个以上的分支的状态不能同时转移。图 5-3(a)所示为选择性分支的状态转移图；图 5-3(b)所示为其步进梯形图；图 5-3(c)所示为其相应的指令表。

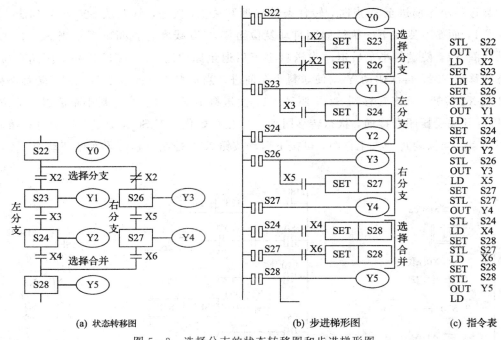

图 5-3　选择分支的状态转移图和步进梯形图

2. 并行分支的状态转移图和步进梯形图

并行分支的状态转移是当同一条件满足时，状态同时向各并行分支转移。图 5-4(a)所示为并行分支的状态转移图；图 5-4(b)所示为其步进梯形图；图 5-4(c)所示为其相应的指令表。

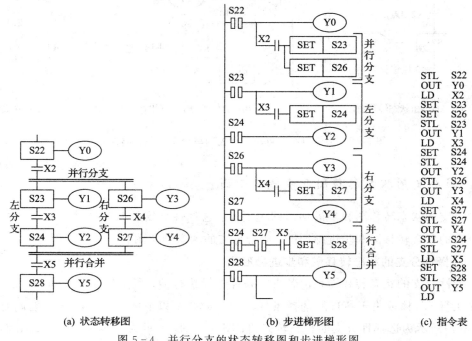

(a) 状态转移图　　　　(b) 步进梯形图　　　　(c) 指令表

图 5-4　并行分支的状态转移图和步进梯形图

3. 混合分支的状态转移图

有些步进顺序控制有多层分支和汇合组合，对于 FX2N 系列的 PLC，其分支数有一定的限制。对所有的初始状态（S0～S9），每一状态下的分支电路不能大于 16 个，并且在每一分支点的分支数不能大于 8 个。对于多层分支和汇合要注意编程方法。图 5-5 所示为混合分支的状态转移图。

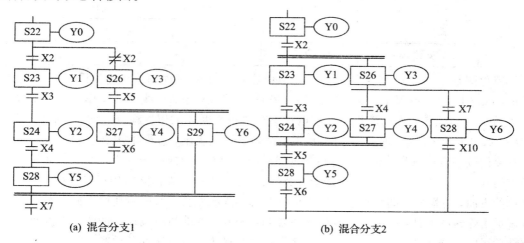

(a) 混合分支1　　　　　　(b) 混合分支2

图 5-5　混合分支的状态转移图

5.2　步进顺序控制的应用和编程实例

5.2.1　运料小车自动往返控制

图 5-6 所示为某运料小车自动往返系统工况示意图，其控制工艺要求如下：

(1) 按下启动按钮 SB，运料小车电机 M 正转，运料小车前进，碰到限位开关 SQ1 后，运料小车电机 M 反转，运料小车后退。

(2) 运料小车后退碰到限位开关 SQ2 后，运料小车电机 M 停转，运料小车停车，停 5 s 后，第二次前进，碰到限位开关 SQ3，再次后退。

(3) 当后退再次碰到限位开关 SQ2 时，运料小车停止（或者继续下一个循环）。

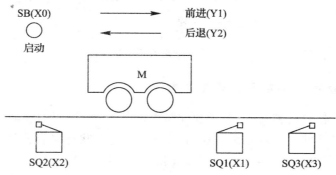

图 5-6　某运料小车自动往返系统工况示意图

为编程需要，设置输入/输出端口配置如表 5 - 2 所示。

表 5 - 2　输入/输出端口配置

输入设备	端口号	输出设备	端口号
启动 SB	X00	电机正转	Y01
前限位 SQ1	X01	电机反转	Y02
前限位 SQ3	X03		
后限位 SQ2	X02		

流程图是描述控制系统的控制过程、功能和特性的一种图形，流程图又叫功能表图（Function Chart）。流程图主要由步、转移（换）、转移（换）条件、线段和动作（命令）组成。图 5 - 7 所示为该运料小车的流程图。该运料小车的每次循环工作过程分为前进、后退、延时、前进、后退五个工步（简称步）。每一步用一个矩形方框表示，方框中用文字表示该步的动作内容或用数字表示该步的标号。与控制过程的初始状态相对应的步称为初始步。初始步表示操作的开始。每步所驱动的负载（线圈）用线段与方框连接。方框之间用线段连接，表示工作转移的方向，习惯的方向是从上至下或从左至右，必要时也可以选用其他方向。线段上的短线表示工作转移条件，图中状态转移条件为 SB、SQ1。方框与负载连接的线段上的短线表示驱动负载的联锁条件，当联锁条件得到满足时才能驱动负载。转移条件和联锁条件可以用文字或逻辑符号标注在短线旁边。其工作原理分析参见前述步进顺序控制方法。

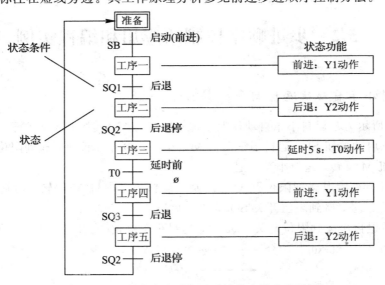

图 5 - 7　运料小车自动往返系统状态转移流程图

5.2.2　物料自动混合装置步进顺序控制

作为步进顺序控制的实例，此处要简要介绍物料自动混合装置的步进顺序，图 5 - 8 所示为物料自动混合装置的结构示意图。在图 5 - 8 中，初始状态时容器是空的，电磁阀 F1、F2、F3 和 F4，搅拌电动机 M，液面传感器 L1、L2 和 L3，加热器 H 和温度传感器 T 均处于关断状态。其控制工艺要求如下：

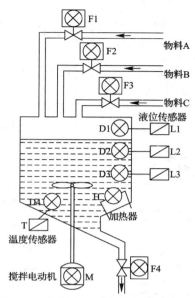

图 5-8　物料自动混合装置结构示意图

（1）工作时，按下启动按钮，电磁阀 F1 开启，开始注入物料 A 至高度 L_2，此时 L2、L3 为 ON 时，关闭阀 F1，同时开启电磁阀 F2，注入物料 B；当液面上升至 L_1 时，关闭电磁阀 F2。

（2）停止物料 B 注入后，启动搅拌电动机 M 使 A、B 两种物料混合 10 s。

（3）10 s 后停止搅拌，开启电磁阀 F4，放出混合物料，当液面高度降至 L_3 后，再经 5 s 关闭电磁阀 F4。

（4）停止操作时按下停止按钮，在当前过程完成以后，再停止操作，回到初始状态。

图 5-9 所示为采用 PLC 控制的 I/O 配置及接线图。物料自动混合过程，实际上是一个按一定顺序操作的控制过程，因此，我们可采用步进指令进行编程，其状态转移图如图 5-10 所示。其工作原理分析参见前述步进顺序控制方法。

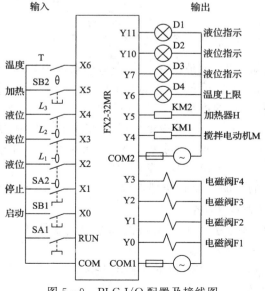

图 5-9　PLC I/O 配置及接线图

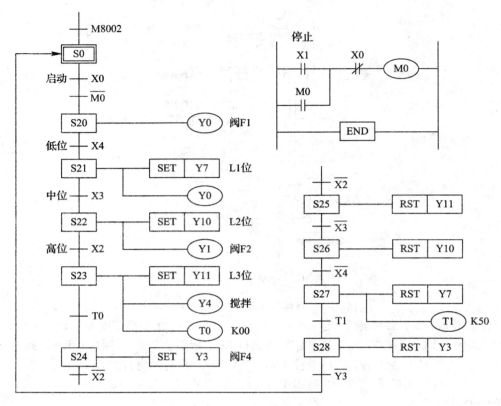

图 5-10　物料自动混合控制的状态转移图

5.3　三菱 FX 系列 PLC 的功能指令和数据控制功能

5.3.1　三菱 FX 系列 PLC 的数据控制功能和功能指令简介

　　从 20 世纪 80 年代开始，PLC 制造商在小型 PLC 中逐步地加入一些功能指令（Functional Instruction）或称为应用指令（Applied Instruction）。这些功能指令实际上就是一个个功能不同的子程序。随着芯片技术的进步，小型 PLC 的运算速度、存储量不断增加，其功能指令的功能也越来越强。一般来说，功能指令可以分为程序流控制、传送与比较、算术与逻辑运算、移位与循环移位、数据处理、高速处理、方便命令、外部输入/输出处理、外部设备通信、实数处理、点位控制和实时时钟等 12 类。

　　三菱 FX2N 型 PLC 的功能指令有两种形式：一种是采用功能号 FNC00～FNC246 表示；另一种是采用助记符表示其功能意义。

　　例如，传送指令的助记符为 MOV，对应的功能号为 FNC12，其指令的功能为数据传送。功能号（FNC□□□）和助记符是一一对应的。

　　FX2N 型 PLC 的功能指令主要有以下几种类型：

　　（1）程序流程控制指令；

（2）传送与比较指令；

（3）算术与逻辑运算指令；

（4）循环与移位指令；

（5）数据处理指令；

（6）高速处理指令；

（7）方便指令；

（8）外部输入输出指令；

（9）外部串行接口控制指令；

（10）浮点运算指令；

（11）实时时钟指令；

（12）格雷码变换指令；

（13）接点比较指令。

三菱 FX1N 和 FX2N PLC 中共有功能指令 108 条，功能指令一般由助记符和操作元件组成。其中，助记符是每一条基本指令的符号，它表明操作功能；操作元件是被操作的对象。有些基本指令只有助记符，没有操作元件。

本节以三菱 FX2N 系列的 PLC 为主介绍一些应用广泛的主要功能指令，主要介绍一下程序流程控制指令、传送与比较指令、算术与逻辑运算指令。功能指令采用计算机通用的"助记符＋操作数（或称操作元件）"方式，稍有计算机及 PLC 知识的人极易明白其功能。

5.3.2　三菱 FX 系列 PLC 功能指令的表达形式

1. 功能指令的表现形式

功能指令由指令助记符、功能号、操作数等组成。功能指令按功能号（FNC00～FNC250）编排，每条功能指令都有一助记符。在简易编程器中输入功能指令时是以功能号输入功能指令的，在编程软件中是以指令助记符输入功能指令的。三菱 FX 系列 PLC 功能指令的一般表现形式如图 5 - 11 所示。

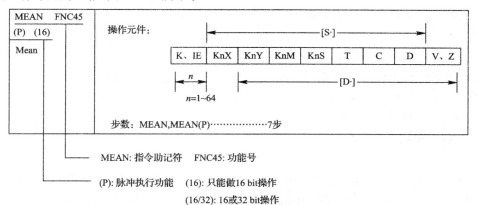

图 5 - 11　三菱 FX 系列 PLC 的功能指令一般形式

2. 助记符和功能号

如图 5 - 11 所示，助记符 MEAN（求平均值）的功能号为 FNC45。每一助记符表示一种功能指令，每一指令都有对应的功能号。

3. 操作元件(或称操作数)

助记符表示一种功能指令，有些功能指令只需助记符，但大多数功能指令在助记符之后还必须有1~4个操作元件。它的组成部分如下：

(1) 源操作元件 [S·]。有时源操作元件不止一个，例如有 [S1·]、[S2·]。S后面的"·"，表示可使用变址功能。

(2) 目标操作元件[D·]。如果不止一个目标操作元件，则用[D1]、[D2]表示。

(3) K、H为常数。K表示十进制数，H表示十六进制数。

(4) 功能助记符后有符号(P)的，表示具有脉冲执行功能。

(5) 功能指令中有符号(D)的，表示处理32位数据；而不标(D)的，只处理16位数据。

4. 位软元件和字软元件

只处理 ON/OFF 状态的元件称为位软元件，如X、Y、M、S等。其他处理数字数据的元件，如T、C、D、V、Z等，则称为字软元件。

位软元件由 Kn 加首元件号组合，也可以处理数字数据，组成字软元件。位软元件以4位为一组组合成单元。K1~K4为16位运算，K1~K8为32位运算。例如，K1X0，表示X3~X0的4位数据，X0为最低位；K4M10表示M25~M10的16位数据，M10为最低位；K8M100表示M131~M100组成的32位数据，M100为最低位。

不同长度的字软元件之间的数据传送，由于数据长度的不同，在传送时应按如下方法进行处理：

(1) 长→短的传送：长数据的高位保持不变。

(2) 短→长的传送：长数据的高位全部变零。

对于 BCD、BIN 转换，算术运算，逻辑运算的数据也以这种方式传送。

5. 变址寄存器 V、Z

变址寄存器是在传送、比较指令中用来修改操作对象元件号的，其操作方式与普通数据寄存器一样。V和Z是16位数据寄存器，将V和Z的组合可进行32位的运算，此时，V作为高位数据处理。变址寄存器用于改变软元件地址号。

例如，下列的 Z 值设定为4，则

K2X000Z=K2X004，K1Y000Z=K1Y004

K4M10Z=K4M14，K2S5Z=K2S9

D5Z=D9，F6Z=T10，C7Z=C11

P8Z=P12，K100Z=K104

6. 整数与实数

1) 整数

在 PLC 中整数的表示及运算采用 BIN 码格式，可以用 16 bit 或 32 bit 元件来表示整数，其中最高 bit 为符号 bit，0 表示正数，1 表示负数。负数以补码方式表示。

整数可表示的范围：16 bit 时为−32 768~+32 767，32 bit 位时为−2 147 483 648~+2 147 483 647。除表示范围受限制外，整数作科学运算时产生的误差也较大，所以需要引入实数。

2）实数

（1）实数的浮点格式。实数必须用 32 bit 来表示，通常用数据寄存器对来存放实数。实数的浮点格式如图 5－12 所示。

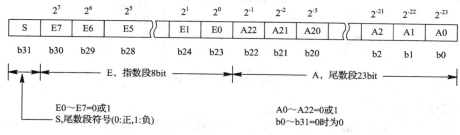

图 5－12　实数的浮点格式

实数值＝S・(i・A)(2^{E・127})

$$实数值＝\pm\frac{(2^0＋A22\times2^{-1}＋A21\times2^{-2}\cdots＋A0\times2^{-23})\times2^{(E7・2^7＋E6・2^6＋\cdots\cdots＋E0・2^0)}}{2^{127}}$$

例如，A22＝1，A21＝0，A20＝1，A19～A0＝0，E7＝1，E6～E1＝0，E0＝1，则

$$实数值＝\pm\frac{(2^0＋1\times2^{-1}＋0\times2^{-2}＋1\times2^{-3}＋\cdots＋0\times2^{-23})\times2^{(1・2^7＋0・2^6＋\cdots＋1・2^0)}}{2^{127}}$$

$$＝\pm\frac{1.625\times2^{129}}{2^{127}}＝\pm1.625\times2^2$$

（2）实数的记数格式。PLC 内实数的处理是采用上述浮点格式的，但浮点格式不便于监视，所以引入实数的记数格式。这是一种介于 BIN 与浮点格式之间的表示方法。用这种方法来表示实数也需占用 32 bit，即两个字元件。通常也用数据寄存器对（如 D1、D0）来存放记数格式实数，此时序号小的数据寄存器（D0）存放尾数，序号大的数据寄存器存放以 10 为底的指数。

科学格式实数＝尾数×10^{指数}（如 D0×10^{D1}）；尾数范围：±(1000～9999)或 0；指数范围：－41～＋35。值得注意的是：尾数应以 4 位有效数字（不带小数）表示，例如，2.345 67×10^5 应表示为 2345×10^2，即（D0）＝2345，（D1）＝2。

5.4　三菱 FX 系列 PLC 的基本功能指令

5.4.1　程序流控制指令

程序流控制指令（FNC00～FNC09）包括程序的条件跳转指令、调用子程序指令、中断指令、主程序结束指令等。

1. 条件跳转指令（FNC00）

（1）指令助记符及操作元件：

指令助记符：CJ（FNC00）。

操作元件：指针 P0～P63（P63 相当于 END 指令）。

（2）指令格式。条件跳转指令格式如图 5－13 所示。

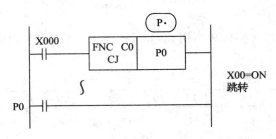

图 5-13　条件跳转指令格式

（3）指令说明：

① 当 CJ 指令的驱动输入 X0 为 ON 时，程序跳转到指令指定的指针 P 同一编号的标号处。如果 X0 为 OFF，则执行紧接指令的程序。

② 当 X0 为 ON 时，被跳转命令到标号之间的程序不予执行。在跳转过程中，如果 Y、M、S 被 OUT、SET、RST 指令驱动使输入发生变化，则仍保持跳转前的状态。例如，通过 X0 驱动输出 Y0 后发生跳转，在跳转过程中，即使 X0 变为 OFF，输出 Y0 仍有效。

③ 对于 T、C，如果跳转时定时器或计数器正发生动作，则此时立即中断计数或定时，直到跳转结束后继续进行计数或定时。但是，正在动作的 T63 或高速计数器，不管有无跳转，仍旧连续工作。

④ 功能指令在跳转时不执行，但 PLSY、PWM 指令除外。

2. 调用子程序指令

（1）指令助记符及操作元件：

① 调用子程序指令助记符：CALL（FNC01）。

操作元件：指针 P0～P63。

② 子程序返回指令助记符：SRET（FNC02）。

操作元件：无。

（2）指令格式。调用子程序格式如图 5-14 所示。

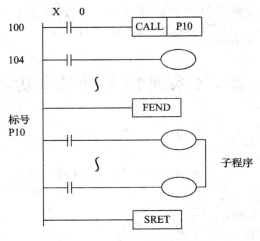

图 5-14　调用子程序格式

（3）指令说明：

① 把一些常用的或多次使用的程序以子程序写出。当 X0 为 ON 时，CALL 指令使主

程序跳到标号 P 处执行子程序。子程序结束，执行 SRET 指令后返回主程序。

②　子程序应写在主程序结束指令 FEND 之后。

③　调用子程序可嵌套，嵌套最多可达 5 级。

④　CALL 的操作数与 CJ 的操作数不能用同一标号，但不同嵌套的 CALL 指令可调用同一标号的子程序。

⑤　在子程序中使用的定时器范围规定为 T192～T199 和 T246～T249。

3．中断指令

（1）指令助记符及操作元件：

①　中断返回指令助记符：IRET(FNC03)。

操作元件：无。

②　允许中断指令助记符：EI(FNC04)。

操作元件：无。

③　禁止中断指令助记符：DI(FNC05)。

操作元件：无。

（2）指令格式。中断指令格式如图 5 - 15 所示。

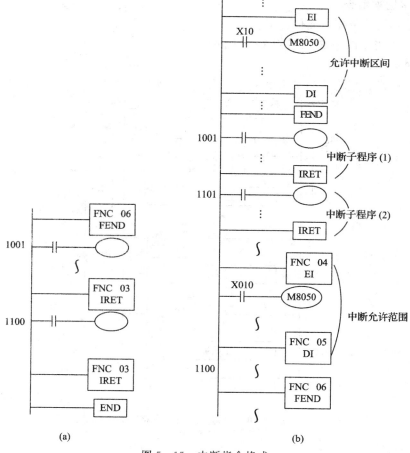

图 5 - 15　中断指令格式

（3）指令说明：

① 中断用指针分为输入中断、定时中断和高速计数器中断三种。

② 在主程序执行过程中，X000 由 OFF→ON 时，程序跳转到 1001 标志的子程序处，当子程序执行到 IRET 时就返回到原来的主程序。

③ 如果有多个依次发出的中断信号，则优先级按发生的先后为序，发生越早则优先级越高；若同时发生多个中断信号时，则中断标号小的优先级高。

④ 中断程序在执行过程中，不响应其他的中断（其他中断为等待状态）。不能重复使用与高速计数器相关的输入，不能重复使用 1000 与 1001 相同的输入。

⑤ 可编程控制器平时处于禁止中断状态。如果 EI～DI 指令在扫描过程中有中断输入时，则执行中断程序（从中断标号到 IRET 之间的程序）。

⑥ 即使在允许中断范围内，如果特殊辅助继电器 M805△(△＝0～3)被驱动，则 1△0 □ 的中断不执行。如图 5-15(b)所示，如果 X010 为 ON，则禁止 1001 或 1000 的中断。即虽存在中断请求，中断也不被接受。

⑦ 当 DI～EI 指令间（中断禁止区间）发生中断请求时，则存储这个请求信号，然后在 EI 指令执行完后才被执行。如果中断禁止区间较大，则等待中断响应的时间也较长。

4. 主程序结束指令

（1）指令助记符及操作元件：

主程序结束指令助记符：FEND(FN C06)。

操作元件：无。

（2）指令格式。主程序结束指令格式如图 5-16 所示。

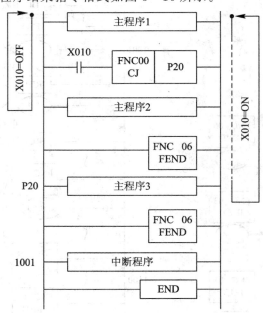

图 5-16 主程序结束指令格式

（3）指令说明：

① FEND 指令表示一个主程序的结束，执行这条指令与执行 END 指令一样，即执行

输入、输出处理或警告定时器刷新后，程序送回到 0 步程序。

② 使用多条 FEND 指令时，中断程序应写在最后的 FEND 指令与 END 指令之间。子程序应写在 FEND 之后，而且必须以 SRET 结束。

③ 如果在 FOR 指令执行后，在 NEXT 指令执行前执行 FEND 指令时，程序将会出错。

程序流控制指令除上述所介绍的指令外，还有警戒时钟、循环等指令，此处由于篇幅所限，介绍从简。

5.4.2　数据传送及比较指令

数据传送和比较指令主要包括数据比较、传送、交换和变换等指令。其中，数据比较指令主要包括数据比较、区间比较指令；传送指令主要包括传送、批传送指令；交换和变换指令主要包括二进制码变换成 BCD 码、BCD 码变换成二进制码指令。下面简要介绍一下数据比较、传送、二进制码变换成 BCD 码指令。

1. 数据比较指令

（1）指令助记符及操作元件：

数据比较指令指令助记符：（D）CMP（FNC 10）。

操作元件如图 5-17 所示。

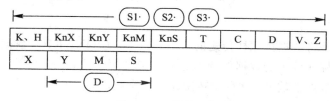

图 5-17　操作元件

（2）指令格式。数据比较指令格式如图 5-18 所示。

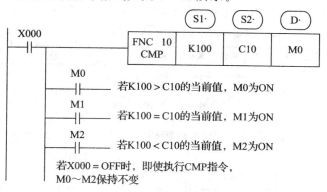

图 5-18　数据比较指令格式

（3）指令说明：

① 比较指令操作数有两个源数据，把源数据[S1·]与源数据[S2·]的数据进行比较，其结果送到目标[D·]按比较结果进行操作。按代数规则进行数据大小的比较。

② 所有的源数据都按二进制数值处理。对于多个比较指令，其目标[D·]也可指定为同一个软元件，但每执行一次比较指令，[D·]的内容随即发生变化。

③ 一条 CMP 指令用到三个操作数，如果只有一个或二个操作数，就会出错，妨碍 PLC 运行。

④ 功能指令的前面加字母 D 为 32 位指令格式。

2. 数据传送指令

(1) 指令助记符及操作元件：

指令助记符：(D)MOV(FNC 12)。

操作元件如图 5-19 所示。

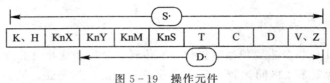

图 5-19　操作元件

(2) 指令格式。数据传递指令格式如图 5-20 所示。

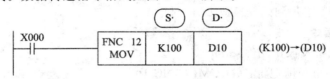

图 5-20　数据传送指令格式

(3) 指令说明：

① 传送指令是将数据按原样传送的指令，当 X0 为 ON，K100 数据传送到 D10 中 X0 为 OFF 时，则目标元件中的数据保持不变。

② 传送时源数据常数 K100 自动转换成二进制数。

3. 二进制码变换成 BCD 码指令

(1) 指令助记符及操作元件：

指令助记符：(D)BCD(FNC 18)。操作元件如图 5-21 所示。

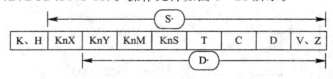

图 5-21　操作元件

(2) 指令格式。二进制码变换成 BCD 码指令格式如图 5-22 所示。

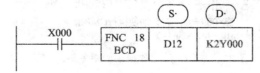

图 5-22　二进制码变换成 BCD 码指令格式

(3) 指令说明：

① BCD 指令是将源中二进制数(BIN)转换成目标中的 BCD 的变换传送指令。当 X0 为 ON 时，D12 中数据转换成 BCD 码传送到 K2Y 中；当 X0 为 OFF 时，目标中的数据

不变。

② BCD 的转换结果超过 0~9999(16 位运算)或超过 0~99 999 999(32 位运算)时则出错。

③ 在 PLC 控制中,BIN 向 BCD 变换,常用于向七段码显示等外部器件输出。

5.4.3　四则运算及逻辑运算指令

四则运算包括二进制数的加法、减法、乘法和除法。逻辑运算包括逻辑与、或、异或等。

1. 二进制加法、减法指令

(1) 指令助记符及操作元件:

加法指令助记符:(D)ADD(FNC20)。

减法指令助记符:(D)SUB(FNC 21)。

操作元件如图 5-23 所示。

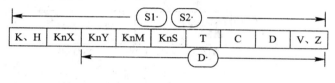

图 5-23　操作元件

(2) 指令格式。二进制加法、减法指令格式如图 5-24 所示。

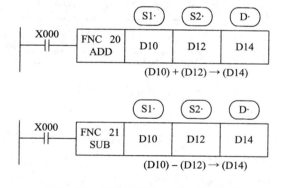

图 5-24　二进制加法、减法指令格式

(3) 指令说明:

① 二个源数据的二进制数值相加(相减),其结果送入目标元件中。各数据的高位是符号位,正为 0,负为 1。这些数据按代数规则进行运算。例如,5+(-8)=-3,5-(-8)=13。

② 当驱动输入 X000 为 OFF 时,不执行运算,目标元件的内容也保持不变。

③ 如果运算结果为 0,零标志 M8020 置 1;如果运算结果超过 32 767(16 位运算)或 2 147 483 647(32 位运算),则进位标志 M8022 置 1;如果运算结果小于 -32 767(16 位运算)或 -2 147 483 647(32 位运算),则借位标志 M8021 置 1。

2. 二进制乘法、除法指令

(1) 指令助记符及操作元件:

乘法指令助记符：(D)MUL(FNC22)。

除法指令助记符：(D)DIV(FNC23)。

操作元件如图 5-25 所示。

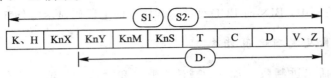

图 5-25　操作元件

（2）指令格式。二进制乘法、除法指令格式如图 5-26 所示。

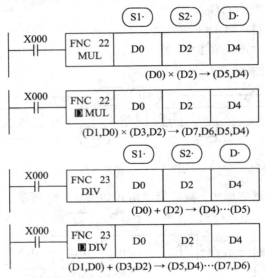

图 5-26　二进制乘法、除法指令格式

（3）指令说明：

① 乘法，二源的乘积以 32 位形式送到指定目标中，其中低 16 位在指定目标元件(D4)中，高 16 位在下一个元件(D5)中。

例如，D0＝8，D2＝9，则其乘积送到(D5，D4)＝72，最高位为符号位(0 为正，1 为负)，V 不用于目标元件。只有 Z 允许作 16 位运算。

16 位运算的结果变为 32 位，32 位运算的结果变为 64 位。如果位组合指定元件为目标元件，超过 32 位的数据就会丢失。

如果驱动输入 X0 为 OFF，不执行运算，目标元件中的数据不变。

② 除法，[S1]指定为被除数，[S2]指定为除数，商存于[D]中、余数存于紧靠[D]的下一个编号的软元件中。V 和 Z 不可用于[D]中。

若位组合指定元件为[D]，则余数就会丢失。当除数为零时，则运算出错，且不执行运算。

3. 逻辑与、或、异或指令

（1）指令助记符及操作元件：

与指令助记符：AND(FNC26)。

或指令助记符：OR(FNC27)。

异或指令助记符：XOR(FNC28)。

操作元件如图 5-27 所示。

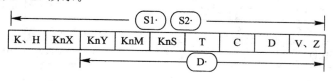

图 5-27　操作元件

(2) 指令格式。与、或、异或指令格式如图 5-28 所示。

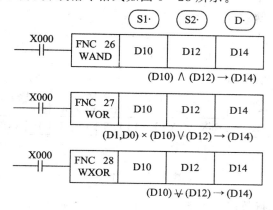

图 5-28　与、或、异或指令格式

(3) 指令说明：

① 16 位运算时，指令为 WAND、WOR、WXOR。32 位运算时，指令为(D)AND、(D)OR、(D)XOR。

② 当 X0 为 ON 时，进行各对应的逻辑运算，把结果存于目标[D]中。当 X0 为 OFF 时，不执行运算，[D]的内容保持不变。

5.4.4　外部设备 SER 指令

在 PLC 中，外部设备 SER 指令主要用于连接串行口的特殊适配器的控制，PID 运算指令也包括在其中。表 5-3 所示为外部设备 SER 指令。

表 5-3　外部设备 SER 指令

功能号	指令格式				程序步	指令功能
FNC80	RS	(S·)	m	(D·)	n	9 步	串行数据传送
FNC81	(D)PRUN(P)	(S·)	(D·)			5/9 步	八进制位传送
FNC82	ASCI(P)	(S·)	(D·)	n		7 步	十六进制转为 ASCII 码
FNC83	HEX(P)	(S·)	(D·)	n		7 步	ASCII 码转为十六进制
FNC84	CCD(P)	(S·)	(D·)	n		7 步	校验码

续表

功能号	指令格式					程序步	指令功能
FNC85	VRRD(P)	(S·)	(D·)			5 步	电位器值读出
FNC86	VRSC(P)	(S·)	(D·)			5 步	电位器值刻度
FNC88	PID	(S1)	(S2)	(S3)	D	9 步	PID 运算

下面针对表 5-3 为外部设备 SER 指令主要介绍一下串行数据传送指令(RS)、八进制位传送指令(PRUN)、PID 运算指令(PID)。

1. 串行数据传送指令(RS)

(1)指令助记符及操作元件:

指令助记符:RS。

操作元件如图 5-29 所示。

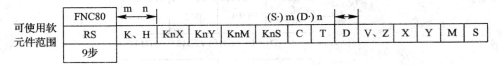

图 5-29　操作元件

(2)指令格式。串行数据传送指令格式如图 5-30 所示。

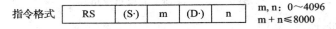

图 5-30　串行数据传送指令格式

(3)指令说明。串行数据传送指令(RS)用于可编程控制器与外部设备之间的串行通信,在可编程控制器上使用 RS-232C 与 RS-485 功能扩展板及特殊适配器,即可进行发送和接收串行数据,具体说明如图 5-31 所示。

(a) 串行数据通信梯形图　　　　　　(b) PLC 与外部设备的串行通信

图 5-31　串行数据传送指令说明

(4)数据传送与接收应用说明。接收数据由特殊辅助继电器 M8122 控制,发送数据是由特殊辅助继电器 M8123 控制的。数据传送的位数可以是 8 位或 16 位,由 M8161 控制。图 5-32 所示为数据传送与接收应用说明。

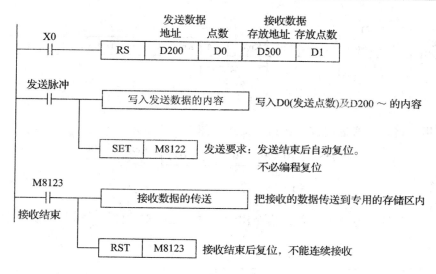

图 5 - 32　数据传送与接收应用说明

（5）应用举例。

【例 5 - 1】　PLC 与条形码读出器的通信，在 PLC 上安装一个 FX2N - 232 - BD 型功能扩展板，用通信电缆将条形码读出器与功能扩展板连接，将 D8120 的值设置为 H0367，其控制梯形图如图 5 - 33 所示。

图 5 - 33　PLC 与条形码读出器通信控制梯形图

2. 八进制位传送指令（PRUN）

（1）指令助记符及操作元件：

指令助记符：PRUN。

操作元件如图 5 - 34 所示。

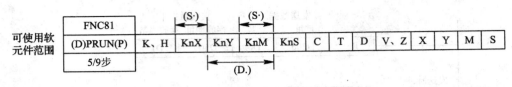

图 5 - 34 操作元件

（2）指令格式。八进制位传送指令格式如图 5 - 35 所示。

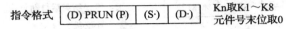

图 5 - 35 八进制位传送指令格式

（3）指令说明。八进制位传送指令用于 8 进制数处理。图 5 - 36 所示为八进制位传送指令应用说明。

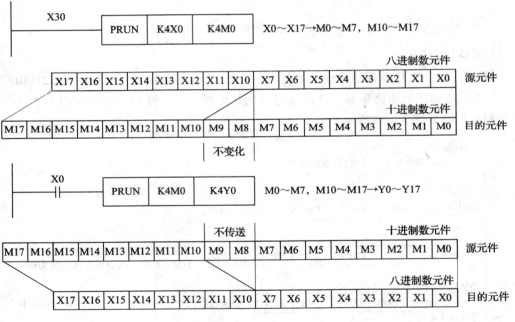

图 5 - 36 八进制位传送指令应用说明

3. PID 运算指令（PID）

（1）指令助记符及操作元件

指令助记符：PID。

操作元件如图 5 - 37 所示。

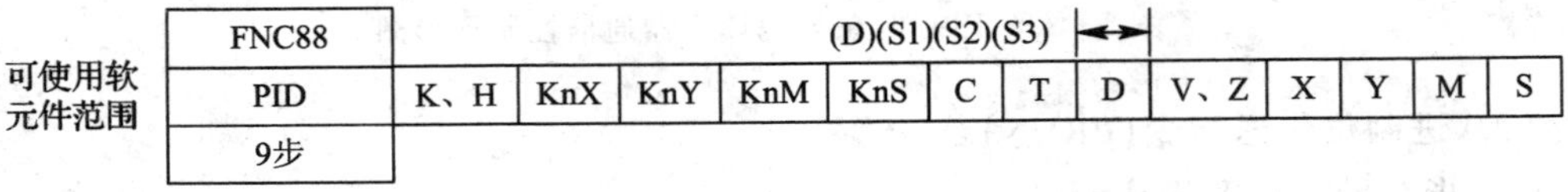

可使用软 元件范围	FNC88							(D)(S1)(S2)(S3)					
	PID	K、H	KnX	KnY	KnM	KnS	C	T	D	V、Z	X	Y	M	S
	9步												

图 5 - 37 操作元件

（2）指令格式。PID 运算指令格式如图 5 - 38 所示。

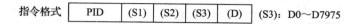

指令格式　| PID | (S1) | (S2) | (S3) | (D) |　(S3)：D0～D7975

图 5－38　PID 运算指令格式

（3）指令说明。PID 运算指令可进行回路控制的 PID 运算程序。在达到采样时间后的扫描时进行 PID 运算，指令的梯形图如图 5－39 所示。

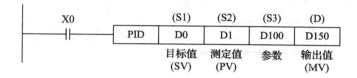

图 5－39　PID 运算指令的梯形图

思考题与习题 5

5－1　什么叫状态转移图和步进梯形图？各有什么特点？

5－2　步进顺序功能控制与基本指令控制方法有什么不同？各有什么优缺点？各适用于何种控制对象？

5－3　什么叫单分支状态转移图和多分支状态转移图及并联分支状态转移图？各有什么特点？

5－4　画出如图 5－40 所示单分支状态转移图的步进梯形图，并写出指令表。

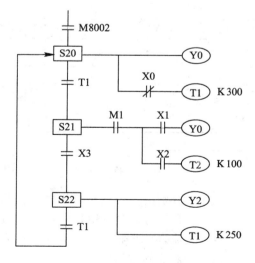

图 5－40　习题 5－4 图

5－5　画出如图 5－41 所示混合分支状态转移图的步进梯形图，并写出指令表。

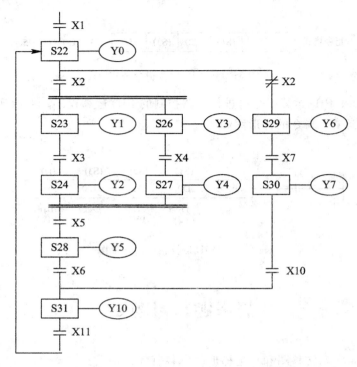

图 5-41　习题 5-5 图

5-6　根据下面图 5-42 所示的 SFC 图画出对应的 STL 图，并写出指令表。

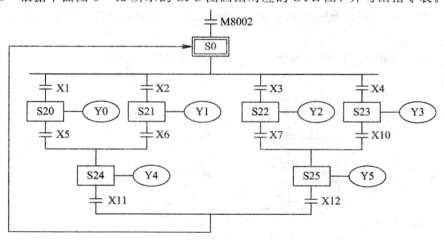

图 5-42　习题 5-6 图

5-7　某供水系统有 4 台水泵，分别由 4 台三相异步电动机驱动，为了防止备用水泵长时间不用造成锈蚀等问题，要求 2 台运行 2 台备用，并每隔 8 h 切换一台，4 台水泵轮流运行。初次启动时，为了减少启动电流，要求第一台启动 10 s 后第二台启动。根据控制要求画出 PLC 输入/输出控制接线图和状态转移图。

5-8　控制一台三相异步电动机的正转与反转，在停止时，用速度继电器接线反接制动，为了减少反接制动电流，主电路中应串入反接制动电阻。请根据要求画出三相异步电动机正转与反转可逆运行反接制动控制电路、PLC 输入/输出控制接线图和状态转移图。

　　5-9　PLC 的功能指令有哪些？有哪些控制数据控制功能？与微型计算机的控制指令有何不同？

　　5-10　PLC 的数据传送及比较指令与微型计算机的数据传送及比较指令有何相同和不同之处？

　　5-11　当 X0=0，X1=1，X2=1，X12=0 时，Y0、Y1 的得电情况如图 5-43 所示，试问当 X0=1 时，Y0、Y1 的得电情况如何变化？

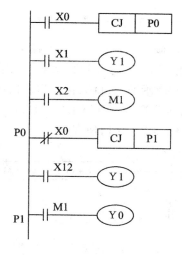

图 5-43　习题 5-11 图

　　5-12　执行图 5-44 所示梯形图的结果是什么？请用二进制数表示 K2Y0～K2Y20 的值。

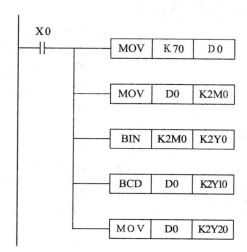

图 5-44　习题 5-12 图

　　5-13　试分析图 5-45 所示梯形图的执行结果。

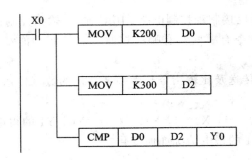

图 5-45 习题 5-13 图

5-14 根据下面的控制要求画出梯形图，并写出控制程序。

(1) 当 X0=1 时，将一个数 123 456 存放到数据寄存器中。

(2) 当 X1=1 时，将 K2X10 表示的 BCD 数存放到数据寄存器 D2 中。

(3) 当 X2=1 时，将 K0 传送到数据寄存器 D10～D20 中。

5-15 分析图 5-46 所示梯形图，如何使 Y0=1。

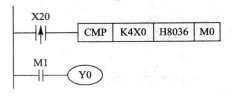

图 5-46 习题 5-15 图

5-16 分析图 5-47 所示梯形图的控制原理，根据时序图画出 M1、M2、M3、M4、Y0 和 Y1 的波形图。

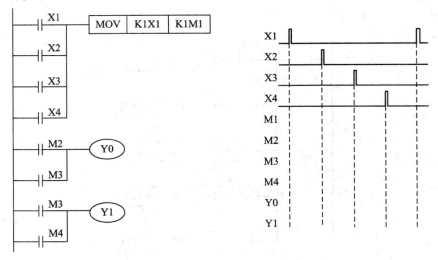

图 5-47 习题 5-16 图

第 6 章　西门子 S7 - 200 系列 PLC 及编程方法

德国西门子公司(SIEMENS)是欧洲最大的电气设备制造商，它是世界上研制、开发 PLC 较早的厂家之一。S7 - 200 系列 PLC 是西门子公司于 20 世纪末推出的，与其配套的还有各种功能模块、人机界面(HMI)及网络通信设备等。以 S7 - 200 系列 PLC 为控制器组成的控制系统的功能越来越强大，系统的设计和操作也越来越简便。本章将以 SIMATIC S7 - 200 系列 PLC 为例，介绍该系列 PLC 的硬件组成、指令系统和程序设计方法等。

6.1　S7 - 200 系列 PLC 的硬件组成

SIMATIC S7 - 200 系列 PLC 为单体式结构，配有 RS - 485 通信接口、内置电源系统和部分 I/O 接口。它体积小、运算速度快、可靠性高，具有丰富的指令，系统操作简便，便于掌握，可方便地实现系统的 I/O 扩展，性能价格比高，是目前中小规模控制系统的理想控制设备。

6.1.1　S7 - 200 系列 PLC 系统的基本构成

S7 - 200 系列 PLC 的硬件系统配置灵活，既可用单独的 CPU 模块构成简单的开关量控制系统，也可通过 I/O 扩展或通信联网功能构成中等规模的控制系统。图 6 - 1 所示为 S7 - 200 系列 PLC 系统的基本构成。

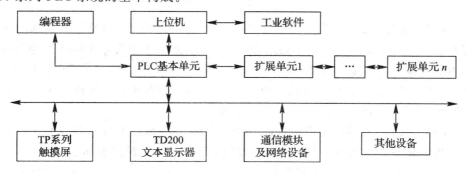

图 6 - 1　S7 - 200 系列 PLC 系统的基本构成

(1) PLC 基本单元。即 CPU 模块，是 PLC 系统的核心。它包括供电电源、CPU、存储器系统、部分输入/输出接口、内置 5 V 和 24 V 直流电源、RS - 485 通信接口等。

(2) 扩展单元。它用于 PLC 系统的 I/O 扩展，包括数字量 I/O 模块和模拟量 I/O 模块。

（3）编程设备（器）。可使用手持式编程器，也可使用装有 SIMATIC S7 系列 PLC 编程软件的计算机。编程设备可实现用户程序的编制、编译、下传（Download）、上载（Upload）和调试等。

（4）人机界面。常用的人机界面有触摸屏和文本显示器，也可通过装有工业组态软件的微机实现。通过人机界面可实现对工业控制过程的监控。

（5）通信模块。可通过 CPU 模块自带的 RS-485 接口与上位机或其他 PLC 通信，也可通过专用的通信模块与其他网络设备组成各种通信网络以实现数据交换，如通信处理器模块 CP243-2 或 PROFIBUS-DP 模块 EM277 等。

（6）其他设备。它是指各种特殊功能模块，具有独立的运算能力，能实现特定的功能，如位置控制模块、高速计数器模块、闭环控制模块、温度控制模块等。

6.1.2 S7-200 系列 PLC 的 CPU 模块

1. 主机单元（CPU 单元模块）外形结构

以 S7-200 CPU22× 系列为例，主机单元（CPU 单元模块）主要有 CPU221、CPU222、CPU224、CPU224XP、CPU226 等型号，其外观结构基本相同，如图 6-2 所示。

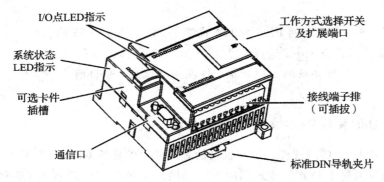

图 6-2　S7-200 系列 PLC CPU 单元模块外形结构图

（1）输入/输出端子排。CPU 模块上集成了部分 I/O 端子，分别位于模块的上端和下端。打开上、下端盖板，即可看到接线端子排，其中上端子排为输出端子和电源端子，下端子排为输入端子。为接线方便，高端的 CPU 模块（CPU224 以上）采用可插拔式端子。

（2）系统状态 LED 指示。它用于指示 PLC 当前工作状态（RUN 或 STOP），以及系统故障与诊断状态（SF/DIAG）。

（3）I/O 点 LED 指示。为方便查询，CPU 模块上的每个 I/O 点均设有 LED 指示灯，以显示其当前状态。指示灯分别位于在上盖板的下部和下盖板的上部。

（4）工作方式选择开关及扩展端口。它位于 CPU 模块右端盖板下，包括方式选择开关、模拟电位器和扩展端口。

·工作方式选择开关可用于设置 PLC 的工作方式。RUN 为运行方式；STOP 为停止运行方式，也称为编程方式；TERM 为终端方式，允许由编程软件来控制 PLC 的工作方式。

·每一个模拟电位器均与 PLC 内部的一个特殊功能寄存器相对应（SMB28、SMB29），旋转电位器可改变寄存器的值。

·扩展端口用于 I/O 模块的扩展连接。

（5）通信接口（简称通信口）。S7 - 200 CPU 模块上均配有 1 个或 2 个 RS - 485 通信接口，可与编程器、计算机或其他通信设备连接，进行数据交换。

（6）可选卡件插槽。如插入存储卡可对 PLC 的存储器容量进行扩展，还可插入实时时钟卡、电池卡等。

2. CPU 模块型号描述

S7 - 200 CPU 模块的型号及描述如图 6 - 3 所示。

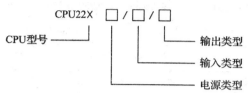

图 6 - 3　S7 - 200 CPU 模块型号

S7 - 200 PLC 的电源供电形式有两种：一种为直流输入（24V DC），另一种为交流输入（120～240V AC），分别由 DC 和 AC 描述。输入类型是指输入端子的输入形式，一般为直流，用 DC 描述。输出类型是指输出端子的输出形式，常见的有晶体管输出和继电器输出，分别由 DC 和 Relay 描述，如 CPU224 AC/DC/Relay 表示 PLC 型号为 224、交流电源供电、继电器输出；CPU226 DC/DC/DC 表示 PLC 型号为 226、直流电源供电、晶体管输出。

3. S7 - 200 CPU22× 模块的主要技术性能指标

PLC 的技术性能指标是衡量其功能的主要依据，S7 - 200 CPU22× 系列 PLC 的主要技术性能指标如表 6 - 1 所示。

表 6 - 1　CPU22× 系列 PLC 的主要技术性能指标

性能指标	CPU221	CPU222	CPU224	CPU224XP	CPU226
外形尺寸/mm	90×80×62	90×80×62	120.5×80×62	140×80×62	196×80×62
端子可拆卸	否	否	是	是	是
存储器					
用户程序	4096 字节	4096 字节	8192 字节	12 288 字节	16 384 字节
用户数据	2048 字节	2048 字节	8192 字节	10 240 字节	10 240 字节
掉电保持	50 h	50 h	100 h	100 h	100 h
I/O					
数字量 I/O	6 / 4	8 / 6	14 / 10	14 / 10	24 / 16
模拟量 I/O	无	无	无	2 / 1	无
数字量 I/O 映像区	128 入 / 128 出	128 入 / 128 出	128 入 / 128 出	128 入 / 128 出	128 入 / 128 出
模拟量 I/O 映像区	无	16 入 / 16 出	32 入 / 32 出	32 入 / 32 出	32 入 / 32 出
最大允许扩展模块	无	2	7	7	7

性能指标	CPU221	CPU222	CPU224	CPU224XP	CPU226
脉冲捕捉输入	6	8	14	14	24
脉冲输出	2	2	2	2	2
主要内部元件					
辅助继电器（M）	256	256	256	256	256
定时器/计数器	256 / 256	256 / 256	256 / 256	256 / 256	256 / 256
状态寄存器（S）	256	256	256	256	256
高速计数器	4	4	6	6	6
常规性能					
定时中断	2（1～255 ms）	2（1～255 ms）	2（1～255 ms）	2（1～255 ms）	2（1～255 ms）
边沿中断	4 个上升沿和/或 4 个下降沿				
模拟电位器	1（8 bits）	1（8 bits）	2（8 bits）	2（8 bits）	2（8 bits）
布尔量运算速度	0.22 μs / 指令	0.22 μs / 指令	0.22 μs / 指令	0.22 μs / 指令	0.22 μs / 指令
口令保护	有	有	有	有	有
通信功能					
通信口	1	1	1	2	2
通信协议	PPI、DP/T，波特率：9.6 K、19.2 K、187.5 K；自由口，波特率：1.2 K～115.2 K				
最大主站数	32	32	32	32	32

4. CPU 模块的端子接线

以 CPU226 为例，两种类型的 CPU 模块端子接线分别如图 6-4 和图 6-5 所示，其中输入端子 24 V DC 电源的极性可为任意。

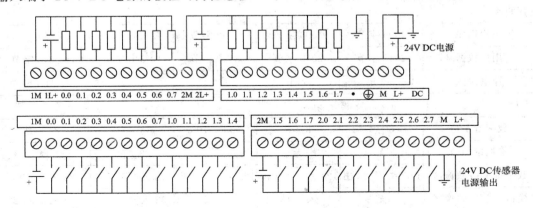

图 6-4　CPU226 DC/DC/DC 端子接线图

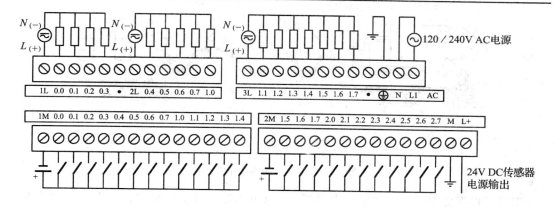

图 6 – 5　CPU226 AC/DC/Relay 端子接线图

6.1.3　数字量扩展模块

S7 – 200 系列 PLC 目前可提供三大类别的数字量输入/输出扩展模块，如表 6 – 2 所示。

表 6 – 2　S7 – 200 系列 PLC 数字量扩展模块

型　号	名　称	扩展模块
EM221	数字量输入扩展模块	8 点 24V DC 输入，光耦隔离
		16 点 24V DC 输入，光耦隔离
EM222	数字量输出扩展模块	4 点 24V DC 输出型
		8 点 24V DC 输出型
		4 点继电器输出型
		8 点继电器输出型
EM223	数字量输入/输出扩展模块	4 点 24V DC 输入/4 点晶体管输出
		4 点 24V DC 输入/4 点继电器输出
		8 点 24V DC 输入/8 点晶体管输出
		8 点 24V DC 输入/8 点继电器输出
		16 点 24V DC 输入/16 点晶体管输出
		16 点 24V DC 输入/16 点继电器输出
		32 点 24V DC 输入/32 点晶体管输出
		32 点 24V DC 输入/32 点继电器输出

数字量扩展模块与 CPU 模块的连接方式如图 6 – 6 所示。

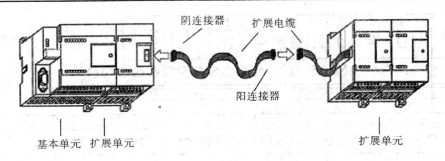

图 6-6 扩展模块连接示意图

用户可根据应用系统的实际需求灵活配置 CPU 模块及扩展模块,在选择时除考虑一定的 I/O 裕量外,还需要考虑系统的安装尺寸及费用等问题。

数字量扩展模块的接线与 CPU 模块类似。图 6-7 所示为 EM223-16 点的数字量扩展模块接线图,为 24V DC 输入/16 点继电器输出模块的端子接线图。其中,输入端子24V DC 电源极性可以任意,接地端可选;继电器线圈电源的 M 端应与 CPU 模块的电源M 端相连。

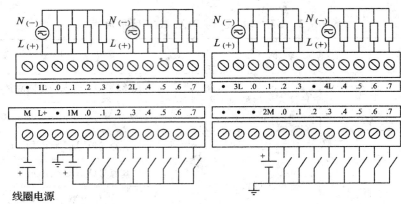

图 6-7 EM223-16 点扩展模块接线图

6.1.4 模拟量扩展模块

在 S7-200 PLC 中,除了 CPU 224XP 模块本身带有模拟量 I/O 外,其他 CPU 模块若想处理模拟量信号,需进行模拟量模块的扩展。模拟量扩展模块主要有三类,如表 6-3 所示。

表 6-3 S7-200 系列 PLC 模拟量扩展模块

型号	名　称	性能说明
EM231	模拟量输入扩展模块 4 路或 8 路(12 位)	差分输入,输入范围: 电压:0~10 V,0~5 V,±2.5 V,±5 V。 电流:0~20 mA
		转换时间小于 250 μs
		最大输入电压 30 V DC,最大输入电流 32 mA

续表

型号	名 称	性 能 说 明
EM232	模拟量输出扩展模块 2 路或 4 路(12 位)	输出范围:电压 ±10 V,电流 0~20 mA
		数据字格式: 电压:-32 000~+32 000。 电流:0~+32 000
		分辨率:电压 12 位,电流 11 位
EM235	模拟量输入/输出扩展模块 输入 4 路,输出 1 路	差分输入,输入范围: 电压(单极性):0~10 V,0~5 V,0~1 V, 0~500 mV,0~100 mV,0~50 mV。 电压(双极性)±10 V,±5 V,±2.5 V,±1 V, ±500 mV,±250 mV,±100 mV,±50 mV, ±25 mV。 电流:0~20 mA
		转换时间小于 250 μs
		稳定时间:电压 100 μs,电流 2 ms

以 EM235 模块为例,其端子接线图如图 6-8 所示。图中,L+和 M 端为电源端。上部端子为 4 路模拟量输入端,分别由 A、B、C、D 标注,可分别接入标准电压和电流信号。当为电压输入时(如 A 口),电压信号的正极接入 A+端,负极接入 A-端,RA 端悬空;当为电流输入时(如 B 口),须将 RB 与 B+端短接,然后与电流信号的输出端相连,电流信号输入端则与 B-相连。若 4 个接口未能全部使用(如 C 口),应将未用的接口用导线短接,以免受到外部干扰。下部端子为 1 路模拟量输出端,有 3 个接线端子 MO、VO、IO,其中 MO 为数字接地接口,VO 为电压输出接口,IO 为电流输出接口。若为电压负载,则将负载接入 MO、VO 接口;若为电流负载,则接入 MO、IO 接口。右下端的 DIP 配置开关用于设置模拟量输入的范围及分辨率等。

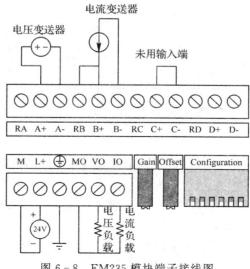

图 6-8　EM235 模块端子接线图

6.1.5　其他扩展模块

其他扩展模块有热电偶，热电阻扩展模块 EM231 CT 和 EM231 RTD，PROFIBUS - DP 模块 EM277，工业以太网通信处理器 CP243 - 1，AS - i 接口模块 CP243 - 2，调制解调器模块 EM241，位置控制模块 EM253 等，相关技术信息可参阅西门子 S7 - 200 PLC 产品手册。

6.2　S7 - 200 系列 PLC 的内部元件及其编址方式

程序设计时需要用到 PLC 的内部元件，如输入/输出继电器、辅助继电器、定时器、计数器、累加器等。这些元件具有与相应低压电器相同或相似的功能，它们在 PLC 内部是以寄存器或存储单元的形式出现的，每个元件对应一个或多个内存单元，所以又称之为内部软元件。

6.2.1　S7 - 200 的数据类型

在 S7 - 200 PLC 指令系统中，大多数指令具有不同类型的操作数，S7 - 200 的基本数据类型如表 6 - 4 所示。

表 6 - 4　S7 - 200 基本数据类型

数据类型	位数	字母缩写	数据范围
布尔类型 BOOL	1	Bit	0，1
字节类型 BYTE	8	B	0~255
字类型 WORD	16	W	0~65 535
双字类型 DWORD	32	DW	$0 \sim (2^{32} - 1)$
整数类型 INT	16	I	$-32\ 768 \sim +32\ 767$
双整数类型 DINT	32	DI	$-2^{31} \sim (2^{31} - 1)$
实数型 REAL	32	R	IEEE 浮点数

6.2.2　S7 - 200 PLC 内部元件及其编址方式

1. 数字量输入继电器(I)

PLC 通过输入采样接收来自现场的输入信号或检测信号的状态，并将其存入输入映像寄存器中。输入映像寄存器中的每一位对应一个输入端子，从而对应一个数字量输入点。沿用继电器-接触器控制系统的传统叫法，也称输入映像寄存器为输入继电器，用字母"I"表示。数字量输入继电器的编址方式如下：

(1)位类型。存储器是以字节为单位编址的，200 系列 CPU 按照"字节.位"的方式读取每一个输入继电器的值，如 I0.0、I1.7 等。

（2）字节类型。CPU 可按字节方式读取一组相邻继电器的值，每个字节为 8 位。字节类型数据用"B"表示，如 IB0，其中"I"表示输入继电器，"B"表示字节类型数据，后面的数据"0"表示该字节数据的地址编号。IB0 是指输入映像寄存器中编号为 0 的字节，它由 I0.0～I0.7 组成。

（3）字类型。CPU 按字读取一组相邻继电器的值，每个字 16 位。字类型数据用"W"表示。如 IW0 表示输入映像寄存器中编号为 0 的字，它由 IB0 和 IB1 组成，即由 I0.0～I0.7 和 I1.0～I1.7 这 16 位组成。字的编号为组成该字的低位字节的编号。又如 IW2 是由 IB2 和 IB3 组成的。

值得注意的是，字类型数据的低位字节占 16 位数据的高 8 位，而高位字节占 16 位数据的低 8 位，如图 6－9 所示，在 IW0 中，IB0 为高 8 位，IB1 为低 8 位。

MSB | I0.7 | I0.6 | I0.5 | I0.4 | I0.3 | I0.2 | I0.1 | I0.0 | I1.7 | I1.6 | I1.5 | I1.4 | I1.3 | I1.2 | I1.1 | I1.0 | LSB

IB0　　　　　　　　　IB1

IW0

图 6－9　字类型数据的表示

（4）双字类型。CPU 按双字读取一组相邻继电器的值，每个双字 32 位。双字类型数据用"D"表示。如 ID0 表示输入映像寄存器中编号为 0 的双字，它由 IB0、IB1、IB2 和 IB3 这 4 个字节组成。双字的编号为组成该双字中最低位字节的编号。同样，在双字类型数据中，最低位字节占 32 位数据的高 8 位，而最高位字节占 32 位数据的低 8 位，如图 6－10 所示，在 ID0 中，IB0 为高 8 位，IB1 次之，IB2 再次之，IB3 为低 8 位。

MSB | I0.7 | ... | I0.1 | I0.0 | I1.7 | ... | I1.1 | I1.0 | I2.7 | ... | I2.1 | I2.0 | I3.7 | ... | I3.1 | I3.0 | LSB

IB0　　　　　IB1　　　　　IB2　　　　　IB3

ID0

图 6－10　双字类型数据的表示

需要说明的是，字类型数据与双字类型数据占用多个字节，如果地址编号连续使用的话会造成地址空间的重叠。如 IW0 和 IW1 地址连号，但 IW0 由 IB0 和 IB1 组成，IW1 由 IB1 和 IB2 组成，所以为避免数据调用时出现混乱，对字类型数据常按偶数地址编址，如 IW0、IW2、IW4 等。同样，对于双字类型数据，按地址编号连续使用也会造成地址重叠，此时可按 4 的倍数递增的方式编址，如 ID0、ID4、ID8 等。

2. 数字量输出继电器(Q)

数字量输出继电器对应于 PLC 存储器中的输出映像寄存器，用字母"Q"表示。同样，S7－200 PLC 的输出继电器也是以字节为单位编址的。程序中可使用的编址方式如下：

（1）位类型。CPU 按照"字节.位"的方式访问每一个输出继电器，如 Q0.7、Q2.5。

（2）字节类型。按字节方式读取数据，如 QB5，其中"Q"表示输出继电器，"B"表示字节类型数据，后面的数据"5"表示该字节数据的地址编号。字节 QB5 由 Q5.0～Q5.7 组成。

（3）字类型。CPU 按字方式读取数据，每个字 16 位。如 QW2，它由 QB2 和 QB3 组成，其中 QB2 占高 8 位，QB3 占低 8 位。

（4）双字类型。CPU 按双字方式读取数据，每个双字 32 位。如 QD4，表示输出映像寄存器中编号为 4 的双字，它由 QB4、QB5、QB6 和 QB7 这 4 个字节组成，其中 QB4 占 32 位中的高 8 位，QB7 占 32 位数据中的低 8 位。

3. 模拟量输入寄存器（AIW）和模拟量输出寄存器（AQW）

模拟量输入信号经 A/D 转换后的数字量信息存储在模拟量输入寄存器中，而将要经 D/A 转换成为模拟量的数字量信息存储在模拟量输出寄存器中。由于 CPU 处理的数字量是 16 位数据，为字类型，而模拟量输入与输出分别用"AI"和"AQ"表示，所以模拟量输入寄存器和模拟量输出寄存器常用"AIW"和"AQW"表示。同时，由于模拟量输入/输出数据为 16 位，为避免访问数据发生混淆，应以偶数号字节进行编址，如 AIW0、AIW2…或 AQW0、AQW2…。模拟量输入寄存器只能读取，而模拟量输出寄存器只能写入。

4. 变量寄存器（V）

S7-200 PLC 提供了大量的变量寄存器，可用于模拟量控制、数据运算、参数设置以及存放程序执行过程中的中间结果等，如 CPU226 中变量寄存器的容量可达 10 240 个字节。变量寄存器的符号为"V"，可按位使用，也可按字节、字、双字为单位使用。如 V100.0、V200.7；VB100、VB200；VW300；VD400 等。

5. 辅助继电器（M）

辅助继电器也称为标志寄存器（Marker）或辅助寄存器，用符号"M"表示，其功能相当于电气控制系统中使用的辅助继电器或中间继电器。辅助继电器常用于逻辑运算和顺序控制中，多以"位"的形式出现，采用"字节.位"的编址方式，如 M0.0、M1.2 等。当然，辅助继电器也可以按字节、字和双字的方式编址，如 MB10、MW4、MD8 等。但 CPU22×系列 PLC 的辅助继电器总共有 256 个（32 个字节），所以在做数据运算或处理时，建议用户使用变量寄存器 V。

6. 特殊功能寄存器（SM）

特殊功能寄存器也称为特殊继电器或特殊标志寄存器，用符号"SM"表示。特殊功能寄存器是用户程序与系统程序之间的接口，它为用户提供了一系列特殊的控制功能和系统信息，有助于用户程序的编制和对系统的各类状态信息的获取。同时，用户也可将控制过程中的某些特殊要求通过特殊功能寄存器传递给 PLC。特殊功能寄存器可以按位、字节、字或双字类型编址。

常用的特殊功能寄存器如下：

SM0.0：PLC 运行状态监控位，当 PLC 处于"RUN"状态时，SM0.0 总为 ON，即状态"1"。

SM0.1：初始扫描位，也称初始脉冲位，当 PLC 由"STOP"转为"RUN"时的第一个扫描周期 SM0.1 为"1"，之后一直为"0"。

SM0.4：分钟脉冲，周期为 1 min，占空比为 50% 的脉冲串。

SM0.5：秒脉冲，周期为 1 s，占空比为 50% 的脉冲串。

SM0.6：扫描时钟，一个扫描周期为"ON"，下一个扫描周期为"OFF"，交替循环。

SMB1：用于提示潜在错误的 8 个状态位，这些位可由指令在执行时进行置位或复位。

SMB2：自由口通信接收字符缓冲区，在自由口通信方式下，接收到的每个字符都放在这里，便于用户程序存取。

SMB3：用于自由口通信的奇偶校验，当出现奇偶校验错误时，将 SM3.0 置"1"。

SMB4：用于表示中断是否允许和发送口是否空闲。

SMB5：用于表示 I/O 系统发生的错误状态。

SMB8～SMB21：用于 I/O 扩展模板的类型识别及错误状态存储。

SMW22～SMW26：用于提供扫描时间信息，以毫秒计的上次扫描时间，最短扫描时间及最长扫描时间。

SMB28 和 SMB29：分别对应模拟电位器 0 和 1 的当前值，数值范围为 0～255。

SMB30 和 SMB130：分别为自由口 0 和 1 的通信控制寄存器。

SMB34 和 SMB35：用于存储定时中断间隔时间。

SMB36～SMB65：用于监视和控制高速计数器 HSC0，HSC1 和 HSC2 的操作。

SMB66～SMB85：用于监视和控制脉冲输出(PTO)和脉冲宽度调制(PWM)功能。

SMB86～SMB94 和 SMB186～SMB194：用于控制和读出接收信息指令的状态。

SMB98 和 SMB99：用于表示有关扩展模板总线的错误。

SMB131～SMB165：用于监视和控制高速计数器 HSC3、HSC4、HSC5 的操作。

7. 定时器(T)

定时器(Timer，T)是 PLC 程序设计中的重要元件，其作用相当于继电器-接触器控制系统中的时间继电器。S7 - 200 CPU22× 系列 PLC 共有 256 个定时器，编号为 T0～T255。它有三种类型的时间基(定时精度)：1 ms、10 ms、100 ms。定时器的延时时间由指令的预设值和时间基确定，即

$$延时时间 = 定时器预设值 \times 时间基$$

每个定时器有两种操作数，一种是字类型，用于存储定时器的当前值，为 16 位有符号整数；另一种是位类型，称为定时器位，用于反映定时器的延时状态，相当于时间继电器的延时触点。这两种数据类型的字符表达与定时器编号完全相同，在指令执行中具体访问哪种类型取决于指令的形式，字类型操作指令取定时器当前值，位类型操作指令取定时器位的值。

定时器有三种指令格式：通电延时定时器(TON)、断电延时定时器(TOF)和带保持的通电延时定时器(TONR)。TON 和 TOF 指令的动作特性与通电延时时间继电器和断电延时时间继电器相同。

8. 计数器(C)

计数器(Counter，C)也是 PLC 应用中的重要编程元件，主要用于对输入端子或内部元件发送来的脉冲进行计数。S7 - 200 CPU22× 系列 PLC 共有 256 个计数器，编号为 C0～C255。计数器的预设值由程序设定。

每个计数器有两种操作数，一种是字类型，用于存储计数器的当前值；另一种是位类型，称为计数器位，用于反映计数状态。这两种数据类型的字符表示与计数器编号相同，在指令执行中具体访问哪种类型的数据取决于指令的形式，字类型操作指令取计数器的当前值，位类型操作指令取计数器位的值。

计数器指令有加计数(CTU)、减计数(CTD)和加减计数(CTUD)三种形式。

一般计数器的计数频率受扫描周期的影响，频率不能太高。对于高频输入的计数应使用高速计数器。

9. 高速计数器（HSC）

对高频输入信号计数时，可使用高速计数器。高速计数器只有一种数据类型，它是一个有符号的 32 位的双字类型整数，用于存储高速计数器的当前值。S7 - 200 CPU22× 系列 PLC 有 6 个高速计数器，编号为 HSC0～HSC5。

10. 累加器（AC）

累加器是 S7 - 200 PLC 内部使用较为灵活的存储器，可用于向子程序传递参数或从子程序返回参数，也可以用来存放数据、运算结果等。S7 - 200 PLC 共有 4 个 32 位的累加器，编号为 AC0～AC3。累加器可以支持字节类型、字类型和双字类型的指令，数据存取时的长度取决于指令形式。若为字节类型指令，只有低 8 位参与运算；若为字类型指令，只有低 16 位参与运算；若为双字类型指令，则 32 位数据全部参与运算。

11. 状态寄存器（S）

状态寄存器也称为状态元件或顺序控制继电器，是使用步进控制指令编程时的重要元件。S7 - 200 CPU22× 系列 PLC 有 256 个状态寄存器（32 个字节），常以"字节.位"的形式出现，与步进控制指令 LSCR、SCRT、SCRE 结合使用，实现顺序控制功能图的编程。

12. 局部变量寄存器（L）

局部变量寄存器与变量寄存器（V）很相似，主要区别在于变量寄存器是全局有效的，而局部变量寄存器是局部有效的。这里的"全局"指的是同一个寄存器可以被任何一个程序读取，如主程序、子程序、中断程序；而"局部"是指该寄存器只与特定的程序相关。S7 - 200 PLC 给每个程序（主程序、各子程序和各中断程序）都分配有最多 64 个字节的局部变量存储器，可以按位、字节、字和双字访问局部变量寄存器。

局部变量存储器的分配过程是按各程序的需要自动完成的。如扫描周期开始时执行主程序，此时不给任何子程序和中断程序分配局部变量存储器；只有在出现中断或调用子程序时，才给它们分配局部变量存储器。新的局部变量寄存器地址可能会覆盖另一个子程序或中断服务程序的局部寄存器，所以多级或嵌套调用子程序时需谨慎。

表 6 - 5 列出了 S7 - 200 CPU22× 系列 PLC 存储器范围；表 6 - 6 列出了 S7 - 200 CPU22× 系列 PLC 内部元件的数据范围，以供读者编程时参考。

表 6 - 5 S7 - 200 CPU22× 系列 PLC 存储器范围

特性描述	CPU221	CPU222	CPU224	CPU224XP	CPU226
用户程序大小					
带运行模式下编辑	4096 字节	4096 字节	8192 字节	12 288 字节	16 384 字节
不带运行模式下编辑	4096 字节	4096 字节	12 288 字节	16 384 字节	21 576 字节
用户数据大小	2048 字节	2048 字节	8192 字节	10 240 字节	102 40 字节
输入映像寄存器	I0.0～I15.7	I0.0～I15.7	I0.0～I15.7	I0.0～I15.7	I0.0～I15.7
输出映像寄存器	Q0.0～Q15.7	Q0.0～Q15.7	Q0.0～Q15.7	Q0.0～Q15.7	Q0.0～Q15.7
模拟量输入（只读）	AIW0～AIW30	AIW0～AIW30	AIW0～AIW62	AIW0～AIW62	AIW0～AIW62
模拟量输出（只写）	AQW0～AQW30	AQW0～AQW30	AQW0～AQW62	AQW0～AQW62	AQW0～AQW62

特性描述		CPU221	CPU222	CPU224	CPU224XP	CPU226
变量寄存器（V）		VB0～VB2047	VB0～VB2047	VB0～VB8191	VB0～VB10239	VB0～VB10239
局部变量寄存器（L）		LB0～LB63	LB0～LB63	LB0～LB63	LB0～LB63	LB0～LB63
辅助继电器（M）		M0.0～M31.7	M0.0～M31.7	M0.0～M31.7	M0.0～M31.7	M0.0～M31.7
特殊功能寄存器（SM）		SM0.0～SM179.7	SM0.0～SM299.7	SM0.0～SM549.7	SM0.0～SM549.7	SM0.0～SM549.7
只读		SM0.0～SM29.7	SM0.0～SM29.7	SM0.0～SM29.7	SM0.0～SM29.7	SM0.0～SM29.7
定时器		T0～T255	T0～T255	T0～T255	T0～T255	T0～T255
带保持通电延时	1 ms	T0，T64	T0，T64	T0，T64	T0，T64	T0，T64
	10 ms	T1～T4	T1～T4	T1～T4	T1～T4	T1～T4
		T65～T68	T65～T68	T65～T68	T65～T68	T65～T68
	100 ms	T5～T31	T5～T31	T5～T31	T5～T31	T5～T31
		T69～T95	T69～T95	T69～T95	T69～T95	T69～T95
通电/断电延时	1 ms	T32，T96	T32，T96	T32，T96	T32，T96	T32，T96
	10 ms	T33～T36	T33～T36	T33～T36	T33～T36	T33～T36
		T97～T100	T97～T100	T97～T100	T97～T100	T97～T100
	100 ms	T37～T63	T37～T63	T37～T63	T37～T63	T37～T63
		T101～T255	T101～T255	T101～T255	T101～T255	T101～T255
计数器		C0～C255	C0～C255	C0～C255	C0～C255	C0～C255
高速计数器		HC0～HC5	HC0～HC5	HC0～HC5	HC0～HC5	HC0～HC5
状态寄存器（S）		S0.0～S31.7	S0.0～S31.7	S0.0～S31.7	S0.0～S31.7	S0.0～S31.7
累加器		AC0～AC3	AC0～AC3	AC0～AC3	AC0～AC3	AC0～AC3
跳转/标号		0～255	0～255	0～255	0～255	0～255
调用/子程序		0～63	0～63	0～63	0～63	0～127
中断程序		0～127	0～127	0～127	0～127	0～127
正/负跳变		256	256	256	256	256
PID 回路		0～7	0～7	0～7	0～7	0～7
通信端口		端口 0	端口 0	端口 0	端口 0，1	端口 0，1

表 6－6　S7－200 CPU22×系列 PLC 内部元件数据范围

存取方式		CPU221	CPU222	CPU224	CPU224XP	CPU226
位类型	I	0.0～15.7	0.0～15.7	0.0～15.7	0.0～15.7	0.0～15.7
	Q	0.0～15.7	0.0～15.7	0.0～15.7	0.0～15.7	0.0～15.7
	V	0.0～2047.7	0.0～2047.7	0.0～8191.7	0.0～10 239.7	0.0～10 239.7
	M	0.0～31.7	0.0～31.7	0.0～31.7	0.0～31.7	0.0～31.7
	SM	0.0～165.7	0.0～299.7	0.0～549.7	0.0～549.7	0.0～549.7
	S	0.0～31.7	0.0～31.7	0.0～31.7	0.0～31.7	0.0～31.7
	T	0～255	0～255	0～255	0～255	0～255
	C	0～255	0～255	0～255	0～255	0～255
	L	0.0～63.7	0.0～63.7	0.0～63.7	0.0～63.7	0.0～63.7

存取方式		CPU221	CPU222	CPU224	CPU224XP	CPU226
字节类型	IB	0~15	0~15	0~15	0~15	0~15
	QB	0~15	0~15	0~15	0~15	0~15
	VB	0~2047	0~2047	0~8191	0~10 239	0~10 239
	MB	0~31	0~31	0~31	0~31	0~31
	SMB	0~165	0~299	0~549	0~549	0~549
	SB	0~31	0~31	0~31	0~31	0~31
	LB	0~63	0~63	0~63	0~63	0~63
	AC	0~3	0~3	0~3	0~3	0~3
	KB 常数	KB 常数	KB 常数	KB 常数	KB 常数	KB 常数
字类型	IW	0~14	0~14	0~14	0~14	0~14
	QW	0~14	0~14	0~14	0~14	0~14
	VW	0~2046	0~2046	0~8190	0~10 238	0~10 238
	MW	0~30	0~30	0~30	0~30	0~30
	SMW	0~164	0~296	0~548	0~548	0~548
	SW	0~30	0~30	0~30	0~30	0~30
	T	0~255	0~255	0~255	0~255	0~255
	C	0~255	0~255	0~255	0~255	0~255
	LW	0~62	0~62	0~62	0~62	0~62
	AC	0~3	0~3	0~3	0~3	0~3
	AIW	0~30	0~30	0~62	0~62	0~62
	AQW	0~30	0~30	0~62	0~62	0~62
	KW 常数	KW 常数	KW 常数	KW 常数	KW 常数	KW 常数
双字类型	ID	0~12	0~12	0~12	0~12	0~12
	QD	0~12	0~12	0~12	0~12	0~12
	VD	0~2044	0~2044	0~8188	0~10 236	0~10 236
	MD	0~28	0~28	0~28	0~28	0~28
	SMD	0~162	0~294	0~546	0~546	0~546
	SD	0~28	0~28	0~28	0~28	0~28
	LD	0~60	0~60	0~60	0~60	0~60
	AC	0~3	0~3	0~3	0~3	0~3
	HC	0~5	0~5	0~5	0~5	0~5
	KD 常数	KD 常数	KD 常数	KD 常数	KD 常数	KD 常数

6.2.3 S7-200 PLC 的硬件系统配置

S7-200 PLC 对数字量输入/输出是按 8 进制、以字节为单位进行编址的。CPU 进行地址分配时是从 CPU 模块开始，由第 0 号字节开始，地址逐渐增加。如有扩展模块，其地址也按此原则自动分配。不同 CPU 模块允许扩展的最大模块数不同，最多可控制的 I/O 点数也不同。常用的 CPU224/226 模块最大可扩展 7 个模块；最多可控制 256 点数字量 I/O，其中 128 点输入、128 点输出；最多可控制 64 路模拟量，其中 32 路输入、32 路输出。

由于 S7-200 PLC 编址是按模块、以字节为单位的，因此如果某一模块的数字量 I/O 点数不是 8 的整倍数，则余下的空地址将不会再分给其他模块。如 CPU224 模块，14 点输

入/10 点输出，实际占用的输入地址范围为 I0.0～I0.7 和 I1.0～I1.5，输出地址范围为
Q0.0～Q0.7 和 Q1.0～Q1.1。此时 I0.6 和 I0.7 以及 Q1.2～Q1.7 不能再分给其他任何模块，
造成地址浪费。但输出点 Q1.2～Q1.7 在程序中可作为内部辅助寄存器使用。

　　模拟量输入/输出均为字类型数据，每一路通道对应一个字类型地址。S7 - 200 对于模
拟量也是按模块的先后顺序编址的，但每个模块最少占用 2 的倍数个输入或输出通道。如
扩展模块 EM235，虽然只有 1 路模拟量输出，但实际上 CPU 为其预留了 1 路输出，所以它
实际占用了 4 个 AI 输入和 2 个 AQ 输出。

　　【例 6 - 1】　某 PLC 控制系统 CPU 模块采用 CPU224，系统需要的 I/O 点数为：数字量输
入(DI)24 点、数字量输出(DQ)20 点，模拟量输入(AI)6 点、模拟量输出(AO)2 点。系统有
多种配置方法，图 6 - 11 所示为其中的一种，图中注明了各扩展模块的型号及 I/O 点数。

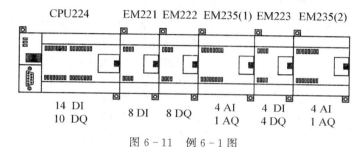

图 6 - 11　例 6 - 1 图

根据扩展图可得各模块的编址范围，如表 6 - 7 所示。

表 6 - 7　例 6 - 1 系统各模块 I/O 点编址范围

模　　块	CPU224	EM221	EM222	EM235(1)	EM223	EM235(2)
输入地址	I0.0～I0.7 I1.0～I1.5	I2.0～I2.7	—	AIW0、AIW2、 AIW4、AIW6	I3.0～I3.3	AIW8、AIW10、 AIW12、AIW14
输出地址	Q0.0～Q0.7 Q1.0～Q1.1	—	Q2.0～Q2.7	AQW0、 (AQW2)	Q3.0～Q3.3	AQW4、 (AQW6)

　　当然，不同的系统配置，其 I/O 地址范围也不同。在设计 PLC 应用系统时，硬件系统
的配置过程是必不可少的。有了硬件配置，在给系统的每个 I/O 点分配了地址之后，软件
编程才有了真正意义。

6.3　S7 - 200 系列 PLC 的基本逻辑指令

　　S7 - 200 的指令系统可分为基本指令和应用指令。其中，大部分指令属于基本指令系
统，主要包括基本逻辑指令、定时器与计数器指令、数学运算与逻辑运算指令、位移指令、
顺序控制指令等；应用指令也称为特殊功能指令，是为满足用户不断提出的一些特殊控制
要求而开发的指令。本节将以梯形图为主，结合语句表形式对 S7 - 200 系列 PLC 的基本
逻辑指令做详细地介绍，并力争引导读者能应用基本逻辑指令设计简单的 PLC 应用程序。

　　基本逻辑指令包括位逻辑指令、输出指令、堆栈指令等，是 PLC 程序设计中最基本的

组成部分。传统的继电器-接触器控制系统均可由基本逻辑指令实现。

6.3.1 位逻辑指令

位逻辑指令也称为触点指令,是 PLC 程序最常用的指令,可实现各种控制逻辑。

1. 位逻辑指令形式与使用说明

位逻辑指令及其使用说明如表 6-8 所示,表中,LAD 为指令的梯形图形式;STL 为指令的语句表形式。

表 6-8 位逻辑指令及其使用说明

LAD	STL	指令说明
—┤ bit ├—	LD bit A bit O bit	1. 标准触点逻辑指令: (1) 逻辑取指令:LD(Load),LDN(Load Not)。 (2) 逻辑与指令:A(And),AN(And Not)。
—┤ bit / ├—	LDN bit AN bit ON bit	(3) 逻辑或指令:O(Or),ON(Or Not)。 2. 立即触点逻辑指令: (1) 逻辑取指令:LDI,LDNI。
—┤ bit I ├—	LDI bit AI bit OI bit	(2) 逻辑与指令:AI,ANI。 (3) 逻辑或指令:O,ON。 立即触点指令执行时,并不使用 PLC 在集中输入阶段的采
—┤ bit /I ├—	LDNI bit ANI bit ONI bit	样值,而是直接对物理输入点进行采样,但并不更新该输入点所对应的映像地址寄存器的值。立即触点指令的操作数只允许使用 I 存储区的地址。
—┤NOT├—	NOT	3. 取反指令:NOT。改变当前能流的状态,即将逻辑堆栈栈顶的值由 1 变为 0 或由 0 变为 1。
—┤ P ├—	EU	4. 边沿微分指令: (1) 上升沿微分:EU。若该指令前的梯级逻辑发生正跳变(由 0 到 1),则能流接通一个扫描周期。
—┤ N ├—	ED	(2) 下降沿微分:ED。若该指令前的梯级逻辑发生负跳变(由 1 到 0),则能流接通一个扫描周期

2. 位逻辑指令与逻辑堆栈

S7-200 系列 PLC 有一个 9 层堆栈,用于控制逻辑操作过程,称为逻辑堆栈。逻辑堆栈的栈顶用于存放当前逻辑运算的结果。

(1) 逻辑"取"指令(LD、LDN、LDI、LDNI)执行逻辑堆栈的压栈操作,并将指定位地址 bit 的当前值存入栈顶。

(2) 逻辑"与"指令(A、AN、AI、ANI)将指定的位地址 bit 的当前值与逻辑堆栈栈顶的值相"与",结果存入逻辑堆栈栈顶,逻辑堆栈的其他值保持不变。

(3) 逻辑"或"指令(O、ON、OI、ONI)将指定的位地址 bit 的当前值与逻辑堆栈栈顶的值相"或",结果存入逻辑堆栈栈顶,逻辑堆栈的其他值保持不变。

(4) 取反指令(NOT)是将逻辑堆栈栈顶的值取反。

(5) 上升沿微分指令(EU)检测到正跳变时,逻辑堆栈栈顶值置 1,否则为 0;下降沿微分指令（ED）检测到负跳变时，逻辑堆栈栈顶值置 1，否则为 0。

位逻辑运算指令执行时逻辑堆栈的操作如图 6－12 所示。

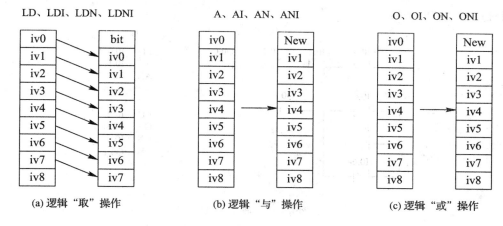

图 6－12　位逻辑运算指令对逻辑堆栈的影响

在图 6－12 中，iv0～iv8 表示逻辑堆栈的原值；逻辑"取"操作中的 bit 为指令操作数的值；逻辑"与"和逻辑"或"指令中的"New"表示指令操作数与原逻辑堆栈栈顶值经逻辑运算后的结果。

6.3.2　输出指令和逻辑块操作指令

1. 输出指令

输出指令也称为线圈指令，可作为逻辑梯级的结束指令。输出指令及其使用说明如表 6－9 所示。

表 6－9　输出指令及其使用说明

LAD	STL	指 令 说 明
bit —( )	＝　bit	1. 输出指令（＝）：将逻辑堆栈栈顶的值写入指令位地址所对应的存储单元。
bit —(I)	＝I　bit	2. 立即输出指令（＝I）：除将栈顶值写入位地址所对应的存储单元外，还将该值直接输出至位地址对应的物理输出点上。立即输出指令的操作数只允许使用 Q 存储区的地址。
bit —(S) N	S　bit，N	3. 置位指令（S）：当该指令前的梯级逻辑为真时，即当前逻辑堆栈栈顶值为"1"时，将从指定位地址 bit 开始的连续 N 个位置位。N 的取值范围为 1～255。
bit —(R) N	R　bit，N	4. 复位指令（R）：当该指令前的梯级逻辑为真时，将从指定位地址 bit 开始的连续 N 个位复位。N 的取值范围为 1～255。
bit —(SI) N	SI　bit，N	5. 立即置位、复位指令（SI，RI）：将从指定位地址 bit 开始的连续 N 个位立即置位或复位。N 的取值范围为 1～128。指令执行时会同时将新值写入相应存储区和物理输出点。立即置位、复位指令的操作数只允许使用 Q 存储区的地址
bit —(RI) N	RI　bit，N	

【**例 6 - 2**】 简单的逻辑控制如图 6 - 13 所示，输出点 Q0.0 为输入 I0.0 常开触点、I0.1 常开触点和 I0.2 常闭触点相"与"的结果；Q0.1 为输入 I0.4 常开触点、I0.5 常开触点和 I0.6 常闭触点相"或"的结果。

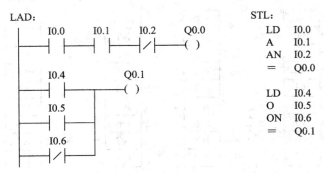

图 6 - 13　例 6 - 2 图

STEP 7 - Micro/WIN 软件编程时是以"Network"为单位的，即一个网络中只能容纳一个梯级。在图 6 - 13 中有 2 个梯级，应分别画在两个不同的"Network"中。为求简单，本书中的梯形图程序及语句表程序均未标明"Network"，所以读者在实际编程时应格外注意。

2. 逻辑块操作指令

多个触点的逻辑组合称为逻辑块；最小的逻辑块为单个触点。逻辑块的操作指令包括"逻辑块的与"指令 ALD(And Load)和"逻辑块的或"指令 OLD(Or Load)。

逻辑堆栈的具体操作过程如图 6 - 14 所示。

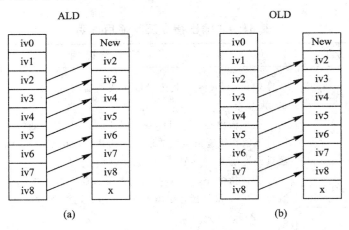

图 6 - 14　逻辑块操作指令对逻辑堆栈的影响

逻辑块操作指令执行时逻辑堆栈的操作如下：

(1) ALD 指令将逻辑堆栈中第一层(栈顶)和第二层的值进行逻辑"与"操作，结果存放于栈顶，如图 6 - 14(a)中的"New"，同时将逻辑堆栈其他层的值向上弹出一位(堆栈的深度减 1)。逻辑堆栈栈底的值"x"为随机数(0 或 1)。

（2）OLD 指令将逻辑堆栈中第一层和第二层的值进行逻辑"或"操作，结果存放于栈顶，同时将其他层的值向上弹出一位。

【例 6 - 3】 逻辑块操作如图 6 - 15 所示。输出 Q0.0 实际上为左、右两个逻辑块相"与"的结果，其中左边是由两个逻辑块相"或"，这两个逻辑块分别为输入点 I0.0 常开触点和 I0.1 常闭触点"与"的结果，以及 I0.2 常开触点和 I0.3 常开触点"与"的结果；右边逻辑块为 I0.4 常开触点和 I0.5 常开触点"与"的结果再与 I0.6 的常闭触点相"或"。

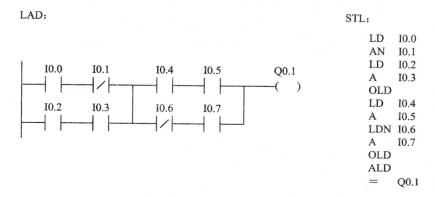

图 6 - 15 例 6 - 3 图

6.3.3 堆栈指令和 RS 触发器指令

1. 堆栈指令与堆栈操作

S7 - 200 系列 PLC 堆栈指令描述如下：

（1）LPS 指令：复制栈顶的值，并将该值压入栈，栈底移出的值丢弃。

（2）LRD 指令：将堆栈第二层的值复制至栈顶。该指令无压入栈或弹出栈的操作。

（3）LPP 指令：执行弹出栈操作，此时堆栈第二层的值成为新的栈顶值。

（4）LDS 指令：执行压入栈操作的同时将原逻辑堆栈第 N 层的值复制至栈顶。N 的取值范围为 0～8。

逻辑堆栈的具体操作过程如图 6 - 16 所示。

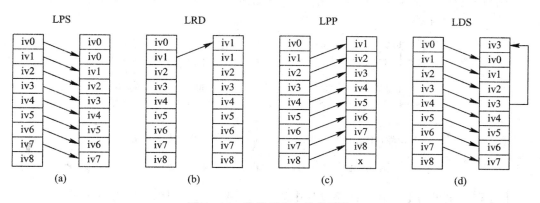

图 6 - 16 堆栈指令与堆栈操作

【例 6 - 4】 堆栈指令操作如图 6 - 17 所示。

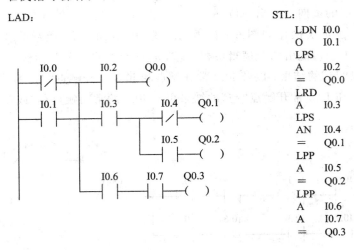

LAD:

STL:
```
LDN  I0.0
O    I0.1
LPS
A    I0.2
=    Q0.0
LRD
A    I0.3
LPS
AN   I0.4
=    Q0.1
LPP
A    I0.5
=    Q0.2
LPP
A    I0.6
A    I0.7
=    Q0.3
```

图 6 - 17　例 6 - 4 图

2. RS 触发器指令

RS 触发器指令形式与其使用说明参见表 6 - 10。

表 6 - 10　RS 触发器指令及其使用说明

LAD	指令说明
bit S1 — OUT SR R	1. 置位优先触发器(SR)：当置位端(S1)和复位端(R)均为"1"时，输出位 bit 为"1"。
bit S — OUT RS R1	2. 复位优先触发器(RS)：当置位端(S)和复位端(R1)均为"1"时，输出位 bit 为"0"。 3. 对 SR 或 RS 触发器，当置位端为"1"、复位端为"0"时，输出位 bit 为"1"；当置位端为"0"、复位端为"1"时，输出位为"0"；当置位端、复位端均为"0"时，输出位保持原状态不变

在程序设计中，RS 触发器也可由置位、复位指令实现，如图 6 - 18 所示。

LAD:

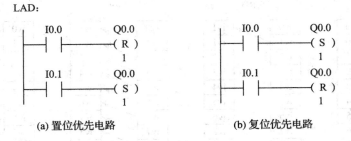

(a) 置位优先电路　　　　　　　　(b) 复位优先电路

图 6 - 18　由置位、复位指令组成触发器电路

上述程序也可与电气控制线路设计中的电动机基本"启、保、停"电路相对应。置位优先相应于开启优先型电路，而复位优先相应于关断优先型电路。

6.3.4　基本逻辑指令程序举例

基本逻辑指令在 PLC 程序中使用的频率最高, 除实现一般的逻辑运算功能外, 还可实现较为复杂的控制。

1. 边沿微分指令举例

【例 6 - 5】　边沿微分指令操作如图 6 - 19 所示。检测到输入 I0.0 有上升沿跳变时, M0.0 为 "1" 一个扫描周期; I0.1 有下降沿跳变时, M0.1 为 "1" 一个扫描周期。

边沿微分指令常用于检测信号状态的变化, 并可将一个 "长" 信号转变为 "短" 信号, 短信号的宽度为 1 个扫描周期。

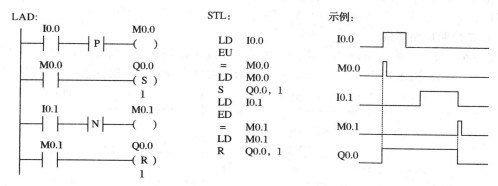

图 6 - 19　例 6 - 5 图

2. 置位、复位指令实现顺序控制举例

【例 6 - 6】　用置位、复位指令实现 3 节拍顺序控制如图 6 - 20 所示。

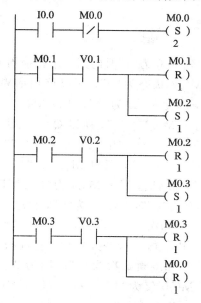

图 6 - 20　例 6 - 6 图

顺序控制是工业现场控制过程中非常普遍的一种控制方法。在电气控制线路设计中已经

介绍了顺序控制的基本思想,以下是用置位、复位指令实现顺序控制的 PLC 程序设计方法。

先将控制过程划分为若干个工序或节拍,指出各节拍间的转换条件(或每个节拍的结束信号);然后用 PLC 的内部位地址表示各个节拍,如辅助继电器 M 或变量寄存器 V,一个位地址表示一个节拍;最后依次使用置位、复位指令实现顺序控制过程。

在图 6-20 中,I0.0 为系统启动条件,M0.1~M0.3 分别表示 3 个节拍,V0.1~V0.3 分别对应 3 个节拍的结束信号(节拍间的转换信号)。M0.0 可理解为控制过程的运行标志,它从第 1 个节拍开始直至控制过程结束始终为"1",用于表示控制过程正在进行。同时,将 M0.0 的常闭触点与系统启动信号串接,可防止系统正常运行时的"二次启动"。

值得注意的是,上述电路仅实现了顺序控制各节拍间的转换,完整的控制电路还应加上实际的输出电路。

3. 二分频电路举例

【例 6-7】 二分频电路如图 6-21 所示。在许多控制场合,需要对控制信号进行分频,其中二分频电路使用较多,而图 6-21 所示为实现二分频的常用方法。

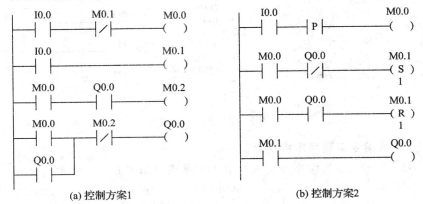

(a) 控制方案1 (b) 控制方案2

图 6-21 例 6-7图

在图 6-21(a)中,当检测到 I0.0 为"1"时的第一个扫描周期,辅助继电器 M0.0 状态为"1",M0.1 的状态也为"1",M0.2 状态为"0",所以该扫描周期结束后,输出点 Q0.0 为"1"。进入下一个扫描周期时,因为 M0.1 为"1",所以 M0.0 为"0"(也就是说,M0.0 为"1"的状态仅能维持一个扫描周期),M0.2 为"0",所以 Q0.0 的状态得以保持。当 I0.0 恢复为"0"时,M0.1 为"0",其他位的状态不变。当 I0.0 再次为"1"时的第一个扫描周期,M0.0、M0.1 状态为"1",此时因为 Q0.0 为"1",所以 M0.2 为"1",当该扫描周期执行结束后,Q0.0 为"0"。随后进入下一个扫描周期,因为 M0.1 为"1",所以 M0.0 为"0",之后 M0.2 也为"0",Q0.0 状态保持。当 I0.0 为"0"时,M0.1 为"0",程序恢复至初始状态。当第三次检测到 I0.0 为"1"时,Q0.0 为 1;第四次 I0.0 为"1"时,Q0.0 为"0"……

在图 6-21(b)中,使用了边沿微分指令及置位、复位指令,并使用了顺序控制的思想。设初始状态时为节拍 0,当 I0.0 奇数次为"1"时则为节拍 1,用辅助继电器 M0.1 表示。当检测到 I0.0 为"1"时,M0.0 仅为"1"(一个扫描周期),所以 M0.1 的状态完全由 Q0.0 的当前状态决定,即 Q0.0 状态为"0"且检测到 I0.0 为"1"时,其状态被置为"1",系统进入节拍 1;而 Q0.0 状态为"1"且检测到 I0.0 为"1"时,其状态被复位为"0",系统恢复至初始状态。

6.4　S7－200 系列 PLC 的定时器指令与计数器指令

6.4.1　定时器指令

定时器指令是 PLC 的重要编程器件，用于模拟在电气控制线路设计中使用的时间继电器。S7－200 系列 PLC 提供了 256 个内部定时器，延时时间及指令功能可按要求设定，使用非常方便。

1. 定时器指令形式

S7－200 系列 PLC 按工作方式有三种定时器指令，如表 6－11 所示。

表 6－11　S7－200 PLC 定时器指令

名　称	LAD	STL
通电延时定时器(TON)	T n ─┤IN　　TON├─ ─┤PT　　???ms├─	TON　　Tn, PT
断电延时定时器(TOF)	T n ─┤IN　　TOF├─ ─┤PT　　???ms├─	TOF　　Tn, PT
带保持的通电延时定时器(TONR)	T n ─┤IN　　TONR├─ ─┤PT　　???ms├─	TONR　　Tn, PT

定时器指令的参数包括定时器编号(Tn)、预设值(PT，字类型)和指令使能输入端(IN)。定时器编号 n 的取值范围为 0～255；预设值 PT 最大值为 32 767。

2. 定时器指令的时间基

S7－200 系列 PLC 的定时器指令有三种时间基：1 ms、10 ms、100 ms。定时器的延时时间由指令的预设值和时间基确定，即延时时间等于指令预设值与时间基的乘积。

定时器各指令类型、时间基及定时器编号对照表如表 6－12 所示。

表 6－12　S7－200 PLC 定时器指令类型、时间基及编号对照表

指令类型	时间基	最大定时范围	定时器编号
TONR	1 ms	32.767 s	T0, T64
	10 ms	327.67 s	T1～T4, T65～T68
	100 ms	3276.7 s	T5～T31, T69～T95
TON、TOF	1 ms	32.767 s	T32, T96
	10 ms	327.67 s	T33～T36, T97～T100
	100 ms	3276.7 s	T37～T63, T101～T255

3. 可使用的操作数数据类型

(1) 位类型：称为定时器位，相当于时间继电器的延时触点。

(2) 字类型：定时器的当前值，是对定时器时间基的累计值，即时间基的倍数。

4. 定时器指令使用说明

(1) 通电延时定时器(TON)。初始时定时器当前值为 0，定时器位状态为"0"。当指令的梯级逻辑为真时(指令使能输入端 IN 为"1")，定时器开始计时；当定时器当前值大于等于预设值时，定时器位被置位，相应的常开触点闭合、常闭触点断开；在达到预设值后，若梯级逻辑一直为真，则定时器计时过程继续，当前值也一直继续累加，直至最大值 32 767。当梯级逻辑为假时定时器自动复位，此时定时器位被复位，当前值清零。用户也可使用复位指令 R 来复位 TON 定时器。

【例 6-8】 TON 指令操作如图 6-22 所示。

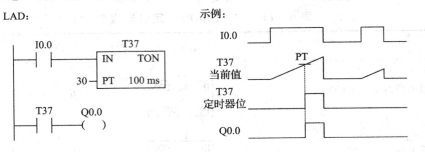

图 6-22 例 6-8 图

(2) 断电延时定时器(TOF)。初始时定时器当前值为 0，定时器位状态为"0"。当指令的梯级逻辑为真时，定时器位被置位，其常开触点闭合、常闭触点断开，同时定时器当前值清零。当指令的梯级逻辑由真变假时，定时器开始计时，其当前值由 0 开始增加。当定时器当前值等于预设值时，定时器位被复位，当前值保持不变直至梯级逻辑再次为真。可使用复位指令 R 来复位 TOF 定时器。

【例 6-9】 TOF 指令操作如图 6-23 所示。

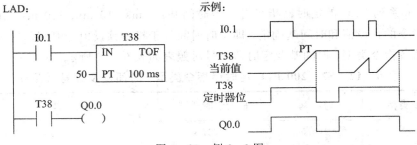

图 6-23 例 6-9 图

(3) 带保持的通电延时定时器(TONR)。初始时定时器当前值为 0，定时器位状态为"0"(带掉电保护的除外)。当指令的梯级逻辑为真时，定时器开始计时，当前值开始累加；当梯级逻辑为假时，当前值保持不变。当定时器当前值大于等于预设值时，定时器位被置位。定时器当前值最大值为 32 767。TONR 只能用复位指令 R 来复位，定时器复位后当前值清零，定时器位被复位。

【例 6 - 10】　TONR 指令操作如图 6 - 24 所示。

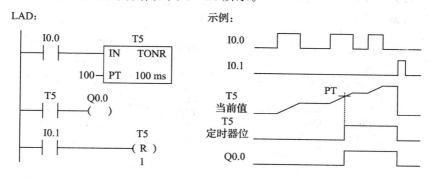

图 6 - 24　例 6 - 10 图

6.4.2　计数器指令

计数器指令是 PLC 另一重要的编程器件,用于累计外部输入脉冲或由软件生成的脉冲个数。计数器指令的计数频率受 PLC 扫描周期的影响,所以脉冲频率不能太高。S7 - 200系列 PLC 提供了 256 个内部计数器,脉冲的计数个数可由程序设定。

1. 指令形式

S7 - 200 系列 PLC 按工作方式有三种计数器指令,如表 6 - 13 所示。

表 6 - 13　S7 - 200 系列 PLC 计数器指令

指令名称	加计数(CTU)	减计数(CTD)	加减计数(CTUD)
LAD	Cn CU　CTU R PV	Cn CD　CTD LD PV	Cn CU　CTUD CD R PV
STL	CTU　Cn, PV	CTD　Cn, PV	CTUD　Cn, PV

计数器指令的参数包括计数器编号(Cn)、预设值(PV,字类型)、计数脉冲输入端(CU 或 CD)、复位端(R 或 LD)。计数器编号 n 的取值范围为 $0\sim255$。在同一应用程序中,不同类型的计数器指令不能共用同一计数器编号,计数器的类型可由程序设定。

计数器设定值 PV 的数据类型为整数 INT 型。

2. 可操作的数据类型

(1) 位类型:称为计数器位,可认为是计数完成位。

(2) 字类型:计数器的当前值,是对计数脉冲个数的累加值。

3. 计数器指令使用说明

(1) 加计数指令(CTU)。对 CU 端计数脉冲的上升沿进行加计数。当计数器的当前值大于等于预设值时,计数器位被置位;当复位端 R 为"1"或执行复位指令时,计数器复位,计数当前值清零,计数器位被复位。计算器最大计数值为 32 767。

【例 6-11】 CTU 指令操作如图 6-25 所示。

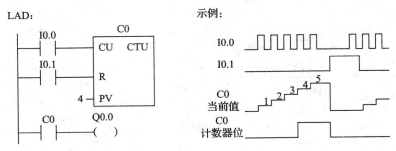

图 6-25 例 6-11 图

(2) 减计数指令(CTD)。对 CD 端计数脉冲上升沿进行减计数。当复位端无效时，若检测到计数脉冲上升沿，则计数器从预设值开始进行减计数，直至减为 0；若当前值为 0 时，计数器位被置位；当装载输入端 LD 为"1"时，计数器位被复位，并将计数器当前值设为预设值 PV。

【例 6-12】 CTD 指令操作如图 6-26 所示。

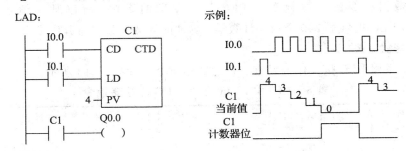

图 6-26 例 6-12 图

(3) CTUD：对加、减计数端(CU、CD)的输入脉冲上升沿计数。当计数器当前值大于等于预设值时，计数器位置位；否则计数器为复位。当复位端 R 为"1"或执行复位指令时，计数器位被复位，当前值清零。

CTUD 的计数范围为 $-32\,768 \sim 32\,767$。当计数器当前值达到 32 767 时，若再来一个加计数脉冲，当前值变为 $-32\,768$。同样，当前值为 $-32\,768$ 时，若再来一个减计数脉冲，则当前值变为 32 767，所以在使用时应格外小心。

思考题与习题 6

6-1 简述 S7-200 系列 PLC 的基本构成。

6-2 S7-200 系列 PLC 在系统扩展时应注意哪些问题？

6-3 简述 S7-200 PLC 扩展模块的具体分类。

6-4 S7-200 系列 PLC 有哪些数据类型？

6-5 S7-200 系列 PLC 内部软元件包括哪些类型？各自的编址范围是什么？适用于哪些场合？

6 - 6　简述 S7 - 200 PLC 的逻辑堆栈在指令执行过程中所具有的作用。

6 - 7　用 S7 - 200 系列 PLC 的梯形图程序实现一台电机的定子串电阻降压启动过程。使用的低压电器及 PLC 的 I/O 地址自行设计,降压启动过程设定为 3 s。

6 - 8　用一个开关控制一盏灯。要求:开关闭合 3 s 后灯亮,开关断开 5 s 后灯灭。

6 - 9　用一个按钮控制一盏灯。要求:按钮按下后灯亮,5 s 后灯自动熄灭。

6 - 10　用 S7 - 200 系列 PLC 的梯形图程序设计一个三分频控制电路。

6 - 11　S7 - 200 系列 PLC 定时器指令的时间基不同时,指令的刷新过程有何不同?

6 - 12　简述 S7 - 200 系列 PLC 定时器指令 TON、TOF 和 TONR 的工作特性。

6 - 13　S7 - 200 系列 PLC 计数器指令在使用时对输入脉冲序列的频率有什么要求?

6 - 14　设计一 S7 - 200 系列 PLC 抢答器,系统有 5 个抢答按钮,对应 5 个指示灯,出题人提出问题后,答题人按动抢答按钮进行抢答,只有最先按下的按钮对应的指示灯亮。在出题人按下复位按钮后,可进行下一题的抢答。试设计梯形图程序,I/O 地址自行分配。

第7章 西门子 S7 – 200 系列 PLC 的步进顺序控制和数据控制功能

西门子 S7 – 200 系列 PLC 对于复杂的控制电路或大型的自动控制系统，同样具有强大的步进顺序控制和数据控制功能。本章将以 S7 – 200 系列 PLC 为例，主要介绍 S7 – 200 系列 PLC 的步进控制指令及顺序控制功能、比较指令、一般功能指令等。

7.1 S7 – 200 系列 PLC 的步进控制指令及顺序控制

S7 – 200 系列 PLC 可使用步进顺序控制指令来实现顺序控制。前面已经讲到，许多生产过程可以分解成若干个工序（或节拍），每个工序又可称为一个步进控制段，由步进顺序控制指令（Sequence Control Relay，SCR）来描述，所以也可称之为顺序控制段，简称顺控段。

7.1.1 步进控制指令

S7 – 200 PLC 中规定只能用状态寄存器 S 来表示顺序控制段，每个段由一个状态寄存器位来表示。步进控制指令包括段的开始、段的结束和段的转移指令等。步进顺序控制指令及其使用说明如表 7 – 1 所示。

表 7 – 1 步进顺序控制指令及其使用说明

LAD	STL	指 令 说 明
Sn.x ⊢[SCR]	LSCR Sn.x	1. LSCR：表示顺序控制段的开始，其操作数 Sn.x 为状态寄存器中的一个位，称为该 SCR 段标志位。当 Sn.x 为"1"时，允许该 SCR 段工作。
Sm.y —(SCRT)	SCRT Sm.v	2. SCRT：顺序控制段转移指令，该指令的梯级逻辑为"1"时，程序转移至由其操作数 Sm.y 表示的 SCR 段，同时自动停止当前 SCR 段的工作。
—(SCRE)	CSCRE	3. CSCRE：顺序控制段条件结束指令。
⊢(SCRE)	SCRE	4. SCRE：顺序控制段无条件结束指令。 5. 每个顺序控制段必须有 LSCR 和 SCRE 指令

LSCR 指令使用时，不能在不同的程序中使用相同的 S 状态位。如主程序中使用了 LSCR S0.1，则该指令不能在其他子程序或中断程序中使用，且在整个程序中也只能出现一次。在每个 SCR 段内可以使用跳转和标号指令，但不允许在 SCR 程序段之间进行跳转。在 SCR 段内也不能使用 END 指令。

SCR 段之间的转移是用 SCRT 指令实现的。设 SCRT 指令所属的 SCR 段标志位为 Sn.x，指令的操作数为 Sm.y，则 SCRT 指令执行时将置位 Sm.y，同时复位 Sn.x。

7.1.2　功能图与顺序控制程序设计

复杂的控制过程直接用步进控制指令编程往往会出现许多问题，正确的方法是先用"功能图"将控制过程描述出来；弄清楚各顺控段的任务以及它们之间的关系；然后使用步进控制指令将其转化为梯形图程序或语句表程序；最后进行补充与完善。

功能图的设计方法：先将控制过程划分为若干个独立的顺控段（节拍），确定每个顺控段的启动条件或转换条件（相当于节拍间的转程信号）；然后将每个顺控段用方框表示，根据工作顺序或动作次序用箭头将各方框连接起来；再为每个顺控段分配状态寄存器位；最后在相邻的方框之间用短横线来表示转换条件，每个顺控段所要执行的控制程序在方框的右侧画出。

下面通过典型的控制流程介绍功能图的绘制以及相应梯形图程序的设计。

1. 单支流程

单支流程是顺序控制程序的最简形式，整个流程的方向是单一的，无分支、选择、跳转和循环等。单支流程的步进控制如图 7-1 所示。

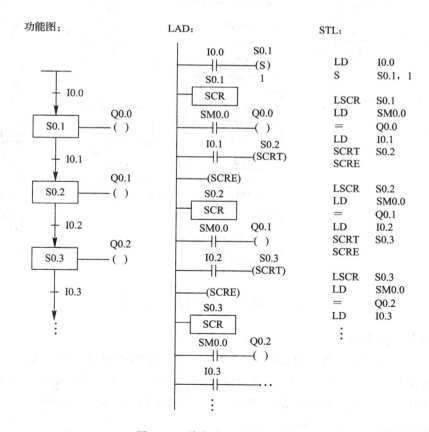

图 7-1　单支流程的步进控制

2. 选择性分支与合流

选择性分支结构的步进控制如图 7-2 所示。选择性分支结构的步进控制难点在于分支点的程序设计。在选择性分支中，任何时刻只允许一条分支工作，进入不同的分支需要不同的条件，且条件不能同时为 1。如图中 S0.1 表示的顺控段中，当 I0.1 为"1"时转移至 S0.2 表示的顺控段，即进入左边分支；当 I0.4 为"1"时转移至 S0.4 表示的顺控段，即进入右边分支。由于选择性分支结构中仅有一条分支工作，因此只要任意一条分支结束，即可实现合流。

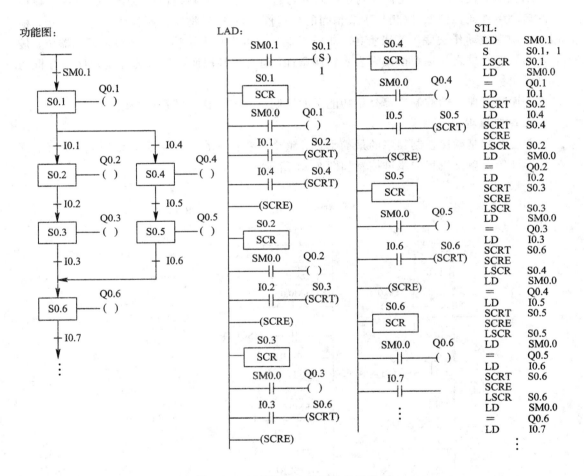

图 7-2 选择性分支结构的步进控制

3. 并行性分支与合流

并行性分支结构的步进控制如图 7-3 所示。在功能图中用双水平线表示并行分支结构，其控制难点在于分支点与合流点的程序设计。在并行性分支中，如果转换条件满足，则同时进入所有的分支。如图中 S0.1 表示的顺控段中，当 I0.1 为"1"时同时转移至 S0.2 和 S0.4 表示的顺控段，即左、右两条分支同时工作。

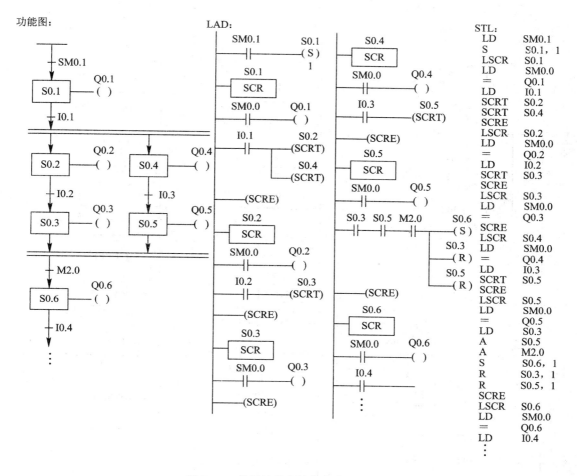

图 7 - 3　并行性分支结构的步进控制

并行性分支结构的合流点设计比较复杂，要求所有的分支都结束后才能实现合流，在图 7 - 3 中，用 M2.0 表示所有分支结束的条件，实际中应为各条并行分支结束条件的"与"。左边分支的最后一个顺控段（S0.3）中无转移指令，但在右边分支的最后一个顺控段（S0.5）中用置位、复位指令实现了程序的转移，在置位 S0.6 的同时将所有并行分支最后一个顺控段复位，如 S0.3 和 S0.5，从而实现了并行性分支的合流。

4. 跳转与循环

跳转与循环结构的步进控制如图 7 - 4 所示。图中，在由 S0.2 表示的顺控段中，若 I0.2 和 I0.3 为"1"，则转移至 S0.1 表示的顺控段，从而组成循环结构；在由 S0.6 表示的顺控段中，当 I1.0 为"1"时，若 I1.1 为"1"则转移至 S0.1 表示的顺控段，若 I1.1 为"0"则转移至 S0.0 表示的顺控段，从而组成两个不同的循环结构；在由 S0.3 表示的顺控段中，当 I0.4 和 I0.5 为"1"，跳过 S0.4 和 S0.5 表示的顺控段，直接转移至 S0.6 表示的顺控段，从而实现跳转。

功能图：   LAD：

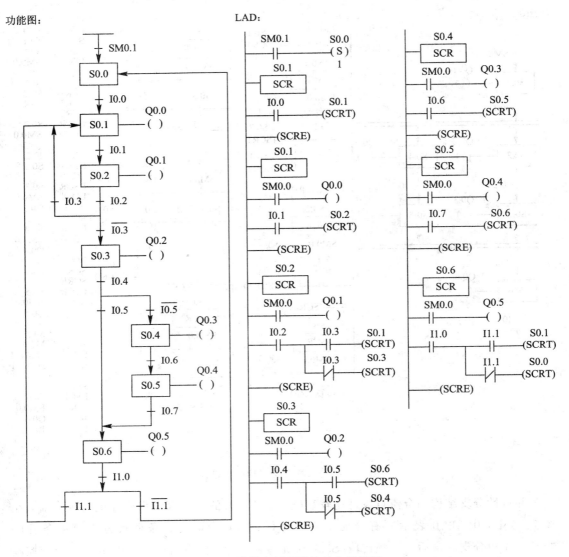

图 7-4　跳转与循环结构的步进控制

　　跳转与循环结构是选择性分支结构的两个特例，其梯形图程序设计与选择性分支相同。

7.1.3　步进控制指令应用举例

　　【例 7-1】　某工地运料小车的控制。图 7-5 所示为建筑工地运料小车工作过程示意图。初始状态下小车位于左端，压触后限位开关。工作时按下启动按钮，小车向右运动（前进），压触前限位开关后小车停止；同时漏斗下方的翻门打开，为小车装料，8 s 后翻门关闭，结束装料过程；小车后退，压触后限位开关后停止，并打开小车的底门，6 s 后关闭底门，结束一次工作过程。要求用 PLC 步进控制指令编写控制程序。

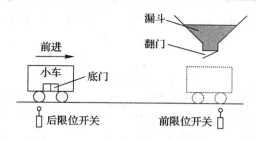

图 7 - 5　例 7 - 1 图

解　运料小车的工作方式如下：

(1) 手动控制。可实现对小车前进、后退以及翻门和底门的手动控制。

(2) 单次自动控制。初始状态下，每按下一次启动按钮，自动完成一次上述的运料过程。

(3) 自动循环控制。按下启动按钮后周而复始地执行上述运料过程。

运料小车控制过程输入/输出地址分配如表 7 - 2 所示。

表 7 - 2　运料小车控制过程输入/输出地址分配表

名　　称	类型	地址	名　　称	类型	地址
启动按钮	输入	I0.0	手动控制方式	输入	I0.3
前限位开关	输入	I0.1	单次自动方式	输入	I0.4
后限位开关	输入	I0.2	自动循环方式	输入	I0.5
小车前进手动按钮	输入	I0.6	小车前进	输出	Q0.0
小车后退手动按钮	输入	I0.7	小车后退	输出	Q0.1
翻门打开手动按钮	输入	I1.0	打开翻门	输出	Q0.2
底门打开手动按钮	输入	I1.1	打开底门	输出	Q0.3

可以采用如图 7 - 6 所示的主程序结构，该结构采用跳转与标号指令，当处于手动控制方式时，I0.3 为"1"，I0.4 和 I0.5 为"0"，CPU 在每个扫描周期执行完手动控制程序后直接跳转至程序结尾。当处于自动控制方式时，I0.3 为"0"，I0.4 或 I0.5 为"1"，CPU 在每个扫描周期将跳过手动控制程序而仅执行自动控制程序。

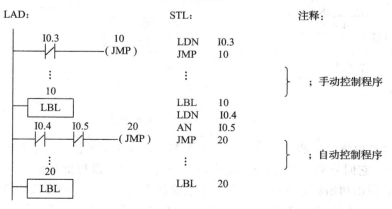

图 7 - 6　运料小车工作过程主程序结构

也可采用子程序的方式设计程序,如图 7 - 7 所示,其中 SBR_0 为手动控制程序,SBR_1 为自动控制程序。

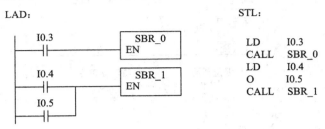

图 7 - 7 采用子程序的主程序结构

现以自动运行方式为例,采用步进控制指令设计的控制程序如图 7 - 8 所示。

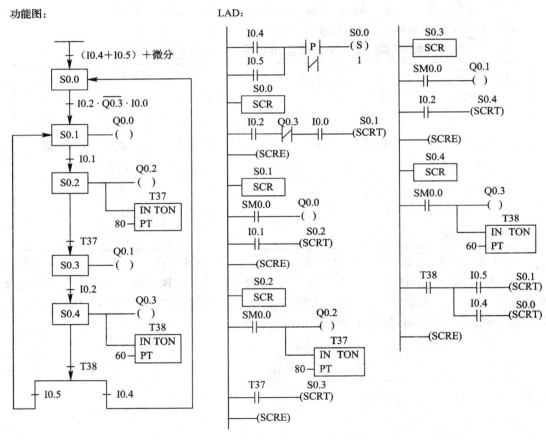

图 7 - 8 运料小车自动运行控制程序

根据题意可以将小车的工作过程分为四个节拍,即四个顺控段:小车前进、装料、小车后退、卸料,它们分别由 S0.1、S0.2、S0.3 和 S0.4 表示。设初始状态由 S0.0 表示,小车自动运行时必须由初始状态开始。S0.0 应在系统从手动方式向自动方式切换时置位。

注意:控制程序中还应考虑手动控制和自动控制方式的相互切换。如自动控制方式下小车未完成一次循环就将工作方式改为手动控制方式,或手动控制方式下小车未回到初始位置就将系统工作方式改为自动运行等。最简单的处理方法是小车只有处于初始位置时才能进行工作方式的切换。当然，现场调试时可能还会有其他要求，程序设计时都应该认真考虑。

7.2　S7 - 200 系列 PLC 的比较指令

S7 - 200 PLC 的比较指令是以触点的形式出现的，它是将两个类型相同的操作数按照指定的条件进行比较，若条件成立则触点闭合，否则触点断开。

7.2.1　比较指令的指令形式

比较指令的梯形图形式及相应的语句表形式如表 7 - 3 所示。

表 7 - 3　比较指令的指令形式

逻辑操作	LAD	STL
逻辑"取"	IN1 ─┤×　×□├─ IN2	LD□×× 　IN1，IN2
逻辑"与"	bit　IN1 ─┤├─┤×　×□├─ IN2	A□×× 　　IN1，IN2
逻辑"或"	bit ─┤├─ IN1 ─┤×　×□├─ IN2	O□×× 　　IN1，IN2

在表 7 - 3 中，比较指令中的符号"××"表示两操作数 IN1 和 IN2 进行比较的条件，S7 - 200 允许的比较条件如表 7 - 4 所示；比较指令中的符号"□"表示两操作数的数据类型，可用的数据类型如表 7 - 5 所示。

表 7 - 4　S7 - 200 允许的比较条件

符号 ××	比较条件描述	符号 ××	比较条件描述
＝＝	等于	＜＝	小于等于
＜＞	不等于	＞	大于
＞＝	大于等于	＜	小于

表 7 - 5　比较指令的数据类型

符号 □	数据类型描述	符号 □	数据类型描述
B	字节	D	双字
I	字	R	实数

7.2.2 比较指令程序设计举例

【例 7-2】 用比较指令设计脉冲输出电路,如图 7-9 所示。

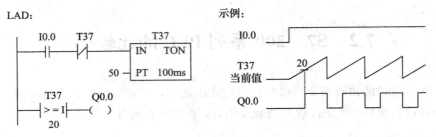

图 7-9 例 7-2 图

在图 7-9 中,当 I0.0 为"1"时,定时器 T37 及其常闭触点组成自振荡电路,周期为 5 s。当 T37 当前值大于等于 20 时,则 Q0.0 输出为"1",否则为"0"。改变定时器预设值及比较指令参数值,即可得到不同周期、不同占空比的脉冲输出。

【例 7-3】 用比较指令完成用按钮往复控制一盏灯的要求,如图 7-10 所示。

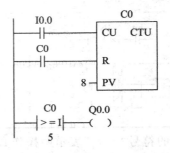

图 7-10 例 7-3 图

在图 7-10 中,仅用了一个计数器 C0,其预设值为 8,复位端接 C0 的计数器位,可使 C0 当前值到达预设值时自动复位。当第五次按下按钮时,C0 的当前值为 5 时,满足比较条件,Q0.0 为"1";当第八次按下按钮时,计数器复位,C0 当前值清零,比较条件不满足,Q0.0 为"0"。

7.3 S7-200 系列 PLC 的一般功能指令

S7-200 系列 PLC 的一般功能指令主要包括数据处理指令、数据运算类指令、逻辑运算类指令和移位指令等。

7.3.1 数据处理指令

数据处理指令包括数据传送类指令、数制转换类指令、编码与解码指令等。

1. 数据传送类指令

数据传送类指令用于在 PLC 各内部元件(地址)之间进行数据传送。根据每次传送数据数量的多少,它可分为单数据传送指令和数据块传送指令等。

(1) 单数据传送指令。单数据传送指令使用较多,按操作数的类型可分为字节传送、字传送、双字传送和实数传送等。单数据传送指令的形式及其使用说明如表 7-6 所示。

表 7-6　单数据传送指令及其使用说明

LAD	STL	指令说明
MOV_B EN　ENO IN　OUT	MOVB　IN, OUT	1. 当指令的允许输入端(EN)有效时,将输入操作数 IN 的值传送至目的操作数 OUT 中。 EN 端也称为指令的使能端(Enable)。
MOV_W EN　ENO IN　OUT	MOVW　IN, OUT	2. 指令操作数的类型包括:B(字节)、W(字)、DW(双字)、R(实数)。 3. 双字传送指令(MOV_DW)可用于定义指针。
MOV_DW EN　ENO IN　OUT	MOVD　IN, OUT	4. 字节立即传送(读和写)指令允许在物理 I/O 和存储器之间立即传送一个字节的数据。 字节立即读指令(BIR)读取物理输入(IN),并将结果存入内存地址(OUT),但并不刷新输入地址映像区内相应寄存器的值。
MOV_R EN　ENO IN　OUT	MOVR　IN, OUT	字节立即写指令(BIW)从内存地址(IN)中读取数据,写入物理输出(OUT),同时刷新输出地址映像区内相应寄存器的值
MOV_BIR EN　ENO IN　OUT	BIR　IN, OUT	
MOV_BIW EN　ENO IN　OUT	BIW　IN, OUT	

(2) 数据块传送指令。数据块传送指令可以一次传送多个数据。按组成数据块的数据类型,它可分为字节类型数据块、字类型数据块和双字类型数据块。数据块传送指令的形式及其使用说明如表 7-7 所示。

表 7 − 7 数据块传送指令及其使用说明

LAD	STL	指 令 说 明
BLKMOV_B EN ENO IN OUT N	BMB IN, OUT, N	1. 当指令的使能端 EN 有效时，将以输入操作数 IN 为首址的连续的 N 个数据传送至以操作数 OUT 为首址的新的数据区中。
BLKMOV_W EN ENO IN OUT N	BMW IN, OUT, N	2. 指令操作数的类型包括：B(字节)、W(字)、D(双字)。 3. N 取值范围为：1～255。即：每次传送的数据长度为 N 个字节、字或者双字
BLKMOV_D EN ENO IN OUT N	BMD IN, OUT, N	

(3) 字节交换指令。字节交换指令 SWAP 用于将字类型数据的高位与低位字节互换，所以也称为半字交换指令。字节指令形式及使用说明如表 7 − 8 所示。

表 7 − 8 字节交换指令及其使用说明

LAD	STL	指 令 说 明
SWAP EN ENO IN	SWAP IN	1. 交换输入操作数 IN 的高位字节和低位字节。 2. 操作数的类型为字类型

【例 7 − 4】 传送类指令与字节交换指令示例如图 7 − 11 所示。

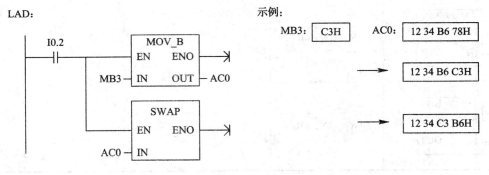

图 7 − 11 例 7 − 4 图

当 I0.2 为"1"时，依次执行字节传送指令和交换指令。传送指令将 MB3 的值传送至 AC0 的低 8 位；字节交换指令将 AC0 低 16 位中的高 8 位和低 8 位的值互换。

(4) 数据填充指令。数据填充指令 FULL 用于将字类型输入数据 IN 填充到以 OUT 为首址的连续的 N 个存储单元中。数据填充指令的形式及使用说明如表 7 − 9 所示。

表 7 - 9　数据填充指令及其使用说明

LAD	STL	指令说明
FULL EN　ENO IN　OUT N	FULL　IN, OUT, N	1. 将输入数据 IN 的值填充到以 OUT 为首址的连续的 N 个存储单元中。 2. 操作数的类型均为字类型。 3. N 为字节类型，取值范围为：1～255

2. 数据转换类指令

（1）数字转换指令。数字转换指令是指将一个数据按字节、字、双字和实数等类型进行转换。数字转换指令的形式及其使用说明如表 7 - 10 所示。

表 7 - 10　数字转换指令及其使用说明

LAD	STL	指令说明
BTI EN　ENO IN　OUT	BTI　IN, OUT	1. 当指令的使能端 EN 有效时，将输入操作数 IN 转换为指定的数据格式存入目的操作数 OUT 中。 2. BTI 指令：将字节类型数据转为整数类型。字节是无符号的，所以无符号扩展。 3. ITB 指令：将一个字类型数据转换为一个字节数据。只有 0～255 之间的值可被转换，其他值转换时将产生溢出(溢出标志 SM1.1 置 1)。发生溢出时，操作数 OUT 的值保持不变。 4. ITD 指令：将字类型整数转换为双字类型整数。字类型整数是有符号的，所以应将符号位扩展至高位字中。 字类型数据范围：－32 768～32 767。 5. DTI 指令：双字类型整数转换为字类型整数。同样数据大小超出字类型可表示的范围时将产生溢出。 6. DTR 指令：将双字类型整数转换为 32 位实数。双字类型整数是有符号的
ITB EN　ENO IN　OUT	ITB　IN, OUT	
ITD EN　ENO IN　OUT	ITD　IN, OUT	
DTI EN　ENO IN　OUT	DTI　IN, OUT	
DTR EN　ENO IN　OUT	DTR　IN, OUT	

　　数据进行数字转换时应注意，如果想将一个字类型的整数转换为实数类型，必须先将字类型整数转换为双字类型整数，再转换为实数。进行数制转换时可能会影响溢出标志位 SM1.1，所以用户编制应用程序时应对 SM1.1 进行检验，以免发生错误。

　　（2）BCD 码数据转换指令。BCD 码转换指令是针对字类型的整数和 BCD 数进行操作的，指令形式及使用说明如表 7 - 11 所示。

表 7-11 BCD 码转换指令及使用说明

LAD	STL	指 令 说 明
BCD_I — EN ENO — — IN OUT —	BCDI OUT	1. BCDI 指令：将 BCD 码类型的输入数据转换为字类型整数存放于 OUT 中。输入数据范围为 0~9999 的 BCD 数。
I_BCD — EN ENO — — IN OUT —	IBCD OUT	2. IBCD 指令：将字类型整数转为 BCD 码数据存放于 OUT 中。输入整数的有效范围为 0~9999。 3. 若数据范围超过 BCD 码可表示范围，则置位特殊标志位 SM1.6

（3）取整指令。取整指令用于将实数型数据转换成双字类型的整数，其指令形式及使用说明如表 7-12 所示。

表 7-12 取整指令及其使用说明

LAD	STL	指 令 说 明
ROUND — EN ENO — — IN OUT —	ROUND IN, OUT	1. ROUND 指令：按四舍五入的原则将输入的实数值转换为双字类型整数存放于 OUT 中。
TRUNC — EN ENO — — IN OUT —	TRUNC IN, OUT	2. TRUNC 指令：按截取的原则将输入的实数值转换为双字类型的整数存放于 OUT 中。截取时小数部分舍去。 3. 如果实数超过双整数所能表示的范围，则产生溢出，并置位溢出标志位 SM1.1

3. 编码与解码指令

S7-200 PLC 指令系统中的编码和解码指令如表 7-13 所示。

表 7-13 编码与解码指令及其使用说明

LAD	STL	指 令 说 明
ENCO — EN ENO — — IN OUT —	ENCO IN, OUT	1. ENCO 指令：将输入字 IN 的状态为"1"的最低位号写入输出字节 OUT 的低 4 位中。也称为编码指令。
DECO — EN ENO — — IN OUT —	DECO IN, OUT	2. DECO 指令：按照输入字节 IN 的低 4 位所表示的位号置位输出字 OUT 中相应的位，其余位为 0。也称为解码指令。 3. SEG 指令：将输入字符（字节类型）的低 4 位转换为七段码（共阴极）存放于 OUT 中
SEG — EN ENO — — IN OUT —	SEG IN, OUT	

【例 7 - 5】　编码、解码指令程序示例如图 7 - 12 所示。

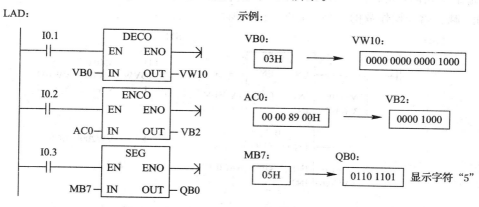

图 7 - 12　例 7 - 5 图

7.3.2　数据运算类指令

S7 - 200 系列 PLC 数据运算类指令包括数学运算指令和逻辑运算指令。其中，数学运算指令包括四则运算指令及一些常用的数学函数，数据类型通常为整型 INT、双整型 DINT 和实数类型 REAL；逻辑运算指令包括字节、字和双字的逻辑"与"、逻辑"或"、逻辑"非"及逻辑"异或"等运算。

1. 四则运算指令

四则运算指令包括加法、减法、乘法和除法运算指令，运算结果将影响某些特殊功能寄存器（特殊标志位）的值，如零标志 SM1.0、溢出标志 SM1.1、负标志位 SM1.2、除数为零标志 SM1.3 等。按操作数类型的不同，四则运算指令主要包括以下几类：

（1）整数加、减法运算指令。整数加、减法运算是对两个有符号数进行操作的，其指令形式及使用说明如表 7 - 14 所示。

表 7 - 14　整数加、减法指令及其使用说明

LAD	STL	指令说明
ADD_I EN　ENO IN1　OUT IN2	+I　IN, OUT	1. 操作数均为 16 位有符号整数。 2. LAD:　IN1 + IN2 → OUT 　　　　　IN1 − IN2 → OUT 　　STL:　OUT + IN → OUT 　　　　　OUT − IN → OUT 3. 运算结果影响特殊标志位： 　　SM1.0、SM1.1、SM1.2
SUB_I EN　ENO IN1　OUT IN2	−I　IN, OUT	

值得注意的是，LAD 指令中有两个输入参数和一个输出参数，而语句表指令中只有两个参数，所以两种指令中参数的个数和意义是不同的。在梯形图指令中，如果参数 IN1 和

OUT 地址不相同，则转换成语句表指令时应附加一条传送指令，传送指令的数据类型取决于加、减法指令操作数的类型，如图 7-13 所示。

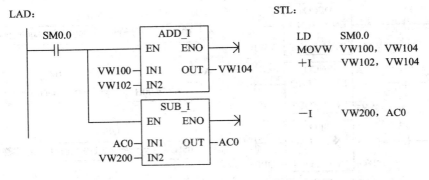

图 7-13　整数加、减法运算指令操作示意图

（2）双整数加、减法运算指令。双整数加、减法运算是对两个 32 位有符号数进行操作的，其指令形式及使用说明如表 7-15 所示。

表 7-15　双整数加、减法指令及其使用说明

LAD	STL	指令说明
ADD_DI EN　ENO IN1　OUT IN2	+D　IN, OUT	1. 操作数均为 32 位有符号整数。 2. LAD:　IN1 + IN2 → OUT 　　　　　IN1 − IN2 → OUT 　STL:　OUT + IN → OUT 　　　　　OUT − IN → OUT
SUB_DI EN　ENO IN1　OUT IN2	−D　IN, OUT	3. 运算结果影响特殊标志位: 　SM1.0、SM1.1、SM1.2

（3）实数加、减法运算指令。实数加、减法运算的指令与整数和双整数的加、减法运算类似，其指令形式及使用说明如表 7-16 所示。

表 7-16　实数加、减法指令及其使用说明

LAD	STL	指令说明
ADD_R EN　ENO IN1　OUT IN2	+R　IN, OUT	1. 操作数均为 32 位实数。 2. LAD:　IN1 + IN2 → OUT 　　　　　IN1 − IN2 → OUT 　STL:　OUT + IN → OUT 　　　　　OUT − IN → OUT
SUB_R EN　ENO IN1　OUT IN2	−R　IN, OUT	3. 运算结果影响特殊标志位: 　SM1.0、SM1.1、SM1.2

（4）整数乘、除法运算指令。整数乘、除法运算指令是对两个有符号数进行操作的，其指令形式及使用说明如表 7 - 17 所示。

表 7 - 17　整数乘、除法指令及其使用说明

LAD	STL	指 令 说 明
MUL_I EN　ENO IN1　OUT IN2	* I　IN, OUT	1. 整数乘法指令将两个 16 位整数相乘，结果送入 16 位的 OUT 地址中。 　2. 整数除法指令将两个 16 位整数相除，结果（商）送入 16 位的 OUT 中，余数不保留。 　3. LAD：　IN1 * IN2 → OUT 　　　　　　　IN1/ IN2 → OUT 　STL：　OUT * IN → OUT 　　　　　OUT/ IN → OUT
DIV_I EN　ENO IN1　OUT IN2	/I　IN, OUT	4. 运算结果影响特殊标志位： 　SM1.0、SM1.1、SM1.2、SM1.3

与整数加、减法指令相似，梯形图指令和语句表指令中参数的个数及意义均不同，两种指令进行转换时应格外注意。

（5）双整数乘、除法运算指令。双整数乘、除法运算指令是对两个 32 位有符号数进行操作的，其指令形式及使用说明如表 7 - 18 所示。

表 7 - 18　双整数乘、除法指令及其使用说明

LAD	STL	指 令 说 明
MUL_DI EN　ENO IN1　OUT IN2	* D　IN, OUT	1. 双整数乘法指令将两个 32 位整数相乘，结果送入 32 位的 OUT 地址中。 　2. 双整数除法指令将两个 32 位整数相除，结果（商）送入 32 位的 OUT 中，余数不保留。 　3. LAD：　IN1 * IN2 → OUT 　　　　　　　IN1/ IN2 → OUT 　STL：　OUT * IN → OUT 　　　　　OUT/ IN → OUT
DIV_DI EN　ENO IN1　OUT IN2	/D　IN, OUT	4. 运算结果影响特殊标志位： 　SM1.0、SM1.1、SM1.2、SM1.3（除数为 0）

(6) 实数乘、除法运算指令。实数乘、除法运算的指令形式及使用说明如表 7 - 19 所示。

表 7 - 19　实数乘、除法指令及其使用说明

LAD	STL	指令说明
MUL_R EN ENO IN1 OUT IN2	* R　IN, OUT	1. 实数乘法指令将两个 32 位实数相乘, 结果送入 32 位的 OUT 中。 2. 实数除法指令将两个 32 位实数相除, 结果送入 32 位的 OUT 中。 3. LAD:　IN1 * IN2 → OUT 　　　　　IN1/ IN2 → OUT 　　STL:　OUT * IN → OUT 　　　　　OUT/ IN → OUT
DIV_R EN ENO IN1 OUT IN2	/ R　IN, OUT	4. 运算结果影响特殊标志位: 　　SM1.0、SM1.1、SM1.2、SM1.3 (除数为 0)

【例 7 - 6】　乘、除法运算指令示例如图 7 - 14 所示。

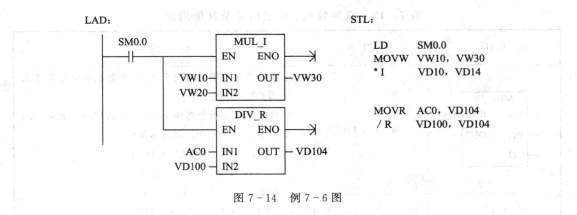

图 7 - 14　例 7 - 6 图

(7) 结果为 32 位的整数乘法和带余数的整数除法运算指令。结果为 32 位的整数乘法指令 MUL 是将两个 16 位的有符号整数相乘, 结果送入 32 位的 OUT 中; 带余数的整数除法运算指令 DIV 将两个 16 位有符号整数相除, 结果送入 32 位的 OUT 中, 其中, 商存入低 16 位, 余数存入高 16 位。MUL、DIV 指令形式及使用说明如表 7 - 20 所示。

表 7－20 MUL、DIV 指令及其使用说明

LAD	STL	指令说明

MUL
EN ENO
IN1 OUT
IN2
	MUL IN, OUT	1. LAD 指令中，参数 IN1 和 IN2 为 16 位有符号整数，参数 OUT 为 32 位。
		2. STL 指令中，参数 IN1 为 16 位，参数 IN2 为 32 位。
		3. LAD: IN1 * IN2 → OUT
		  IN1/ IN2 → OUT
		  STL: OUT低16位 * IN → OUT
		  OUT低16位 / IN → OUT

DIV EN ENO IN1 OUT IN2	DIV IN, OUT	对于 STL 指令，整数乘法运算 MUL 中 OUT 的低 16 位作为其中的一个乘子，而整数除法运算 DIV 中 OUT 的低 16 位作为被除数。 4. 运算结果影响特殊标志位： SM1.0、SM1.2、SM1.3(除数为 0)

【例 7－7】 MUL、DIV 指令示例如图 7－15 所示。

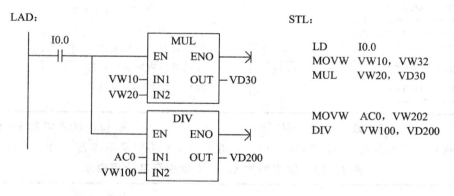

图 7－15 例 7－7 图

注意： 在 STL 程序中，实际参与乘、除法运算的是 32 位操作数 OUT 中的低 16 位，所以 MUL 指令中附加的字传送指令应将 VW100 传送至 VD30 的低 16 位 VW32，DIV 指令中附加的字传送指令应将 AC0 的低 16 位传送至 VD200 的低 16 位 VW202。

2. 加 1、减 1 指令

加 1、减 1 指令又称为参数增减指令。数据类型可以为字节、字和双字。

（1）字节的加 1、减 1 指令。字节的加 1、减 1 指令是对 8 位的输入参数 IN 执行加 1 或减 1 操作，结果存入 8 位的 OUT 中，其指令形式及使用说明如表 7－21 所示。

表 7 - 21 字节的加 1、减 1 指令及其使用说明

LAD	STL	指 令 说 明
INC_B EN ENO IN OUT	INCB OUT	1. LAD: IN + 1 → OUT IN − 1 → OUT STL: OUT + 1 → OUT OUT − 1 → OUT
DEC_B EN ENO IN OUT	DECB OUT	2. INCB 和 DECB 操作是无符号的。 3. 运算结果影响特殊标志位: SM1.0、SM1.1

STL 指令中只有一个参数,若梯形图指令中参数 IN 和 OUT 不一致,应附加一条传送指令。

(2)字的加 1、减 1 指令。字的加 1、减 1 指令是对 16 位的输入参数 IN 执行加 1 或减 1 操作,结果存入 16 位的 OUT 中,其指令形式及使用说明如表 7 - 22 所示。

表 7 - 22 字的加 1、减 1 指令及其使用说明

LAD	STL	指 令 说 明
INC_W EN ENO IN OUT	INCW OUT	1. LAD: IN + 1 → OUT IN − 1 → OUT STL: OUT + 1 → OUT OUT − 1 → OUT
DEC_W EN ENO IN OUT	DECW OUT	2. INCW 和 DECW 操作是有符号的。 3. 运算结果影响特殊标志位: SM1.0、SM1.1、SM1.2

(3)双字的加 1、减 1 指令。双字的加 1、减 1 指令是对 32 位的输入参数 IN 执行加 1 或减 1 操作,结果存入 32 位的 OUT 中,其指令形式及使用说明如表 7 - 23 所示。

表 7 - 23 双字的加 1、减 1 指令及其使用说明

LAD	STL	指 令 说 明
INC_DW EN ENO IN OUT	INCD OUT	1. LAD: IN + 1 → OUT IN − 1 → OUT STL: OUT + 1 → OUT OUT − 1 → OUT
DEC_DW EN ENO IN OUT	DECD OUT	2. INCD 和 DECD 操作是有符号的。 3. 运算结果影响特殊标志位: SM1.0、SM1.1、SM1.2

【例 7 - 8】 加 1、减 1 指令示例如图 7 - 16 所示。

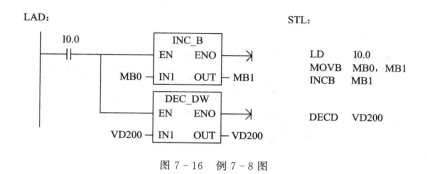

图 7 - 16　例 7 - 8 图

3. 数学函数指令

S7 - 200 系列 PLC 中的数学函数指令主要包括平方根函数 SQRT、自然对数指令 LN、指数函数 EXP、正弦函数 SIN、余弦函数 COS 和正切函数 TAN 等指令。数学函数指令形式及使用说明如表 7 - 24 所示。

表 7 - 24　数学函数指令及其使用说明

LAD	STL	指 令 说 明
SQRT EN ENO IN OUT	SQRT　IN, OUT	1. 数学运算符"OP"包括：SQRT、LN、EXP、SIN、COS、TAN, 指令的功能如下：$$OP(IN) \rightarrow OUT$$
LN EN ENO IN OUT	LN　　IN, OUT	2. IN 和 OUT 均为实数类型。
EXP EN ENO IN OUT	EXP　IN, OUT	3. 运算结果影响特殊标志位：SM1.0、SM1.1、SM1.2
SIN EN ENO IN OUT	SIN　IN, OUT	4. 三角函数运算中输入参数为弧度值，所以要将角度值换算为弧度值，在运算前应使用 MUL_R 指令，将角度值乘以 1.745329E−2(或 π/180)
COS EN ENO IN OUT	COS　IN, OUT	
TAN EN ENO IN OUT	TAN　IN, OUT	

注意：由于数学函数指令的操作数为实数类型，因此对整数或双整数进行操作时应先进行数据格式的转换。

【**例 7 - 9**】 数学函数指令示例如图 7 - 17 所示。

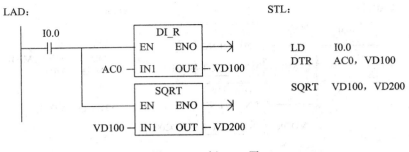

图 7 - 17 例 7 - 9 图

设 AC0 中存放的是双整型数据，先将整型数据转换为实数，然后对实数进行平方根运算。如果直接对 AC0 求平方根，CPU 会将双整型格式数据直接按照实数格式进行运算，会导致运算结果出错。

另外，S7 - 200 PLC 指令系统中并没有提供幂函数指令，但可以通过对数函数和指数函数来构造幂函数，如 $z = x^y = \exp(\ln(x^y)) = \exp(y \cdot \ln x)$。同样余切函数和反三角函数也可通过现有的三角函数进行构造。

7.3.3 逻辑运算类指令

逻辑运算类指令是对无符号的字节、字或双字类型数据进行逻辑操作，如逻辑"与"、逻辑"或"、逻辑"异或"及"取反"操作等指令。

1. 逻辑"与"指令

逻辑"与"指令形式及使用说明如表 7 - 25 所示。

表 7 - 25　逻辑"与"指令及其使用说明

LAD	STL	指 令 说 明
WAND_B EN　ENO IN1　OUT IN2	ANDB　IN1, OUT	1. 将两个输入操作数按位进行逻辑"与"操作，结果存于 OUT 中。 2. LAD:　　IN1 and IN2 → OUT 　　STL:　　IN1 and OUT → OUT 3. 指令的操作数类型有: 　　　　B(字节)、W(字)、DW(双字) 4. 运算结果影响特殊标志位 SM1.0
WAND_W EN　ENO IN1　OUT IN2	ANDW　IN1, OUT	
WAND_DW EN　ENO IN1　OUT IN2	ANDD　IN1, OUT	

2. 逻辑"或"指令

逻辑"或"指令形式及使用说明如表 7 - 26 所示。

表 7 - 26　逻辑"或"指令及其使用说明

LAD	STL	指　令　说　明
WOR_B EN　ENO IN1　OUT IN2	ORB　IN1, OUT	1. 将两个输入操作数按位进行逻辑"或"操作,结果存于 OUT 中。 2. LAD:　IN1 or IN2 → OUT 　　STL:　IN1 or OUT → OUT 3. 指令的操作类型有: 　　　B(字节)、W(字)、DW(双字) 4. 运算结果影响特殊标志位 SM1.0
WOR_W EN　ENO IN1　OUT IN2	ORW　IN1, OUT	
WOR_DW EN　ENO IN1　OUT IN2	ORD　IN1, OUT	

3. 逻辑"异或"指令

逻辑"异或"指令形式及使用说明如表 7 - 27 所示。

表 7 - 27　逻辑"异或"指令及其使用说明

LAD	STL	指　令　说　明
WXOR_B EN　ENO IN1　OUT IN2	XORB　IN1, OUT	1. 将两个输入操作数按位进行逻辑"异或"操作,结果存于 OUT 中。 2. LAD:　IN1 xor IN2 → OUT 　　STL:　IN1 xor OUT → OUT 3. 指令的操作类型有: 　　　B(字节)、W(字)、DW(双字) 4. 运算结果影响特殊标志位 SM1.0
WXOR_W EN　ENO IN1　OUT IN2	XORW　IN1, OUT	
WXOR_DW EN　ENO IN1　OUT IN2	XORD　IN1, OUT	

4."取反"指令

"取反"指令形式及使用说明如表 7 - 28 所示。

表 7 - 28 "取反"指令及其使用说明

LAD	STL	指令说明
INV_B EN　ENO IN　OUT	INVB　OUT	1. 对输入操作数进行"按位取反"操作，结果存于 OUT 中。 　2. LAD：　inv(IN) → OUT 　　　STL：　inv(OUT) → OUT 　3. 指令的操作类型有： 　　　　　B(字节)、W(字)、DW(双字) 　4. 运算结果影响特殊标志位 SM1.0
INV_W EN　ENO IN　OUT	INVW　OUT	
INV_DW EN　ENO IN　OUT	INVD　OUT	

【例 7 - 10】 逻辑运算指令示例如图 7 - 18 所示。

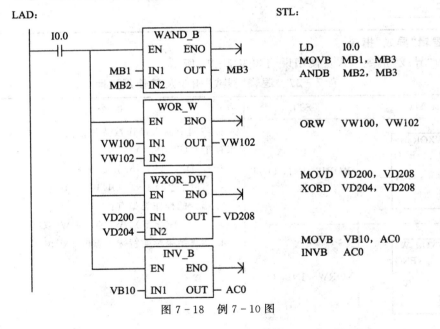

图 7 - 18　例 7 - 10 图

7.3.4　移位指令

移位指令在 PLC 控制系统中较为常用，根据移位数据的长度可分为字节类型、字类型和双字类型的移位，也可根据实际情况自定义移位长度。移位的方向分为左移和右移，也可进行左、右方向的循环移位。移位指令每次执行时可以只移动一位，也可移动多位。

1. 左移、右移指令

左移、右移指令的功能是将输入数据向左或向右移动 N 位后，将结果送入 OUT 中。左移、右移指令形式及使用说明如表 7 - 29 所示。

表 7－29 左移、右移指令及其使用说明

LAD	STL	指 令 说 明
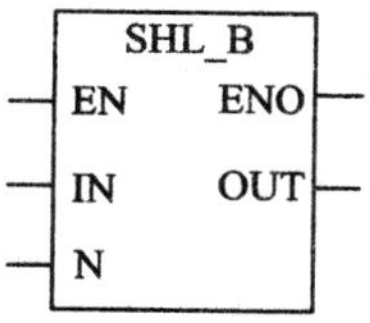 SHL_B EN ENO IN OUT N	SLB OUT, N	1. 在 LAD 中： SHL 指令：左移指令。把输入操作数 IN 向左移动 N 位，结果存于 OUT 中。移空的位自动补零。指令的操作类型有： B(字节)、W(字)、DW(双字) SHR 指令：右移指令。把输入操作数 IN 向右移动 N 位，结果存于 OUT 中。移空的位自动补零。指令的操作类型有： B(字节)、W(字)、DW(双字) 2. 在 STL 中，只有操作数 OUT，相当于 LAD 中操作数 IN 和 OUT 指向同一单元。 3. N 为字节型数据。当 N＝0 时，不作移位操作；对于字节类型移位指令，当 N≥8 时，按 8 处理；对于字类型移位指令，当 N≥16 时，按 16 处理；对于双字类型移位指令，当 N≥32 时，按 32 处理。 4. 移位运算的结果影响特殊标志位 SM1.0 和 SM1.1，其中 SM1.1 的值为移位操作最后被移出的位的值。 5. 移位数据为无符号数据
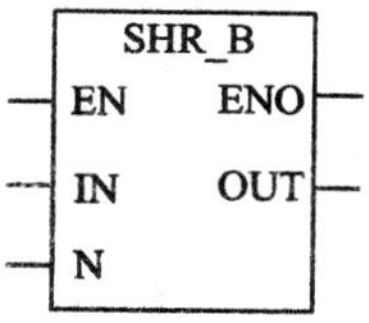 SHR_B EN ENO IN OUT N	SRB OUT, N	
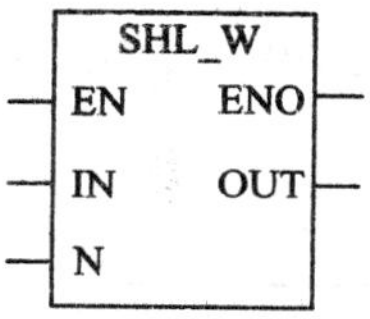 SHL_W EN ENO IN OUT N	SLW OUT, N	
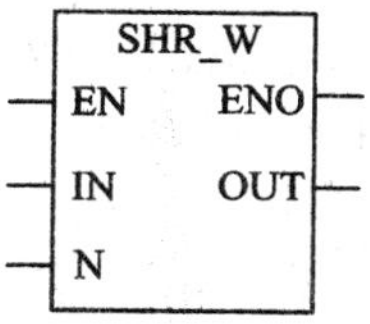 SHR_W EN ENO IN OUT N	SRW OUT, N	
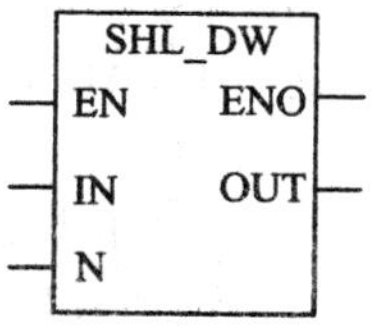 SHL_DW EN ENO IN OUT N	SLD OUT, N	
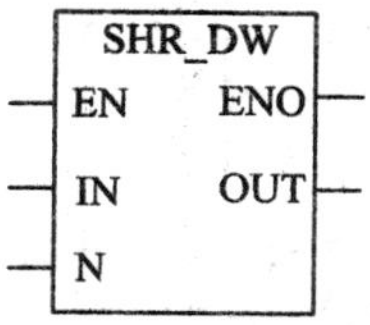 SHR_DW EN ENO IN OUT N	SRD OUT, N	

注意：移位指令在使能端 EN 有效时即执行移位操作，如果 EN 端一直有效，即指令前的梯级逻辑一直为真，则每个扫描周期都将执行移位操作。所以即使是双字类型移位指令，也会在很短的时间内使 OUT 清零。在实际中，常常要求在某个条件满足时仅执行一次移位操作，所以应在指令的梯级逻辑中加入微分指令。

【例 7－11】 左移、右移指令示例如图 7－19 所示。

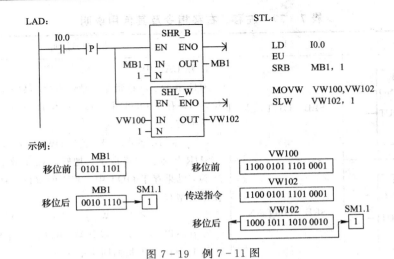

图 7 - 19 例 7 - 11 图

2. 循环移位指令

循环左移、右移指令是将输入数据向左或向右循环移动 N 位后，将结果送入 OUT 中。循环移位指令形式及使用说明如表 7 - 30 所示。

表 7 - 30 循环移位指令及其使用说明

LAD	STL	指 令 说 明
ROL_B EN ENO IN OUT N	RLB OUT，N	1. 在 LAD 中： ROL 指令：循环左移指令。把输入操作数 IN 向左循环移动 N 位，结果存于 OUT 中。指令的操作类型有： B(字节)、W(字)、DW(双字)
ROR_B EN ENO IN OUT N	RRB OUT，N	ROR 指令：循环右移指令。把输入操作数 IN 向右循环移动 N 位，结果存于 OUT 中。指令的操作类型有： B(字节)、W(字)、DW(双字)
ROL_W EN ENO IN OUT N	RLW OUT，N	2. 在 STL 中，只有操作数 OUT，相当于 LAD 中操作数 IN 和 OUT 指向同一单元。 3. N 为字节类型数据。当 N＝0 时，不作移位操作；
ROR_W EN ENO IN OUT N	RRW OUT，N	对于字节类型循环移位指令，当 N≥8 时，对 N 除以 8，以余数作为移位次数；对于字类型循环移位指令，当 N≥16 时，对 N 除以 16，以余数作为移位次数；对于双字类型循环移位指令，当 N≥32 时，对 N 除以 32，以余数作为移位次数。
ROL_DW EN ENO IN OUT N	RLD OUT，N	4. 移位运算的结果影响特殊标志位 SM1.0 和 SM1.1，其中 SM1.1 的值为循环移位操作最后被移出的位的值。 5. 移位数据为无符号数据
ROR_DW EN ENO IN OUT N	RRD OUT，N	

循环移位指令也是在使能端 EN 有效时执行移位操作的，所以如果要求在某个条件满足时仅执行一次循环移位操作，应在指令的梯级逻辑中加入微分指令。

【例 7 - 12】 循环移位指令示例如图 7 - 20 所示。

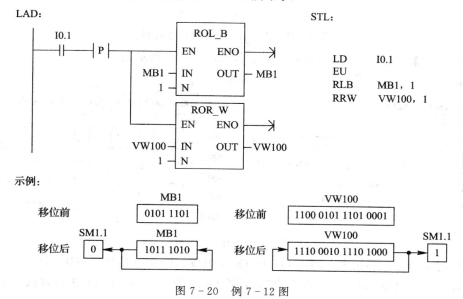

图 7 - 20 例 7 - 12 图

3. 自定义移位寄存器指令

自定义移位寄存器指令的使用比较灵活，如允许用户自己定义移位寄存器的长度，既可实现左移又可实现右移，移入的位可根据程序需要设定为"1"或"0"。自定义移位寄存器指令形式及使用说明如表 7 - 31 所示。

表 7 - 31 自定义移位寄存器指令及其使用说明

LAD	STL	指 令 说 明
SHRB EN ENO DATA S_BIT N	SHRB DATA, S_BIT, N	1. 可以通过 S_BIT 位和 N 来定义移位寄存器的大小。其中 S_BIT 是移位寄存器的起始位，N 为字节类型或常数，用于指定移位寄存器的长度和移位方向： 当 N＞0 时为左移(地址增大的方向) 当 N＜0 时为右移(地址减小的方向) 2. 移入的内容为 DATA 位的当前值。 3. 移位寄存器指令每次仅移动一位，每次移位操作移出的位用于设置 SM1.1。 4. 移位寄存器的长度不超过 127 位

用户定义的移位寄存器起始位为 S_BIT，即其最低位 LSB 为 S_BIT，其最高位 MSB 的计算方法如下：

MSB 字节号＝S_BIT 字节号＋{[(N 的绝对值－1)＋S_BIT 的位号]/8}的商

MSB 位号＝{[(N 的绝对值－1)＋S_BIT 的位号]/8}的余数

如 S_BIT 为 V23.7，N 的值为－15，则 MSB 的字节号为 25，位号为 5，即 MSB 为 V25.5，构成的移位寄存器如图 7 - 21 所示。

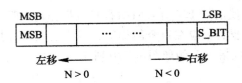

图 7-21 用户自定义的移位寄存器

【例 7-13】 自定义移位寄存器指令示例如图 7-22 所示。

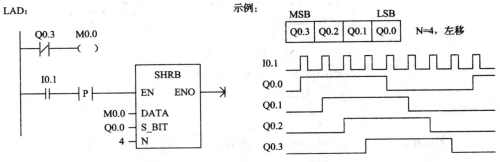

图 7-22 例 7-13 图

用户定义的 4 位移位寄存器由 Q0.0~Q0.3 组成。设 I0.0 接外部按钮，Q0.0~Q0.3 各接一盏灯。初始时设 Q0.0~Q0.3 全为"0"，则 M0.0 为"1"。程序执行时，每按一下按钮，执行一次移位寄存器指令，左移一位并补以 M0.0 的值。所以四盏灯每按一次按钮亮一盏，直至灯全亮；然后每按一次按钮灭一盏灯，直至灯全灭，恢复至初始状态，之后循环往复。

思考题与习题 7

7-1 简述 S7-200 系列 PLC 步进顺序控制指令的使用方法及特点。

7-2 用步进顺序控制指令实现三台电动机的顺序启动及逆序停止控制过程。

7-3 多级皮带传送系统如图 7-23。当工件位于 SQ1 位置时，按下启动按钮 SB 后，电动机 M1 启动运行，带动工件向右运行。当工件碰压行程开关 SQ2 时，电动机 M2 启动运行，工件碰压行程开关 SQ3 时，M1 停止运行，由 M2 带动工件继续向右移动。同理，当工件碰压行程开关 SQ4 时，电动机 M3 启动运行，工件碰压行程开关 SQ5 时，M2 停止运行，由 M3 带动工件继续向右移动。工件碰压 SQ6 时，M3 停止。试设计 S7-200 系列 PLC 系统功能图，并用 S7-200 系列 PLC 步进顺序控制指令设计梯形图程序。

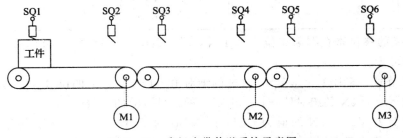

图 7-23 多级皮带传送系统示意图

7‑4　图7‑24 所示为金属球体分拣装置示意图。机械臂的下端为电磁铁，其工作顺序如下：

（1）机械臂处于初始位置时，上限位开关 SQ1 和左限位开关 SQ3 被压触而闭合，按下启动按钮 SB，机械臂向下运动。

（2）碰压下限位开关 SQ2 时，电磁铁得电，以便吸引金属球体，1 s 后机械臂向上移动。

（3）如果电磁铁吸住的是大球，则受球体重力作用的极限开关 SQ6（图中未画出）处于断开状态，若吸住的是小球，极限开关 SQ6 处于闭合状态。

（4）机械臂带动金属球上升碰压上限位开关 SQ1 后，转为向右移动。

（5）如果电磁铁吸引的是大球，则向右移动至中限位开关 SQ4 处时，电磁铁断电；否则移动至右限位开关 SQ5 处时，电磁铁断电。

（6）电磁铁断电 1 s 后，机械臂向左运动返回到初始位置，结束一次工作循环，试设计 S7‑200 系列 PLC 系统功能图及梯形图程序。

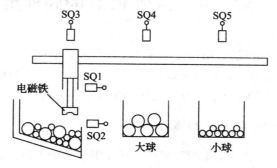

图 7‑24　金属球体分拣装置系统示意图

7‑5　简述 S7‑200 系列 PLC 比较指令的基本形式及其功能，并举一例说明。

7‑6　简述 S7‑200 系列 PLC 数据处理指令的基本形式及其功能，并举一例说明。

7‑7　简述 S7‑200 系列 PLC 数据运算类指令的基本形式及其功能，并举一例说明。

7‑8　简述 S7‑200 系列 PLC 逻辑运算类指令的基本形式及其功能，并举一例说明。

7‑9　简述 S7‑200 系列 PLC 移位指令的基本形式及其功能，并举一例说明。

第8章　西门子 S7 – 300 系列 PLC 及编程方法

S7 – 300 系列 PLC 是西门子公司针对电气自动化设备和自动化生产线的中小型控制系统推出的模块式 PLC，它主要由机架、CPU 模块、信号模块、功能模块、接口模块、通信模块、电源模块和编程设备组成。与 S7 – 200 系列 PLC 不同的是其利用 STEP 7 编程软件采取硬件组态的方式，极大地简化了系统的设计和操作。本章将以 S7 – 300 系列 PLC 为例，介绍该系列 PLC 的硬件组成、指令系统和程序设计方法。

8.1　S7 – 300 系列 PLC 的硬件组成

S7 – 300 系列 PLC 的模块式结构使其易于实现分布式的配置，具有性价比高、电磁兼容强、抗震动性能好等特点。它最多可以扩展 32 个模块，各模块间通过集成的背板总线进行通信，支持 MPI、PROFIBUS、工业以太网等多种通信方式。

8.1.1　S7 – 300 系列 PLC 系统的基本构成

S7 – 300 系列 PLC 的硬件系统配置灵活，既可用单独的 CPU 模块构成简单的开关量控制系统，也可通过 I/O 扩展或通信联网功能构成中等规模的控制系统。图 8 – 1 所示为 S7 – 300 系列 PLC 系统的基本构成。

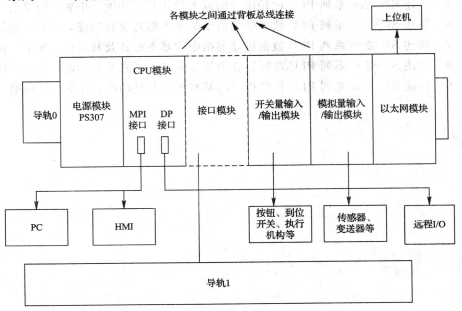

图 8 – 1　S7 – 300 系列 PLC 系统的基本构成

（1）电源模块（PS307）。将 120/230V 交流电压转换为 24V 直流电压，为其余模块、人机界面、传感器和执行器使用。输出电流有 2A、5A、10A 等三种规格。在硬件组态中应安装在 DIN 导轨上的插槽 1。

（2）中央处理单元（CPU）。它是 PLC 系统的核心，通常具备一个编程用的 RS－485（MPI）接口，有的还具有 PROFIBUS－DP 接口或 PTP 串行通信接口，可建立一个 MPI 网络、DP 网络或 RS－485 网络。在 CPU313 及以上的型号还需配备单独的存储器卡。目前，功能最强大的 CPU RAM 为 512KB，最大有 8192 个存储器位、512 个定时器和 512 个计数器，数字量最大为 65 536，模拟量通道最大为 4096，共有 350 多条指令。在硬件组态中应安装在 DIN 导轨上的插槽 2。

（3）信号模块（SM）。它用于 PLC 系统的 I/O 扩展，包括数字量 I/O 模块和模拟量 I/O 模块。

（4）接口模块（IM）。它用于 PLC 系统的机架扩展，在硬件组态中应安装在 DIN 导轨上的插槽 3（若无扩展，此槽位也应空余，其余模块不得占用）。

（5）编程设备（PG/PC）。可使用手持式编程器，也可使用装有 S7 系列 PLC 编程软件的计算机。编程设备可实现用户程序的编制、编译、下载（Download）、上传（Upload）和调试等。

（6）人机界面（HMI）。常用的人机界面有触摸屏和文本显示器，也可通过装有工业组态软件的微机实现。通过人机界面可实现对工业控制过程的监控。

（7）通信模块（CP）。可通过 CPU 模块自带的 RS－485 接口与上位机或其他 PLC 通信，也可通过专用的通信模块与其他网络设备组成各种通信网络以实现数据交换，如以太网模块 CP343－1 或串行通信模块 CP340 等。

（8）其他设备。各种特殊功能模块，具有独立的运算能力，能实现特定的功能，如位置控制模块、高速计数器模块、闭环控制模块、温度控制模块等。

8.1.2　S7－300 系列 PLC 系统的 CPU 模块

1. CPU 模块的分类

（1）紧凑型：CPU312C、313C、313C－2PTP、313C－2DP、314C－2PTP、314C－2DP。各 CPU 均有计数、频率测量和脉冲宽度调制功能，有的具有定位功能，有的集成有 I/O 点。

（2）标准型：CPU312、CPU314、CPU315－2DP、CPU315－2PN/DP、CPU317－2DP、CPU317－2PN/DP、CPU319－3PN/DP。

（3）故障安全型：CPU315F－2DP、CPU315F－2PN/DP、CPU317F－2DP、CPU317F－2PN/DP、CPU319F－3PN/DP。

（4）运动控制型：CPU315T－2DP、CPU317T－2DP。

2. CPU 模块的模式选择开关与状态指示灯

CPU 模块的模式选择开关：

(1) RUN(运行)位置：CPU 执行、上传用户程序，若在此位置下载程序时，软件会要求先停止 CPU 运行。

(2) STOP(停止)位置：不执行用户程序，可以上传和下载用户程序。

(3) MRES(清除存储器)：不能保持。将拨码开关从 STOP 拨至 MRES 位置保持不动，"STOP"灯熄灭 1 s、亮 1 s、再熄灭 1 s 后保持常亮；松开开关，使其回到 STOP 位置，再拨至 MRES，"STOP"灯以 2 Hz 的频率至少闪动 3 s，表示正在执行复位；最后"STOP"灯将保持常亮。

CPU 模块的状态与故障指示灯：

SF(系统出错/故障指示，红色)：CPU 硬件故障或软件错误时亮。

BATF(电池故障，红色)：电池电压低或没有电池时亮。

DC5V(+5V 电源指示，绿色)：5V 电源正常时亮。

FRCE(强制，黄色)：至少有一个 I/O 被强制时亮。

RUN(运行，绿色)：CPU 处于运行状态时亮；重新启动时以 2 Hz 的频率闪亮；HOLD(单步、断点)状态时以 0.5 Hz 的频率闪亮。

STOP(停止，黄色)：CPU 处于停止状态时亮，HOLD 状态或重新启动时常亮。

BUSF(总线错误，红色)：在总线出错时亮。

3. CPU 模块选型的主要依据

CPU 模块的选型是合理配置系统资源的关键，选择时必须根据控制系统对 CPU 的要求(系统集成功能、程序块数量限制、各种软元件数量限制、MPI 接口能力、PROFIBUS - DP 主/从接口能力、PROFINET 接口能力、RAM 容量、温度范围等)而定。

S7 - 300 系列各 CPU 模块的主要技术性能指标可参阅西门子公司的模块手册等资料。

8.1.3 S7 - 300 系列 PLC 系统的信号模块

S7 - 300 系列的输入/输出模块统称为信号模块(SM)。它可分为数字量(SM32X)和模拟量(SM33X)，其中，X 为 1 代表输入模块，X 为 2 代表输出模块；X 为 3 代表输入/输出模块。

1. 数字量输入模块(DI)

数字量输入模块 SM321 有直流输入方式和交流输入方式。其工作过程是先将现场输入元件的开关信号电平经过光电隔离和滤波后，送到输入缓冲器等待 CPU 采样，待 CPU 下一周期输入采样阶段信号经背板总线进入到输入映像区。

西门子公司提供了 20 多种不同型号的数字量输入模块，用户可根据所需点数、输入电流方式、中断功能、应用环境等条件选取。直流 32 路数字量输入模块接线图如图 8 - 2 所示。

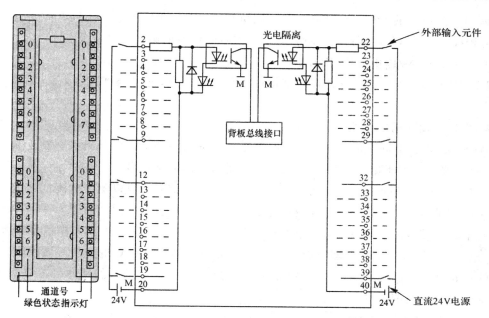

图 8 - 2　直流 32 路数字量输入模块接线图

2. 数字量输出模块(DO)

DO 模块 SM322 将 S7 - 300 内部信号电平经译码、锁存、光电耦合、滤波及输出驱动等阶段后转换为控制系统所要求的外部信号电平,具备隔离和功率放大的作用,可直接用于驱动电磁阀、接触器、小型电动机、指示灯、报警器等低压电器。直流 32 路数字量输出模块接线图如图 8 - 3 所示。

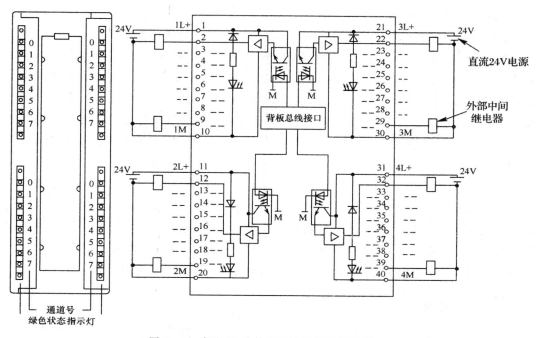

图 8 - 3　直流 32 路数字量输出模块接线图

西门子公司提供了根据输出点数、不同负载电源(直流、交流)、不同开关器件(晶体管、可控硅、继电器)等条件下,多达 30 多种型号的数字量输出模块供用户选择。

3. 数字量输入/输出模块(DI/DO)

DI/DO 模块 SM323 同时具有数字量输入点和输出点,它有 8DI/8DO 和 16DI/16DO 两种类型。

4. 模拟量输入模块(AI)

AI 模块 SM331 将控制系统中的模拟信号经由 A/D 转换器、转换开关、恒流源、补偿电路、光电隔离、逻辑电路后转换为 PLC 内部处理用的数字信号。

SM331 的输入通道有 8 个,每个通道即可测量电压信号也可以测量电流信号,且可以选用不同的量程。它可以用安装在模块侧面的量程卡来设置。每两个通道为一组,共用一个量程卡。因模拟量输入模块有 8 个通道,故有 4 个量程卡。量程卡插入模拟量输入模块后,如果量程卡的 C 标记与模块的标记相对,则量程卡被设置在 C 的位置。该模块在出厂时,量程卡预设在 B 的位置上。需要注意的是,在 STEP7 编程软件的硬件组态中,SM331 相应通道的测量范围应设置为与量程卡一致。

5. 模拟量输出模块(AO)

AO 模块 SM322 用于将 CPU 送给它的数字信号转换为成比例的电流信号或电压信号,对执行机构进行调节或控制。它有 2 通道、4 通道和 8 通道三种。每种模块均有诊断中断功能,模块用红色 LED 指示故障,可以读取诊断信息。额定负载电压均为 24 V DC。模块与背板总线有光电隔离,使用屏蔽电缆时最大距离为 200 m。有短路保护,短路电流最大为 25 mA,最大开路电压为 18 V。

6. 模拟量输入/输出模块(AI/AO)

AI/AO 模块有 SM334 和 SM335 两种,其中 SM335 为快速模拟量输入/输出模块。

模拟量 I/O 模块 SM334 有两种规格,一种是有 4 模拟量输入/2 模拟量输出的模拟量模块,其输入、输出精度为 8 位;另一种也是有 4 模拟量输入/2 模拟量输出的模拟量模块,其输入、输出精度为 12 位。SM334 模块输入测量范围为 0~10 V 或 0~20 mA,输出范围为 0~10 V 或 0~20 mA。它的 I/O 测量范围的选择是通过恰当的接线而不是通过组态软件编程设定的。与其他模拟量模块不同,SM334 没有负的测量范围,且精度比较低。

SM 335 可以提供 4 个快速模拟量输入通道,基本转换时间最大为 1 ms。它有 4 个快速模拟量输出通道,每通道最大转换时间为 0.8 ms;0 V/25 mA 的编码器电源;一个计数器输入(24 V/500 Hz)。它具有两种特殊工作模式:测量模式(模块不断地测量模拟量输入值,而不更新模拟量输出;可以快速测量模拟量值)和比较器模式(SM 335 对设定值与测量的模拟量输入值进行快速比较,具有循环周期结束中断和诊断中断功能)。

8.1.4 其他扩展模块

其他模块包括串行通信模块 CP340、工业以太网通信模块 CP343、接口模块 IM153、远程 I/O 模块 ET200 等,相关技术信息可参阅西门子 S7 - 300 PLC 产品手册。

8.2　S7 - 300 系列 PLC 的数据类型和内部元件及其编址方式

8.2.1　S7 - 300 PLC 的数据类型

除了第 6 章中表 6 - 4 所示的 S7 - 200 基本数据类型以外，S7 - 300 的数据类型还有以下两种：复合数据和参数。

1. 复合数据类型

通过组合基本数据类型和复合数据类型可以生成下面的数据类型：

(1) 数组（ARRAY）：将一组同一类型的数据组合在一起，形成一个单元。

(2) 结构（STRUCT）：将一组不同类型的数据组合在一起，形成一个单元。

(3) 字符串（STRING）：最多有 254 字符（CHAR）的一维数组。

(4) 日期和时间（DATE_AND_TIME）：用于存储年、月、日、时、分、秒、毫秒和星期，占用 8 字节，用 BCD 格式保存。星期日的代码为 1，星期一～星期六的代码为 2～7。例如 DT#2004 - 07 - 15 - 12:30:15.200 表示 2004 年 7 月 15 日 12 时 30 分 15.2 秒。

(5) 用户定义的数据类型 UDT（User - defined Data Types）：在数据块 DB 和逻辑块的变量声明表中定义复合数据类型。

2. 参数类型

为在逻辑块之间传递参数的形参（Formal Parameter ，形式参数）定义的数据类型如下：

(1) TIMER（定时器）和 COUNTER（计数器）：对应的实参（Actual Parameter ，实际参数）应为定时器或计数器的编号。例如 T3、C21 。

(2) BLOCK（块）：指定一个块用作输入和输出，实参应为同类型的块。

(3) POINTER（指针）：指针用地址作为实参。例如 P#M50.0。

(4) ANY：用于实参的数据类型未知或实参可以使用任意数据类型的情况，占 10 字节。

8.2.2　S7 - 300 PLC 内部元件及其编址方式

S7 - 300 PLC 内部的数字量、模拟量输入/输出寄存器（I/Q）和辅助寄存器（M）同 S7 - 200PLC 中的元件名称、编址方式及使用方法完全一致，具体可参阅第 6 章 6.2.2 节。

S7 - 300 PLC 中没有 S7 - 200 PLC 中的变量寄存器（V）和特殊功能寄存器（SM），但其提供了大量的数据块（DB、DI）用于存储各种类型的数据，以及各种组织块（OB）来实现不同的特殊功能。此外定时器、计数器、累加器、状态（字）寄存器、数据块寄存器的使用方法也有所不同，下面将一一进行介绍（其中定时器和计数器详见 8.4 节）。

1. 累加器（ACCU×）

32 位累加器是用于处理字节、字或双字的寄存器。可以把操作数送入累加器，并在累加器中进行运算和处理，保存在 ACCU1 中的运算结果可以传送到存储区。S7 - 300 有两个 32 位累加器（ACCU1 和 ACCU2），8 位或 16 位数据放在累加器的低端（右对齐）。累加器在数学运算指令中作用如下：

L	IW20	//将 IW20 的内容装入累加器 1
L	MW2	//将累加器 1 中的内容装入累加器 2，将 MW2 中的内容装入累加器 1
+I		//累加器 1 和累加器 2 中低字的值相加，结果存储在累加器 1 中
T	DB1.DBW0	//累加器 1 中的运算结果传送到数据块 DB1 中的 DW0 中

2. 状态字寄存器（16 位）

状态字用于表示 CPU 执行指令时所具有的状态。一些指令是否执行或以何方式执行可能取决于状态字中的某些位；执行指令时也可能改变状态字中的某些位；也能在位逻辑指令或字逻辑指令中访问并检测状态字。状态字寄存器的结构如图 8-4 所示。

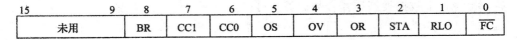

图 8-4　状态字寄存器结构

首次检查位（$\overline{FC}$）：状态字的 0 位称作首次检查位。如果 $\overline{FC}$ 位的信号状态为"0"，则表示伴随着下一条逻辑指令，程序中将开始一个新的逻辑串。在逻辑串指令执行过程中该位为 1，输出指令（=、R、S）或与 RLO（逻辑运算结果）有关的跳转指令将该位清零，表示一个逻辑串的结束。操作系统在执行程序时，判断首次检测位的值，当该值为 0 时，就知道该指令是程序段的第一条指令或逻辑串的第一条指令。S7-200 PLC 使用 LD 和 LDN 指令来表示一个程序段或逻辑串的开始。S7-300/400 因为没有类似的指令，所以用首次检测位来检测一个程序段或逻辑串的开始。

逻辑运算结果（Result of Logic Operation，RLO）：状态字的第 1 位，在二进制逻辑运算中用作暂时存储位，用来存储位逻辑指令或比较指令的结果。RLO 的状态为 1，表示有能流流到梯形图中运算点处；若为 0 则表示无能流流到该点。可以用 RLO 触发跳转指令。

状态位（STA）：状态字的第 2 位，用以保存被寻址位的值。状态位总是向扫描指令（A、AN、O、…）或写指令（=、S、R）显示寻址位的状态（对于写指令，保存的寻址位状态是本条写指令执行后的该寻址位的状态）。

或位（OR）：在先逻辑"与"后逻辑"或"的逻辑运算中，OR 位暂存逻辑"与"的操作结果，以便进行后面的逻辑"或"运算。其他指令将 OR 位复位。

溢出位（OV）：若算术运算或浮点数比较指令执行时出现溢出、非法操作、不规范格式等错误，则溢出位被置 1。如果后面的同类指令执行结果正常，则该位被清 0。

溢出状态保持位（OS）：OS 位是与 OV 位一起被置位的，而且在 OV 位被清 0 时 OS 仍保持，即保存了 OV 位。也就是说，它的状态不会由于下一个算术指令的结果而改变。这样，即使是在程序的后面部分，也还有机会判断数字区域是否溢出或者指令是否含有无效实数。OS 位只有通过如下这些命令进行复位：JOS（若 OS = 1，则跳转）命令、块调用和块结束命令。

条件码 1（CC1）和条件码 0（CC0）：这两位综合起来用于表示在累加器 1 中产生的算术运算或逻辑运算的结果与 0 的大小关系、比较指令的执行结果或移位指令的移出位状态（如表 8-1 和表 8-2 所示）。

表 8 - 1　算术运算后的 CC1 和 CC0

CC1	CC0	算术运算无溢出	整数算术运算有溢出	浮点数算术运算有溢出
0	0	结果等于 0	整数相加下溢出（负数绝对值过大）	正数、负数绝对值过小
0	1	结果小于 0	乘法下溢出；加减法上溢出（正数过大）	负数绝对值过大
1	0	结果大于 0	乘除法上溢出，加减法下溢出	正数上溢出
1	1	—	除法或 MOD 指令的除数为 0	非法的浮点数

表 8 - 2　指令执行后的 CC1 和 CC0

CC1	CC0	比较指令	移位和循环移位指令	字逻辑指令
0	0	累加器 2 等于累加器 1	移出位为 0	结果为 0
0	1	累加器 2 小于累加器 1	—	—
1	0	累加器 2 大于累加器 1	—	结果不为 0
1	1	非法的浮点数	移出位为 1	—

二进制结果位（BR）：它将字处理程序与位处理联系起来，在一段既有位操作又有字操作的程序中，用于表示字逻辑是否正确。将 BR 位加入程序后，无论字操作结果如何，都不会造成二进制逻辑链中断。在梯形图的方块指令中，BR 位与 ENO 位有对应关系，用于表明方块指令是否被正确执行：如果指令执行出现了错误，BR 位为 0，ENO 位也为 0；如果指令被正确执行，BR 位为 1，ENO 位也为 1。在用户编写的 FB/FC 程序中，应该对 BR 位进行管理，功能块正确执行后，使 BR 位为 1，否则使其为 0。使用 SAVE 指令将 RLO 存入 BR 中，从而达到管理 BR 位的目的。

状态字的 9～15 位未使用。

3. 数据块寄存器

DB 和 DI 寄存器分别用来保存打开的共享数据块和背景数据块的编号。DB 为共享数据块（如 DB1.DBX2.3、DB1.DBB5、DB2.DBW10 和 DB3.DBD12 等），DI 为背景数据块。

8.2.3　S7 - 300 PLC 的硬件组态

在硬件组态方面，S7 - 300 PLC 与 S7 - 200 PLC 不同的是，S7 - 300 PLC 在软件编程之前需先利用 STEP7 软件进行硬件组态。其具体步骤如下：

新建工程—工程名称—插入 SIMATIC 300 站点—硬件—插入导轨（RACK）—1 号槽位插入电源模块（PS）—2 号槽位插入 CPU 模块—3 号槽位是接口模块（用于扩展机架，如无扩展机架此槽位空着）—4～11 号槽位插入实际应用的信号或功能模块—保存和编译—设置 PG/PC 接口—下载到站点。

需要注意的是，CPU 模块总是在机架的 2 号槽位上，1 号槽安装电源模块（也可以不添加），3 号槽安装接口模块。一个机架上最多再安装 8 个信号模块或功能模块，占据槽号 4 至 11。最多可以扩展为四个机架。数字量 I/O 模块每个槽划分为 4 Byte（等于 32 个 I/O 点）；模拟 I/O 模块每个槽划分为 16 Byte（等于 8 个模拟量通道），每个模拟量输入或输出通道的地址总是一个字地址（W）。模块地址可以在硬件组态中修改。

利用 S7 - 300 PLC 完成自动化项目的一般步骤如图 8 - 5 所示。

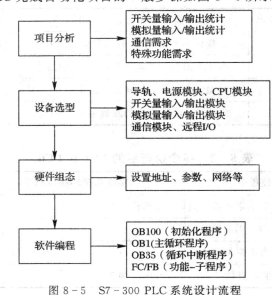

图 8 - 5　S7 - 300 PLC 系统设计流程

8.3　S7 - 300 系列 PLC 的编程结构及基本逻辑指令

8.3.1　S7 - 300 系列 PLC 的编程结构

S7 - 300 PLC 编程结构采用的是功能子程序模块结构方式。即用户程序和所需的各种数据均放置在各种块中,可以使程序部件标准化、用户程序结构化,使程序易于修改、查错和调试。可显著增加用户程序的组织透明性、可理解性和易维护性。标准的 STEP7 编程软件配备了三种基本编程语言:梯形图(LAD)、语句表(STL)和功能块图(FBD)。此外 STEP7 还提供了适合于数据处理程序的结构化控制语言(SCL)、适合于顺序控制的图形化编程语言(S7 Graph)、适合于过程控制的连续功能图语言(CFC)等多种编程语言供用户选择。STEP7 编程结构中常用的功能子程序模块如表 8 - 3 所示。

表 8 - 3　STEP7 编程结构中功能子程序模块

功能子程序模块名称	简 要 描 述
组织模块(OB)	操作系统与用户程序的接口,决定用户程序的结构
系统功能模块(SFB)	集成在 CPU 模块中,通过 SFB 调用一些重要的系统功能,有存储区
系统功能模块(SFC)	集成在 CPU 模块中,通过 SFC 调用一些重要的系统功能,无存储区
功能模块(FB)	用户编写包含经常使用功能的子程序,有存储区
功能模块(FC)	用户编写包含经常使用功能的子程序,无存储区
背景数据模块(DI)	调用 FB、SFB 时用于传递参数的数据块,在编译过程中自动生成数据
共享数据模块(DB)	存储用户数据的数据区域,供所有的块共享

如表 8－3 所示，OB 是系统操作程序与用户应用程序在各种条件下的接口界面，用于控制程序的运行。S7－300 PLC 中提供了多达一百多个不同组织模块，用于控制扫描循环、中断程序的执行、PLC 的启动和各种错误处理等。具体应用如下：

（1）OB1 用于循环处理，用户程序中的主程序，在任何情况下，它都是需要的。

（2）事件中断处理，需要时才被及时地处理。

（3）中断的优先级，高优先级的 OB 可以中断低优先级的 OB。

功能模块（FB、FC）实际上是用户子程序，它分为带"记忆"的功能块 FB 和不带"记忆"的功能块 FC。前者有一个数据结构与该功能块的参数表完全相同的数据块（DB）附属于该功能块，并随着功能块的调用而打开，随着功能块的结束而关闭。该附属数据块（DB）叫做背景数据块，存在背景数据块中的数据在 FB 块结束时继续保持，也即被"记忆"。功能块 FC 没有背景数据块，当 FC 完成操作后数据不能保持。数据块（DB）是用户定义的用于存放数据的存储区。FB 与 FC 功能子程序模块的区别如表 8－4 所示。

表 8－4　FB 与 FC 功能子程序模块的区别

名　称	功　用	区　别	背景数据块
FB	用户编写包含经常使用功能的子程序	有存储区，可以定义静态变量	需要
FC	用户编写包含经常使用功能的子程序	无存储区，不可以定义静态变量	不需要

生成逻辑块（OB、FC 、FB）时可以声明临时局域数据。这些数据是临时的局域（Local）数据，只能在生成它们的逻辑块内使用。所有的逻辑块都可以使用共享数据块 DB 中的共享数据。

S7－300 PLC CPU 还提供标准系统功能块（SFB、SFC）。系统功能块和系统功能是为用户提供的已经编好程序的块，可以调用不能修改，属于操作系统的一部分，不占用户程序空间。SFB 有存储功能，其变量保存在指定给它的背景数据块中。

8.3.2　S7－300 系列 PLC 的基本逻辑指令

S7－300 的基本逻辑指令与 S7－200 的大同小异，本节将以梯形图（LAD）为主结合语句表形式仅对其不同之处加以说明。与 STEP 7－Micro/WIN 软件编程时一样，在 STEP7 中也是以"Network"为单位的，即一个网络中只能容纳一个梯级。在语句表（STL）方式下，在每一条语句的右侧可以使用"//"符号开头进行注释。

1. 位逻辑指令

在 S7－300 PLC 中，无需使用逻辑"起始"指令（LD、LDN、LDI、LDNI）开始，可直接使用逻辑与（或）等指令（A、AN、O、ON）开始。此外，对于上升沿指令（FP）和下降沿指令（FN），还需指定一个单独的位存储地址用于存储目标地址上一扫描周期的值。在 STEP7 中有两类跳变沿检测指令，一种是对 RLO（逻辑运算结果）的跳变沿检测指令；另一种是对触点的跳变沿检测的功能框指令。

注意：跳变沿指令的状态只维持一个扫描周期。

1）RLO 跳变沿检测指令

RLO 跳变沿检测可分为正跳沿检测和负跳沿检测。其梯形图和语句表指令使用如表

8-5 所示。

注意：FP 和 FN 指令检测到的是 RLO 的状态变化，而不是触点的状态变化，尽管有时 RLO 与触点的变化状态相同。在一般情况下，RLO 可能是一个逻辑串的运算结果，并不单独与某个触点的状态直接相关。

表 8-5 RLO 跳变沿检测指令使用

LAD 指令	STL 指令	功能	操作数	数据类型	存储区
＜位地址＞ ——(P)——	FP＜位地址＞	正跳沿检测	＜位地址＞	BOOL	I，Q，M，D，L
＜位地址＞ ——(N)——	FN＜位地址＞	负跳沿检测	＜位地址＞	BOOL	I，Q，M，D，L

RLO 跳变沿检测梯形图程序如图 8-6 所示。当 I0.0 和 I0.1 组成的串联电路由断开变为接通，即正跳沿检测元件(P)指令左侧的 RLO(逻辑运算结果)由 0 变为 1(出现正跳沿)时，能流将在一个扫描周期流过(P)指令，从而使 Q0.0 接通一个扫描周期。当 I0.0 和 I0.1 组成的串联电路由接通变为断开，即负跳沿检测元件(N)指令左侧的 RLO(逻辑运算结果)由 1 变为 0(出现负跳沿)时，能流将在一个扫描周期流过(N)指令，从而使 Q0.1 接通一个扫描周期。检测元件的地址(图 8-6 中的 M0.0 和 M0.1)为边沿存储位，用来存储上一个周期此处的 RLO 值。

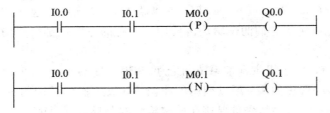

图 8-6 RLO 跳变沿检测梯形图程序

图 8-6 对应的语句表程序如下：

```
A    I0.0
A    I0.1
FP   M0.0
=    Q0.0


A    I0.0
A    I0.1
FN   M0.1
=    Q0.1
```

2）触点跳变沿检测指令

触点跳变沿检测指令是用来检测单个地址位的跳变的，其使用如表 8-6 所示。＜位地址 1＞是要检测的触点，＜位地址 2＞存储上一个扫描周期触点的状态。当触点状态变化时，输出端 Q 接通一个扫描周期。

表 8 - 6　触点跳变沿检测指令使用

触点正跳沿检测	触点负跳沿检测	参　数	数据类型	存储区
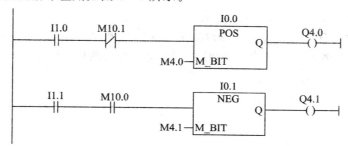		<位地址 1> 被检测的位	BOOL	I, Q, M, D, L
		M_BIT 存储被检测位上个扫描周期的状态	BOOL	Q, M, D
		Q 单稳输出	BOOL	I, Q, M, D, L

触点跳变沿检测指令应用如图 8 - 7 所示。

图 8 - 7　触点跳变沿检测指令应用示意图

图 8 - 7 对应的语句表程序如下：

```
A     I    1.0
AN    M   10.1
A(
A     I    0.0
BLD   100
FP    M    4.0
)
Q     4.0


A     I    1.1
A     M10.0
A
(
A     I    0.1
BLD   100
FP    M    4.1
)
=     Q4.1
```

2. 输出指令和逻辑块操作指令

1）输出指令

在 S7 - 300 PLC 中，输出指令的梯形图（LAD）表示方式与 S7 - 200 PLC 的相同，具体参见表 6 - 9。

【例 8-1】 在例 6-2 中,当用 STEP7 编程软件来实现时,其梯形图与图 6-13 完全相同,而语句表(STL)形式如下:

```
A    I    0.0
A    I    0.1
AN   I    0.2
=    Q    0.0
O    I    0.4
O    I    0.5
ON   I    0.6
=    Q    0.1
```

2）逻辑块操作指令

两个逻辑块"或"由"O"来实现,而两个逻辑块"与"由"A("和")"配对使用实现。

【例 8-2】 在例 6-3 中,当用 STEP7 编程软件来实现时,LAD 指令与图 6-15 完全相同,而 STL 指令的使用如下:

```
A(
A    I    0.0
AN   I    0.1
O
A    I    0.2
A    I    0.3
)
A(
A    I    0.4
A    I    0.5
O
AN   I    0.6
A    I    0.7
)
=    Q    0.1
```

3. 堆栈指令和 RS 触发器指令

1）临时局部数据区（L 堆栈）

局部变量又称临时局部数据区,它位于 CPU 的工作存储区,用于存储程序块（OB、FB、FC)被调用时的临时数据,访问临时数据比访问数据块中的数据更快。

L 是局部变量,只能在局部使用,不能在全局使用。即它只是在这个程序块中可以使用,使用结束后就会自动复位,它不能被其他的程序使用。临时变量的使用原则就是"先赋值,再使用"。

在 S7-300 PLC 中,每一个优先级的局部数据区的大小是固定的。一般在组织块中调用程序块（FB、FC 等),操作系统分配给每一个执行级（组织块 OB,一般在 OB 块执行并调用其他 FB、FC)的局部数据区的最大数量为 256b（字节),组织块 OB 自己占去 20b 或 22b,还剩下最多 234b 可分配给 FB 或 FC。如果块中定义的局部数据的数量大于 256 b,则该块将不能下载到 CPU 中。

【例 8 - 3】　在例 6 - 4 中用 STEP7 编程软件来实现。

LAD 指令与图 6 - 17 完全相同，STL 指令的使用如下：

ON	I	0.0
O	I	0.1
=	L	20.0
A	L	20.0
A	I	0.2
=	Q	0.0
A	L	20.0
A	I	0.3
=	L	20.1
A	L	20.1
AN	I	0.4
=	Q	0.1
A	L	20.1
A	I	0.5
=	Q	0.2
A	L	20.0
A	I	0.6
A	I	0.7
=	Q	0.3

其中 L20.0、L20.1 是局域变量。将梯形图转换为语句表时，局域变量是自动分配的。

2）RS 触发器指令

S7 - 300 中 RS 触发器指令与 S7 - 200 的完全相同，这里不再赘述。

4. RLO 置位指令(SET)、复位指令(CLR)

SET 与 CLR 指令可将 RLO(逻辑运算结果)置位或复位，紧接在它们后面的赋值语句中的地址将变为 1 状态或 0 状态。具体如下：

SET	// 将 RLO 置位
＝M0.2	//M0.2 的线圈"通电"
CLR	// 将 RLO 复位
＝Q4.7	//Q4.7 的线圈"断电"

5. 装入指令(L)、传送指令(T)

装入(Load，L)指令将源操作数装入累加器 1，而累加器 1 原有的数据移入累加器 2。装入指令可以对字节(8 位)、字(16 位)、双字(32 位)数据进行操作。

传送(Transfer，T)指令将累加器 1 中的内容写入目的存储区，累加器 1 的内容不变。

若要将 MD10 中的数据传送到 DB1.DB0 中，则可用如下指令完成：

L　MD10	//将 32 位存储器数据装入累加器 1
T　DB1. DBD0	//将累加器 1 中的数据传送到数据块 1 中的数据双字 DBD0

若要将设定值装入定时器或计数器，则可用如下指令完成：

    L T5   // 将定时器 T5 中的二进制时间值装入累加器 1 的低字中

    LC T5   //将定时器 T5 中的 BCD 码格式的时间值装入累加器 1 低字中

    L C3   // 将计数器 C3 中的二进制计数值装入累加器 1 的低字中

    LC C16   //将计数器 C16 中的 BCD 码格式的值装入累加器 1 的低字中

8.4 S7－300 系列 PLC 的定时器指令与计数器指令

8.4.1 定时器指令

S7－300 系列 PLC 提供了 256 个内部定时器，延时时间及指令功能可按要求设定，使用非常方便。

在 CPU 内部，时间值以二进制格式存放，如图 8－8 所示，它占定时器字的 0~11 位。可以按下列的形式将时间预置值装入累加器的低位字：

（1）十六进制数 W♯16♯wxyz。其中，w 是时间基准，xyz 是 BCD 码形式的时间值。

（2）S5T♯aH_bM_cS_Dms。例如 S5T♯18S，S5T♯1M18S。

时基代码为二进制数 00、01、10 和 11 时，对应的时基分别为 10 ms、100 ms、1 s 和 10 s。

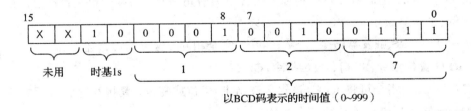

图 8－8 定时器字

在 S7－300 PLC 中，共有五种形式的定时器，分别为脉冲定时器（SP）、扩展的脉冲定时器（SE）、接通延时定时器（SD）、保持型接通延时定时器（SS）和断开延时定时器（SF）。与 S7－200 PLC 不同的是，S7－300 PLC 中的定时器是以倒计时方式运行的。

1. 脉冲定时器（SP）

当定时器输入信号接通后，定时器开始定时，输出为 1，定时器当前时间为定时设定值减去启动后的时间；定时时间到，定时器的当前时间值为 0，输出为 0。在定时期间，如果输入为 0，则当前时间值为 0，输出为 0。在定时期间，如果复位，则当前时间值为 0，输出为 0。

SP 指令应用如图 8－9 所示。

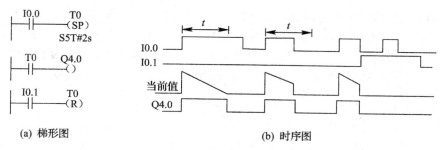

图 8 - 9　SP 指令应用示意图

图 8 - 9 对应的语句表指令如下：

　　A　　I 0.0

　　L　　S5T♯2s　　　//预置值 2 s 送入累加器 1

　　SP　T0　　　　　//启动 T0

　　A　　T0　　　　　//检查 T0 的信号状态

　　=　　Q 4.0　　　　//T0 的定时器位为 1 时，Q4.0 的线圈通电

　　A　　I 0.1

　　R　　T0　　　　　//复位 T0

2. 扩展的脉冲定时器(SE)

　　当定时器输入信号接通后，定时器开始定时，输出为 1，定时器当前时间为定时设定值减去启动后的时间；定时时间到，定时器的当前时间值为 0，输出为 0。在定时期间，如果输入为 0，则当前时间值为继续，输出为 1。在定时期间，如果输入为 0→1，则定时器重新启动。在定时期间，如果复位，则当前时间值为 0，输出为 0。

　　SE 指令应用如图 8 - 10 所示。

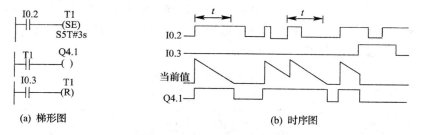

图 8 - 10　SE 指令应用示意图

图 8 - 10 对应的语句表指令如下：

　　A　　I 0.2

　　L　　S5T♯3s　　　// 预置值 3 s 送入累加器 1

　　SE　T1　　　　　// 启动 T1

　　A　　T1　　　　　// 检查 T1 的信号状态

　　=　　Q 4.1　　　　//T1 的定时器位为 1 时，Q4.1 的线圈通电

　　A　　I 0.3

　　R　　T1　　　　　// 复位 T1

3. 接通延时定时器(SD)

　　当定时器输入信号接通后，定时器开始定时，输出为 0，定时器当前时间为定时设定

值减去启动后的时间；定时时间到，定时器的当前时间值为 0，输出为 1。当定时结束，输出为 1 后，输入 1→0，则输出为 0。在定时期间，如果输入为 1→0，则保持当前时间值。在定时期间，如果输入又 0→1，则定时器重新启动。在定时期间，如果复位，则当前时间值为 0，输出为 0。SD 指令应用如图 8-11 所示。

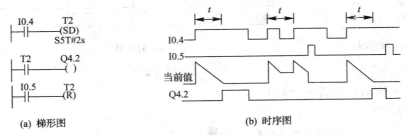

(a) 梯形图　　　　　　　　(b) 时序图

图 8-11　SD 指令应用示意图

图 8-11 对应的语句表指令如下：

```
A   I 0.4
L   S5T♯2s      // 预置值 2 s 送入累加器 1
SD  T2          // 启动 T2
A   T2          // 检查 T2 的信号状态
=   Q 4.2       //T2 的定时器位为 1 时，Q4.2 的线圈通电
A   I 0.5
R   T2          // 复位 T2
```

4. 保持型接通延时定时器(SS)

当定时器输入信号接通，定时器开始定时，输出为 0，定时器当前时间为定时设定值减去启动后的时间；定时时间到，定时器的当前时间值为 0，输出为 1。当定时结束，输出为 1 后，输入为 1→0，则输出为 1 保持。在定时期间，如果输入为 1→0，则继续。在定时期间，如果输入又为 0→1，则定时器重新启动。在定时期间，如果复位，则当前时间值为 0，输出为 0。SS 指令应用如图 8-12 所示。

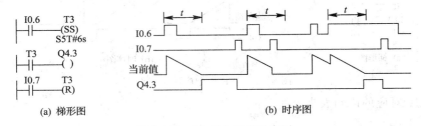

(a) 梯形图　　　　　　　　(b) 时序图

图 8-12　SS 指令应用示意图

图 8-12 对应的语句表指令如下：

```
A   I 0.6
L   S5T♯6s      // 预置值 6 s 送入累加器 1
SS  T3          // 启动 T3
A   T3          // 检查 T3 的信号状态
=   Q 4.3       //T3 的定时器位为 1 时，Q4.3 的线圈通电
A   I 0.7
R   T3          // 复位 T3
```

5. 断开延时定时器(SF)

当定时器输入信号接通后,输出为 1,当定时器输入断开时,定时器开始定时;定时时间到,输出为 0。在定时期间,如果输入为 0→1,则定时器时间不变,停止定时。在定时期间,如果输入又为 1→0,则定时器重新启动。在定时期间,如果复位,则当前时间值为 0,输出为 0。SF 指令应用如图 8 - 13 所示。

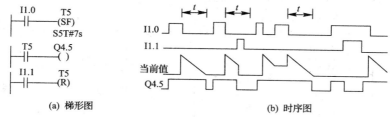

(a) 梯形图　　　　　　　　　　　(b) 时序图

图 8 - 13　SF 指令应用示意图

图 8 - 13 对应的语句表指令如下:

```
A    I1.0
L    S5T#7s      // 预置值 7 s 送入累加器 1
SF   T5          // 启动 T5
A    T5          // 检查 T5 的信号状态
=    Q 4.5       //T5 的定时器位为 1 时,Q4.5 的线圈通电
A    I1.1
R    T5          // 复位 T5
```

8.4.2　计数器指令

S7 - 300 PLC 根据 CPU 的不同,可允许使用 64～512 个计数器。有三种计数器可供选择:加计数器(CU)、减计数器(CD)和加/减计数器(CUD)。

1. 计数器的存储器区

每个计数器有一个 16 位的字用来存放它的当前计数值,同时也有一个二进制位代表计数器触点的状态。其中,计数器字如图 8 - 14 所示,它有两种表示形式:BCD 格式、二进制格式。

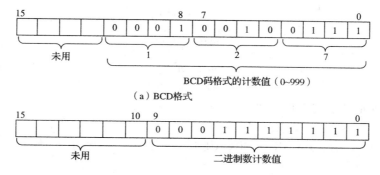

图 8 - 14　计数器字

在图 8 - 14(a)中,计数器字的 0～11 位是计数值的 BCD 码,计数值的范围为 0～999。二进制格式的计数值只占用计数器字的 0～9 位,如图 8 - 14(b)所示。

计数器指令的使用如表 8 - 7 所示。

表 8 - 7　计数器指令使用

功能	LAD 指令	操作数	数据类型	存储区	说明
设定计数值	C no —(SC)— 预置数	预置值	WORD	I，Q，M，D，L	0～999，BCD 码
加计数器线圈	C no —(CU)—	计数器号	Counter	C	计数器总数 与 CPU 有关
减计数器线圈	C no —(CD)—				

2. 计数器指令使用说明

与 S7 - 200 不同的是，在 S7 - 300 中只要计数器 C 的计数值不为 0，则计数器输出就为"1"；若计数值等于 0，则输出也为 0。因此，为得到计数预置值指定的脉冲数，一般采用比较指令或将计数值送入减计数器，当计数值减为 0 时，其触点动作。

图 8 - 15 所示为加计数器的功能框图、梯形图。

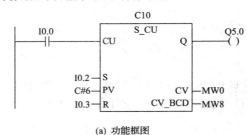

(a) 功能框图

(b) 梯形图

图 8 - 15　加计数器

图 8 - 15 对应的语句表指令如下：

A　I0.0　//在 I0.0 的上升沿

CU　C10　//加计数器 C10 的当前值加 1

BLD 101

A　I0.2　//在 I0.2 的上升沿

L　C♯6　//计数器的预置值 6 被装入累加器的低字

S　C10　//将预置值装入计数器 C10

A　I0.3　//如果 I0.3 为 1

```
R    C10    //复位 C10
L    C10    //将 C10 的二进制计数当前值装入累加器 1
T    MW0    //将累加器 1 的内容传送到 MW0
LC   C10    //将 C10 的 BCD 计数当前值装入累加器 1
T    MW8    //将累加器 1 的内容传送到 MW8
A    C10    //如果 C10 的当前值非 0
=    Q 5.0  //Q 5.0 为 1 状态
```

图 8 - 16 所示为减计数器的功能框图、梯形图。

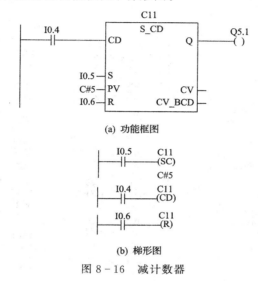

(a) 功能框图

(b) 梯形图

图 8 - 16　减计数器

8.5　S7 - 300 系列 PLC 的功能指令和步进顺序控制指令及编程方法

8.5.1　S7 - 300 系列 PLC 的功能指令

S7 - 300 PLC 的功能指令主要包括数据比较指令、数据转换指令、数学运算指令、逻辑控制指令和程序控制指令等几大类。其使用方法同 S7 - 200 PLC 基本类似，具体可参考相应编程手册，这里不再赘述。

8.5.2　S7 - 300 系列 PLC 的步进顺序控制及编程方法

在 S7 - 300 PLC 中，若要实现步进顺序控制，有两种方法，一是另外安装专门应用于步进顺控的 S7 Graph 语言；二是利用启/保/停电路或置位、复位指令来设计步进顺序控制梯形图。本节主要以置位复位指令来介绍步进顺序控制的实现方法。

与第 7 章介绍的一样，对于控制过程首先要用"功能图"将其描述出来，"功能图"的设计方法详见 7.1.2 节。

在 S7 - 200 PLC 中有专用的状态寄存器 Sn 来代表各步，当转换条件满足时，自动置位 Sn+1、复位 Sn。而在 S7-300 中没有专用的状态寄存器 S，我们可以利用 M 来代替，但是当转换条件满足时，系统不会自动置位和复位相应的状态步，这就需要我们利用置位、复位指令来实现。

图 8-17 所示为 S7-200 中步进控制的功能图、梯形图和语句表。当 I0.1 为"1"时，系统自动将 S0.1 置位为"1"；当 I0.1 为"1"时，系统自动将 S0.2 置位为 1、将 S0.1 复位为"0"，其余同理。若在 S7-300 中实现上述功能，则其功能图完全一样，梯形图如图 8-18 所示，即利用 M0.1、M0.2、M0.3 分别代替 S0.1、S0.2、S0.3，但是需要在转移条件满足将相应的状态步置位和复位。

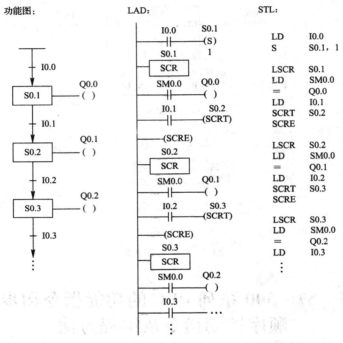

图 8-17 S7-200 中步进控制的功能图、梯形图和语句表

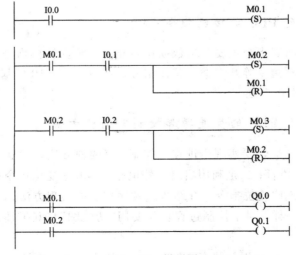

图 8-18 梯形图

图 8 – 18 对应的语句表如下：

A	I	0.0
S	M	0.1
A	M	0.1
A	I	0.1
S	M	0.2
R	M	0.1
A	M	0.2
A	I	0.2
S	M	0.3
R	M	0.2
A	M	0.1
=	Q	0.0
A	M	0.2
=	Q	0.1
A	M	0.3
=	Q	0.2

图 8 – 19 所示为并行性分支的处理方法。

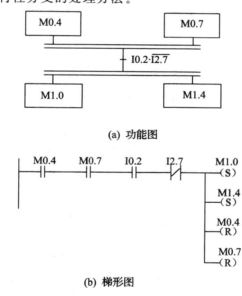

(a) 功能图

(b) 梯形图

图 8 – 19　并行性分支

思考题与习题 8

8 – 1　简述 S7 – 300 系列 PLC 的基本构成。

8 – 2　S7 – 300 系列 PLC 在系统扩展时应注意哪些问题？

8 – 3　简述 S7 – 300 PLC 扩展模块的具体分类。

8 - 4   简述 S7 - 300 系列 PLC 的硬件组态步骤。

8 - 5   用 S7 - 300 系列 PLC 的梯形图程序实现一台电机的定子串电阻降压启动过程。使用的低压电器及 PLC 的 I/O 地址自行设计,降压启动过程设定为 3 s。

8 - 6   简述 S7 - 300 系列 PLC 定时器指令 SP、SE、SD、SS、SF 的工作特性。

8 - 7   按照习题 7 - 3 的要求,试设计 S7 - 300 系列 PLC 系统的梯形图程序。

8 - 8   按照习题 7 - 4 的要求,试设计 S7 - 300 系列 PLC 系统的梯形图程序。

第 9 章　PLC 的联网及通信技术

为了适应现代工业控制系统中多台电气设备的自动化控制和群控及智能控制的要求，现代的 PLC 均可实现相互之间、上下之间、与系统上位控制计算机之间的联网及通信。如 FX 系列 PLC 除了可以和 A 系列产品以及 FX 系列产品之间进行通信外，还可以实现远程 I/O 控制及通信，以达到节省接线的优点。西门子可编程控制器的联网与通信功能则更加强大，它可以构成强大的工业控制网络，可在工业控制系统的智能制造系统中得到广泛应用。本章主要介绍三菱小型可编程控制器的联网与通信技术和西门子小型可编程控制器的联网与通信技术。

9.1　PLC 的联网与通信技术概述

目前，三菱 PLC 可编程控制器的联网与通信主要是通过 CC-link 技术系统进行连接的。CC-link 是 Control & Communication Link（控制与通信链路系统）的简称。CC-Link 是在工控系统中可以将控制和信息数据同时以 10 Mb/s 高速传输的现场网络。CC-Link 具有性能卓越、应用广泛、使用简单、节省成本等突出优点。作为开放式现场总线，CC-Link 是唯一起源于亚洲地区的总线系统，CC-Link 的技术特点尤其适合亚洲人的思维习惯。在 1998 年，汽车行业的马自达、五十铃、雅马哈、通用、铃木等也成为了 CC-Link 的用户，而且 CC-Link 迅速进入中国市场。1999 年，销售的实绩已超过 17 万个节点，2001 年达到了 72 万个节点，到 2001 年累计量达到了 150 万个节点，其增长势头迅猛，在亚洲市场占有份额超过 15%（据美国工控专业调查机构 ARC 调查），受到亚、欧、美、日等客户的高度评价。

为了使用户能更方便地选择和配置自己的 CC-Link 系统，2000 年 11 月，CC-Link 协会（简称 CLPA，CC-Link Partner Association）在日本成立，主要负责 CC-Link 在全球的普及和推进工作。为了全球化的推广能够统一进行，CLPA 在全球设立了众多的驻点，分布在美国、欧洲、中国、中国台湾、新加坡、韩国等国家和地区，负责在不同地区各个方面推广和支持 CC-Link 用户和成员的工作。

CLPA 有"Woodhead"、"Contec"、"Digital"、"NEC"、"松下电工"、"Idec"和"三菱电机"等 7 个常务理事会员。到 2002 年 4 月底，CLPA 在全球拥有 250 多家会员公司，其中包括浙大中控、中科软大等几家中国大陆地区的会员公司。

CC-link 的总线供应商是一种省配线、信息化的网络，是在 1996 年 11 月以三菱电机供应商为主导的多家公司成立的网络总线供应商，以"多厂家设备环境、高性能、省配线"理念开发、公布和开放。它不但具备高实时性、分散控制、与智能设备通信等功能，而且依靠与诸多现场设备制造厂商的紧密联系，提供开放式的环境。

CC-Link 的底层通信协议遵循 RS-485 规定。CC-Link 提供循环传输和瞬时传输两种通信方式。一般情况下，CC-Link 主要采用广播-轮询(循环传输)的方式进行通信。其具体的方式是：主站将刷新数据(RY/RWw)发送到所有从站，与此同时轮询从站 1；从站 1 对主站的轮询作出响应(RX/RWr)，同时将该响应告知其他从站；然后主站轮询从站 2(此时并不发送刷新数据)，从站 2 给出响应，并将该响应告知其他从站；依此类推，循环往复。

除了广播-轮询方式以外，CC-Link 也支持主站与本地站、智能设备站之间的瞬时通信。从主站向从站的瞬时通信量为 150 字节 / 数据包，由从站向主站的瞬时通信量为 34 字节 / 数据包。

所有主站和从站之间的通信进程以及协议都由通信用 LSI - MFP(Mitsubishi Field Network Processor)控制，其硬件的设计结构决定了 CC-Link 高速、稳定的通信。

CC-Link 系统只有 1 个主站，可以连接远程 I/O 站、远程设备站、本地站、备用主站、智能设备站等总计 64 个站。CC-Link 站的类型如表 9-1 所示。

表 9-1　CC-Link 站的类型

CC-Link 站的类型	内　　容
主站	控制 CC-Link 上全部站，并需设定参数的站。每个系统中必须有 1 个主站。如 A/QnA/Q 系列 PLC 等
本地站	具有 CPU 模块，可以与主站及其他本地站进行通信的站。如 A/QnA/Q 系列 PLC 等
备用主站	主站出现故障时，接替作为主站，并作为主站继续进行数据链接的站。如 A/QnA/Q 系列 PLC 等
远程 I/O 站	只能处理位信息的站，如远程 I/O 模块、电磁阀等
无程设备站	可处理位信息及字信息的站，如 A/D、D/A 转换模块、变频器等
智能设备站	可处理位信息及字信息，而且也可完成不定期数据传送的站，如 A/AnA/Q 系列 PLC、人机界面等

CC-Link 系统可配备多种中继器，可在不降低通信速度的情况下延长通信距离，通信距离最长可达 13.2 km。例如，可使用光中继器，在保持 10 Mb/s 通信速度的情况下，将通信总距离延长至 4300 m。另外，T 形中继器可完成 T 形连接，它更适合现场的连接要求。

9.2　三菱小型 PLC 的联网与通信技术

9.2.1　三菱小型 PLC 的联网通信方式

三菱小型可编程控制器具有各种联网方式和控制方式。其中，CC-Link(Control

Communication Link)为三菱公司的一种现场总线联网通信系统控制方式。

三菱小型 PLC 的各种联网系统方式如下：

（1）以 A、QnA、Q 系列 PLC 为主站的 CC - Link 联网通信方式。以三菱的 A、QnA、Q 系列 PLC 作为主站的 CC - Link 具体联网通信方式如图 9 - 1 所示。其技术特点是可以将 FX 系列 PLC 作为远程设备来连接，控制层次分明，是一种主/从 PLC 联网控制方式。所使用的特殊模块为 FX - 32CCL。它适用于生产线的分散控制和集中管理，以及与上位控制计算机网络的信息通信等。其联网的最大规模为 64 台，信息传送距离最长为 1200 m。

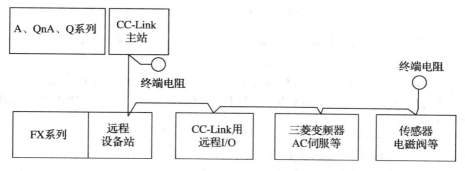

图 9 - 1　以三菱 FX 的 A、QnA、Q 系列为主站的 CC - Link 联网通信方式

（2）以 FX 系列 PLC 为主站的 CC - Link 联网通信方式。以 FX 系列为主站的 CC - Link 联网通信方式如图 9 - 2 所示。其技术特点是使用特殊模块 FX - 16CCL、FX - 32CCL，是以 FX 系列 PLC 为主站的 CC - Link 联网系统，只可以使用 FX 系列 PLC 来构成 CC - Link 系统，控制层次分明。它适用于生产线的分散控制和集中管理，以及小规模的高速网构成等。其最大规模为远程 I/O 站 7 台，远程设备站 8 台，信息传送距离最长为 1200 m。

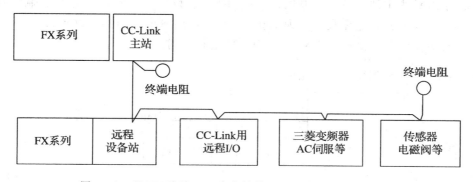

图 9 - 2　以 FX 系列 PLC 为主站的 CC - Link 联网通信方式

（3）以 FX 系列 PLC 为主站的 CC - Link/LT 联网通信方式。FX 系列 PLC 为主站的 CC - Link/LT 联网通信方式如图 9 - 3 所示。FX 系列 PLC 为主站的 CC - Link/LT 联网系统适用于省配线、少点数、I/O 分散的联网控制系统。其联网的最大规模为远程 I/O 站 64 站(台)，信息传送距离最长为 560 m，使用特殊模块 FX - 64CL - M、FX - 32CCL。

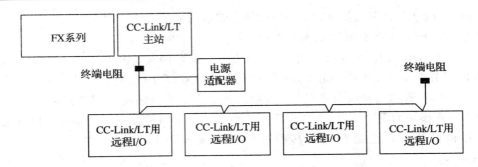

图 9 - 3　FX 系列 PLC 为主站的 CC - Link/LT 联网方式

（4）以 FX 系列 PLC 为主站的 I/O 联网通信方式。以 FX 系列 PLC 为主站的 I/O 联网通信系统方式如图 9 - 4 所示。通过在远程的输入/输出设备的附近配置 I/O 模块来实现省配线的联网系统。以 FX 系列 PLC 为主站的 I/O 联网系统技术方式适用于远程设备的联网主/从控制。其最大规模为 128 点，信息传送距离最长为 200 m，使用特殊模块 FX - 16LNK - M 进行组网。

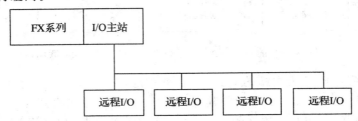

图 9 - 4　以 FX 系列 PLC 为主站的 I/O 联网通信方式

（5）以 FX 系列 PLC 为主站的 AS - I 联网通信方式。以 FX 系列 PLC 为主站的 AS - I 联网通信方式如图 9 - 5 所示。AS - I 网络是一种缩短配线时间的省配线联网系统网络。以 FX 系列 PLC 为主站的 AS - I 联网系统适用于远程设备的 ON/OFF 联网控制。其最大规模 31 个从站，信息传送距离最长为 100 m，且每使用一个中继器可以延长 100 m（最多用 2 个中继器），使用特殊模块 FX - 32ASI - M 进行组网。

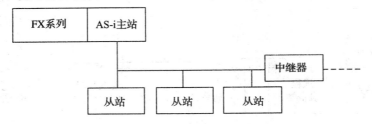

图 9 - 5　以 FX 系列 PLC 为主站的 AS - I 联网通信方式

9.2.2　三菱小型 PLC 的联网通信技术

1. 三菱小型 PLC 的联网通信与数据链接

三菱小型 PLC 的联网通信与数据链接方式主要有如下几种方式：

（1）FX 系列 PLC 的简易链接方式（$n : n$ 的通信）。如图 9 - 6 所示，FX 系列 PLC 的简易通信链接方式可以在 FX 系列 PLC 之间通过 RS - 485 接口进行简单的数据链接。它适用于生产线的分散控制和集中管理等，其最大规模为 8 台，信息传送距离最长为 50 m 或 500 m。通信设备：功能扩展板 FX1N - 485 - D、FX2N - 485 - D、特殊适配器 FX0N - 485ADP、FX2N C - 485ADP 等。

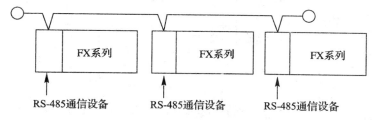

图 9-6　FX 系列 PLC 的简易链接方式($n : n$ 的通信)

（2）FX 系列 PLC 的并联链接方式（1：1 的通信）。如图 9-7 所示，FX 系列 PLC 的并联链接方式可以在 FX 系列 PLC 之间通过 RS - 485 接口进行并联数据链接。它适用于生产线的分散控制和集中管理等。其最大规模为 2 台，（FX1S↔FX1S）间、（FX1N、FX1NC↔FX1N、FX1NC）间、（FX2N、FX2NC↔FX2N、FX2NC）间的信息传送距离最长为 50 m 或 500 m。通信设备：功能扩展板 FX1N - 485 - BD、FX2N - 485 - BD、特殊适配器 FX0N - 485ADP、FX2NC - 485ADP 等。

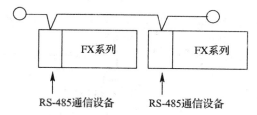

图 9-7　FX 系列 PLC 的并联链接方式（1：1 的通信）

（3）多台 FX 系列 PLC 与系统计算机的链接方式（1：n 的通信）。如图 9-8 所示，FX 系列 PLC 可以与系统计算机进行链接，以系统计算机作为主站和 FX 系列 PLC 通过 RS - 485接口进行链接和通信。系统计算机方的协议采用计算机链接协议格式 1 和格式 4。它适用于生产线的分散控制和集中管理等。其最大规模为 1：$n(n = 16$ 台)，信息传送距离最长为 50 m 或 500 m。通信设备：功能扩展板 FX1N - 485 - BD、FX2N - 485 - BD、特殊适配器 FX0N - 485ADP、FX2NC - 485ADP 等。

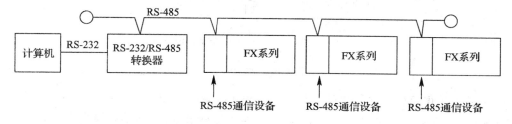

图 9-8　多台 FX 系列 PLC 与系统计算机的链接方式（1：n 的通信）

（4）单台 FX 系列 PLC 与系统计算机的链接方式（1：1 的通信）。如图 9-9 所示，可以将系统计算机作为主站与单台 FX 系列 PLC 通过 RS-232 接口进行链接和通信。计算机方的协议采用计算机链接协议格式 1、格式 4。它适用于数据采集和集中管理等。其最大规模为 1：1(n=1 台)，信息传送距离最长为 15 m。通信设备：功能扩展板 FX1N-232-BD、FX2N-232-BD、特殊适配器 FX0N-232ADP、FX2NC-232ADP 等。

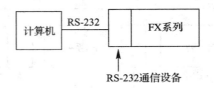

图 9-9　单台 FX 系列 PLC 与系统计算机的链接方式(1：1 的通信)

2. FX 系列 PLC 的通用通信和外围设备通信

FX 系列 PLC 的通用通信和外围设备通信方式主要有如下几种方式：

(1) FX 系列 PLC 与 RS-232 设备的通信(RS-232 通信)。如图 9-10 所示，FX 系列 PLC 可以与安装了 RS-232C 接口的各类设备在无条件协议的情况下交换数据。它适用于和计算机、条形码阅读器、打印机、各种测量器进行传送和接收数据。其规模为 1：1，信息传送距离最长为 15 m。通信设备：功能扩展板 FX1N-232-BDFX2N-232-BD、特殊适配器 FX0N-232ADP、FX2NC-232ADP、特殊模块 FX-232IF 等。

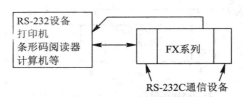

图 9-10　FX 系列 PLC 与 RS-232 设备的通信

(2) FX 系列 PLC 与 RS-485 设备的通信(RS-485 通信)。如图 9-11 所示，FX 系列 PLC 可以与安装了 RS-485 接口的各类设备在无条件协议的情况下交换数据。它适用于与计算机、条形码阅读器、打印机、各种测量器传送和接收数据。其规模为 1：1(1：n)，信息传送距离最长为 50 m 或 500 m。通信设备：功能扩展板 FX1N-485-BD、FX2N-485-BD、特殊适配器 FX0N-485ADP、FX2NC-485ADP 等。

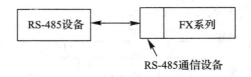

图 9-11　FX 系列 PLC 与 RS-485 设备的通信

(3) 外围扩展设备连接端口的通信连接。除 PLC 安装标准的 RS-422 接口以外，可以增加 RS-232、RS-422 端口一个通道，可以同时连接显示器 2 台等，规模为 1：1(1：n)。

信息传送距离可根据 RS-422 连接的外围设备的规格，RS-232C 信息传送距离最长为 15 m。通信设备：功能扩展板 FX1N-232-BD、FX2N-232-BD、FX1N-422-BD、

FX2N－422－BD、特殊适配器 FX0N－232ADP、FX2NC－232ADP 等，具体如图 9－12所示。

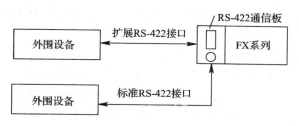

图 9－12　FX 系列 PLC 与外围扩展设备的通信连接

9.3　西门子小型 PLC 的联网与通信技术

9.3.1　西门子小型 PLC 的联网通信方式

西门子小型可编程控制器具有很强的通信功能，支持多种通信协议，能够满足不同设备的联网需求。其通信网络结构如图 9－13 所示。

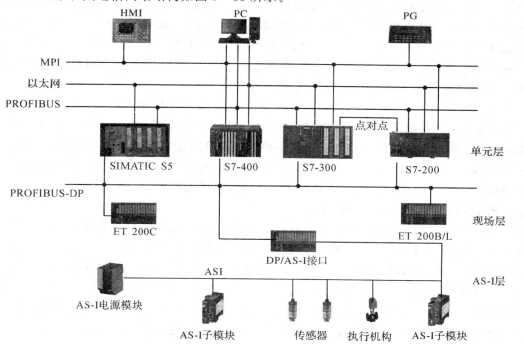

图 9－13　西门子 PLC 通信网络结构

1. 多点接口协议(MPI)

MPI 是多点接口(Multi Point Interface)的简称，MPI 的物理层是 RS－485。PLC 通过 MPI 能同时连接运行 STEP 7 的编程器(PG)、计算机(PC)、人机界面（HMI）及其他

SIMATIC S7、M7 和 C7。这是一种经济而有效的解决方案。STEP7 的用户界面提供了通信组态功能,使得通信十分简单。联网的 CPU 可以通过 MPI 接口实现全局数据(GD)服务,周期性地相互交换数据。每个 CPU 可以使用的 MPI 连接总数与其型号有关,为 6~64 个。

2. 工业现场总线(PROFIBUS)

工业现场总线是符合 IEC 61158 标准,具有开放性的用于车间级监控和现场层的通信系统。符合标准的各厂商生产的设备都可以接入同一网络中。带有 PROFIBUS-DP 主站接口的 CPU 能够方便地与带有从站接口的分布式 I/O 进行高速通信,与处理集中式 I/O 一样,系统的组态和编程方法完全一致。PROFIBUS 的物理层是 RS-485,最大传输速率为 12 Mb/s,最多可以与 127 个网络上的节点进行数据交换。该网络中最多可以串接 10 个中继器来延长通信距离。若使用光纤作通信介质,则通信距离可达 90 km。

3. 工业以太网(Industrial Ethernet)

西门子的工业以太网符合 IEEE 802.3 国际标准,通过网关来连接远程网络。其传输速率为 10/100 Mb/s,最多有 1024 个网络节点,网络的最大范围为 150 km。

采用交换式局域网,每个网段都能达到网络的整体性能和数据传输速率,电气交换模块与光纤交换模块将网络划分为若干个网段,在多个网段中可以同时传输多个报文。本地数据通信在本网段进行,只有指定的数据包可以超出本地网段的范围。全双工模式使一个站能同时发送和接收数据,且不会发生冲突。其传输速率为 20 Mb/s 和 200 Mb/s,可以构建环形冗余工业以太网,最大的网络重构时间为 0.3 s。其自适应功能自动检测出信号传输速率(10 Mb/s 或 100 Mb/s)。自协商是高速以太网的配置协议,通过协商确定数据传输速率和工作方式。使用 SNMP-OPC 服务器对支持 SNMP 协议的网络设备进行远程管理。

4. 点对点连接(Point-to-Point Connections)

点对点连接可以连接 S7 PLC 和其他串口设备。它使用 CP340、CP341、CP440、CP441通信处理模块或 CPU 31xC-2PtP 集成的通信接口,其中,接口有 20mA(TTY)、RS-232C 和 RS-422A/RS-485。通信协议有 ASCII 驱动器、3964(R)和 RK 512(只适用于部分 CPU)。它使用通信软件 PRODAVE 和编程用的 PC/MPI 适配器,通过 PLC 的 MPI 编程接口,可以实现计算机与 S7-300/400 的通信。

5. 执行器-传感器接口(AS-I)

AS-I 是执行器-传感器接口(Actuator Sensor Interface)的简称,位于最底层。AS-I 每个网段只能有一个主站。AS-I 所有分支电路的最大总长度为 100m,可以用中继器延长。可以用屏蔽的或非屏蔽的两芯电缆支持总线供电。DP/AS-I 网关(Gateway)用来连接 PROFIBUS-DP 和 AS-I 网络。CP 342-2 最多可以连接 62 个数字量或 31 个模拟量 AS-I 从站。它最多可以访问 248 个 DI 和 186 个 DO,可以处理模拟量值。西门子的 LOGO!微型控制器可以接入 AS-I 网络,西门子可提供各种各样的 AS-I 产品。

9.3.2 西门子小型 PLC 的联网通信技术

利用各种扩展模块,S7-200 可以通过相应的通信协议接入不同的网络。S7-200 通信主要有三种方式:

(1)点对点(PPI)通信:用于西门子 PLC 编程器或其他人机接口产品的通信,其通信协议是不公开的。

（2）DP 方式：这种方式使得 PLC 通过 PROFIBUS‐DP 通信接口 PROFIBUS 现场总线网络，从而扩大外设输入/输出的使用范围。

（3）自由端口（Freeport）通信：由用户定义通信协议，实现 PLC 与外设的通信。

1. 西门子 PLC 之间的通信

西门子 PLC 之间的通信方式参见表 9‐2 和表 9‐3。表中，将 ModBus RTU 简称为 RTU；将 PROFIBUS‐DP 简称为 DP。无线通信速率为 1200～115 200 b/s。

表 9‐2　S7‐200 CPU 之间的通信

通信方式	介质	本地需用设备	通信协议	数据量	编程方法	特点
PPI	RS‐485	RS‐485 网络部件	PPI	较少	编程或编程向导	简单、可靠、经济
Modem	音频模拟电话网	EM 241 扩展模块，模拟音频电话线（RJ45 接口）	PPI	大	编程向导	距离远
Ethernet	以太网	CP243‐1 扩展模块（RJ45 接口）	S7	大	编程向导	速度高
无线电	无线电波	无线电台	自由端口	中等	自由端口编程	多站时编程复杂

表 9‐3　S7‐200、S7‐300、S7‐400 之间的通信

通信方式	介质	本地需用设备	通信协议	数据量	本地需做工作	远程需做工作	远程需用设备	特点
DP	RS‐485	EM277，RS‐485 接口	DP	中等	无	配置或编程	DP 模块或带 DP 口的 CPU	可靠，速度高，仅作从站
MPI	RS‐485	RS‐485 硬件	MPI	较少	无	编程	CPU 上的 MPI 口	少用，仅作从站
Ethernet	以太网	CP243‐1（RJ45）接口	S7	大	编程向导配置编程	配置和编程	以太网模块/带以太网接口的 CPU	速度快
RTU	RS‐485	RS‐485 硬件	RTU	大	指令库	编程	串行通信模块和 Modbus 选件	仅作从站
无线电	无线电台	无线电台	自由端口	中等	自由端口编程	串行通信编程	串行通信模块	
			RTU	大	指令库	串行通信模块，无线电台，Modbus 选件	串行通信模块，无线电台，Mod‐bus 选件	仅作从站

2. S7‐200 与驱动装置之间的通信

S7‐200 与西门子 MicroMaster（例如 MM440、MM430、MM3 系列，SL‐NAMICS

G110)之间可以使用指令库中的 USS 指令进行简单、方便的通信。

3. S7 - 200 与第三方 HMI/SCDA 软件间的通信

S7 - 200 与第三方 HMI(操作面板)和上位机中的 SCADA(数据采集与监控)软件间的通信,主要有以下几种方式:

(1) OPC 方式(使用 PC Access V1.0)。

(2) PROFIBUS - DP。

(3) ModBus RTU,可以直接连接到 CPU 通信接口上或者连接到 EM241 模块上,后者需要 ModBus RTU 拨号功能。

如果监控软件是 VB/VC 应用程序,可以采用以下几种方式:

(1) 计算机上安装西门子的 PC Access V1.0 软件,安装后在帮助文件目录中的"示范项目"提供了连接 VB 的例子。

(2) 使用 ModBus RTU 协议,可以直接连接到 CPU 通信接口上或者连接到 EM241 模块上,后者需要 Modem 拨号功能。

(3) S7 - 200 采用自由端口模式,使用自定义协议通信。

(4) 在 VB 或 VC 中调用通信软件 Prodave,读/写 S7 - 200 存储区的函数。

4. S7 - 200 与第三方 PLC 之间的通信

S7 - 200 与第三方 PLC 之间的通信主要有以下几种方式:

(1) 对方作为 PROFIBUS - DP 主站,采用 PROFIBUS - DP 通信,这种通信方式最为方便、可靠。

(2) 对方作为 ModBus RTU 主站,可使用 ModBus RTU 从站通信。

(3) 在自由端口模式,使用自定义协议通信。

5. S7 - 200 与第三方 HMI(操作面板)之间的通信

第三方厂商的操作面板支持 PPI、PROFIBUS - DP、MPI、ModBus RTU 等 S7 - 200 支持的通信方式,可以和 S7 - 200 通信。

6. S7 - 200 与第三方变频器之间的通信

S7 - 200 如果和第三方变频器通信,需要按照对方的通信协议,在通过本地自由端口编程进行通信。如果对方支持 ModBus 协议,S7 - 200 则可以使用 ModBus 主站协议进行通信。

7. S7 - 200 与其他串行通信设备之间的通信

S7 - 200 可以与其他支持串行设备(如串行打印机,仪表等)通信。如果对方是 RS - 485接口,则可以直接连接;如果对方是 RS - 232JIEKOU,则需要用硬件转换。这类通信需要按照对方的通信协议,使用自有端口模式编程进行通信。

8. 计算机与 S7 - 200 控制单元之间的通信

安装了 STEP 7 - Micro/Win 的计算机可以通过下列方式 S7 - 200 CPU 进行通信:

(1) 通过 PC/PPI 电缆,与单个或者网络中的 CPU 通信接口(或 EM277 的通信接口)通信。

(2) 通过计算机上的通信处理器(CP 卡),与单个或者网络中的 CPU 通信接口(或 EM277 的通信接口)通信。

(3) 通过本地计算机上安装的 Modem(调制解调器),经过公用或者内部电话网,与安装了 EM241 模块的 CPU 通信。

（4）通过本地计算机上的以太网卡，经以太网与安装了 GSM Modem（例如 TC35T）的 CPU 通信。

（5）通过 PC Adapter USB（S7 - 300/400 的 USB 编程电缆），与 CPU 通信接口或 EM277 的通信接口通信。

（6）通过本地计算机上安装的 GSM Modem，与远程安装了 GSM Modem（例如 TC35T）的 CPU 通信，须申请并开通相应 SIM 卡的数据传输服务。

思考题与习题 9

9-1　目前 PLC 的联网与通信可通过何种技术系统进行连接？

9-2　CC - Link 技术系统是如何定义的？它是一种什么样的技术系统？有什么技术特点？

9-3　CC - Link 站的类型主要有哪些？各有何技术特点？

9-4　请画出以三菱 FX 的 A、QnA、Q 系列为主站的 CC - Link 联网通信方式的技术结构。说明其有何技术特点？又是如何进行通信的？

9-5　请画出以 FX 系列 PLC 为主站的 CC - Link 联网通信方式的技术结构。说明其有何技术特点？又是如何进行通信的？

9-6　请画出以 FX 系列 PLC 为主站的 CC - Link/LT 联网通信方式的技术结构。说明其有何技术特点？又是如何进行通信的？

9-7　请画出以 FX 系列 PLC 为主站的 I/O 联网通信方式的技术结构。说明其有何技术特点？又是如何进行通信的？

9-8　请画出以 FX 系列 PLC 为主站的 AS - I 联网通信方式的技术结构。说明其有何技术特点？又是如何进行通信的？

9-9　三菱小型可编程控制器的联网通信与数据链接方式主要有哪几种？说明各有何技术特点？

9-10　各种方式的三菱小型可编程控制器的联网通信与数据链接是如何进行工作的？各适用于何种管理系统？

9-11　请画出西门子小型可编程控制器常用的通信网络结构。可支持哪几种通信协议？

9-12　西门子小型可编程控制器 S7 - 200 通信主要有哪三种方式？各适用于何种系统？

9-13　西门子 PLC 之间的通信是如何进行的？有哪些通信方式？各有何特点？

9-14　西门子小型可编程控制器 S7 - 200 与驱动装置之间的通信是如何进行的？

9-15　西门子小型可编程控制器 S7 - 200 与第三方 HMI/SCDA 软件间的通信是如何进行的？具体通信主要有哪几种方式？

9-16　西门子小型可编程控制器 S7 - 200 与第三方 PLC 之间的通信是如何进行的？具体通信主要有哪几种方式？

9-17　西门子小型可编程控制器 S7-200 与第三方 HMI(操作面板)之间的通信是如何进行的？具体通信主要有哪几种方式？

9-18　西门子小型可编程控制器 S7-200 与第三方变频器之间的通信是如何进行的？

9-19　西门子小型可编程控制器 S7-200 与其他串行通信设备之间的通信是如何进行的？

9-20　计算机与西门子小型可编程控制器 S7-200 控制单元之间的通信是如何进行的？具体通信主要有哪几种方式？

第 10 章　PLC 在工业电气控制系统中的应用与分析

　　PLC 在各种电气控制设备和控制系统中的应用已非常普遍，它主要应用于工业自动化流水线生产过程的自动化控制、各种工业电气化设备的电气自动化控制系统、电力和交通系统的电气自动化控制系统、工业与民用建筑的供电、照明、城市供用电系统、各类工业和建筑电气设备的自动化控制等。本章主要介绍三菱 FX 系列 PLC 在工业货物传送机、水泵、自动门电气控制系统中的应用及控制系统分析，西门子 S7 – 200 系列 PLC 在工业混料控制系统和空调电气控制系统的应用及控制系统分析。

10.1　三菱 FX 系列 PLC 在工业电气控制系统中的应用与分析

10.1.1　三菱 FX 系列 PLC 在货物传送机电气控制系统中的应用与分析

　　一般的货物传送机主要由多台皮带传送机组成，此处所举货物皮带传送机实例由 5 台三相异步电动机 M1～M5 控制，具体如图 10 – 1 所示。

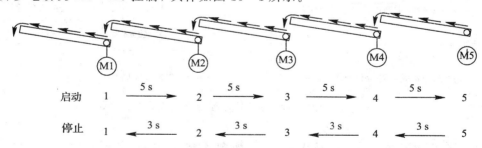

图 10 – 1　5 条皮带传送机构成的货物皮带传送机顺序控制系统

　　图 10 – 1 所示控制系统的具体工作原理图如图 10 – 2 所示。图 10 – 2(a)所示为货物皮带传送机 5 台三相异步电动机 M1～M5 的顺序启/停控制梯形图；图 10 – 2(b)所示为货物皮带传送机 5 台三相异步电动机 M1～M5 的顺序启/停控制的接线图。启动时，按下图 10 – 2(b)中所示启动按钮 SB1，则图 10 – 2(a)中启/停控制梯形图的输入继电器 X0 闭合一下，启动信号控制继电器 Y0(输出继电器)闭合并自锁，时间继电器 T0 接通。当图 10 – 2(b)中启动信号灯 HL0 亮 5 s 后，每隔 5 s 执行图 10 – 2(a)中顺序启/停控制梯形图中的位左移指令 SFTL 一次，电动机依次从电动机 M1 到电动机 M5 每隔 5 s 启动一台。在电动

机全部启动后，启动信号灯灭。停止时，按下图 10 - 2(b)中所示停止按钮 SB2，则图 10 - 2(a)中启/停控制梯形图的输入继电器 X1 闭合一下，输入继电器 X1 上升沿时执行图 10 - 2(a)中顺序启/停控制梯形图中的位右移指令 SFTR 一次，电动机按从 M5 首先停止，同时停止信号控制继电器 Y6(输出继电器)闭合并自锁，时间继电器 T1 接通，图 10 - 2(b)中所示停止信号灯 HL1 亮 3 s，每隔 3 s 执行图 10 - 2(a)中顺序启/停控制梯形图中的位右移指令 SFTR 一次，电动机按从 M5 到 M1 每隔 3 s 停止一台，在电动机全部停止后，停止信号灯 HL1 灭。当运行中按下图 10 - 2(b)中所示急停按钮 SB3 时，则图 10 - 2(a)中启/停控制梯形图的输入继电器 X2 闭合，全部复位指令 ZRST 执行，电动机从 M5 到 M1 全部停止运行。

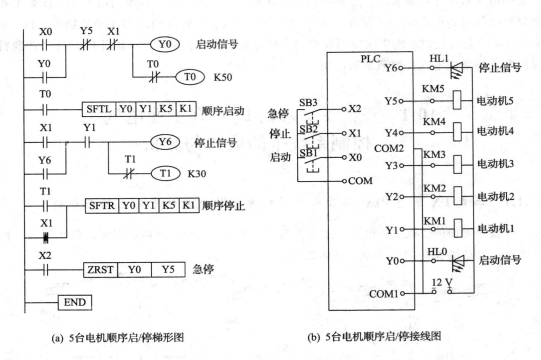

(a) 5台电机顺序启/停梯形图　　　　　　　(b) 5台电机顺序启/停接线图

图 10 - 2　货物皮带传送机顺序控制的梯形图和接线图

10.1.2　三菱 FX 系列 PLC 在水泵电气控制系统中的应用与分析

某供水系统由 4 台水泵构成，4 台三相异步电动机 M1~M4 驱动 4 台水泵。在供水系统供水运行时，要求 4 台水泵轮流运行控制，正常情况下要求 2 台水泵运行、2 台水泵备用。为了防止备用水泵长时间不用造成锈蚀等问题，要求 4 台水泵中 2 台运行，并每隔 8 h 切换一台，使 4 台水泵轮流运行。4 台水泵轮流工作时的三菱 FX 系列 PLC 控制系统图如图 10 - 3 所示。图 10 - 3(a)所示为 4 台供水泵轮流工作时的三菱 FX 系列 PLC 控制系统运行时序图；图 10 - 3(b)所示为 4 台供水泵轮流工作时的三菱 FX 系列 PLC 控制系统接线图；图 10 - 3(c)所示为 4 台供水泵轮流工作时的三菱 FX 系列 PLC 控制系统梯形图。

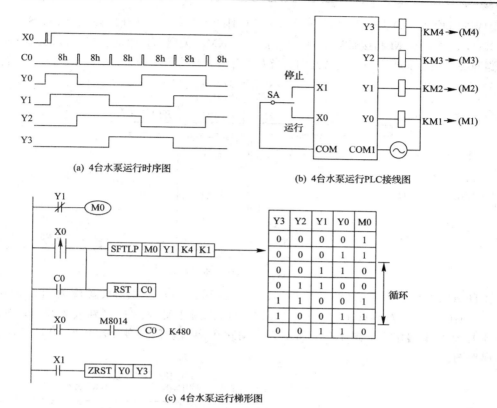

(a) 4台水泵运行时序图

(b) 4台水泵运行PLC接线图

(c) 4台水泵运行梯形图

图 10-3　4 台水泵轮流工作时的三菱 FX 系列 PLC 控制系统图

　　如图 10-3(a)所示三菱 PLC 控制系统运行时序图,每隔 8 h 有一台水泵电动机停止运行,同时有另一台水泵电动机启动运行,并且在每 8 h 中都有 2 台水泵电动机在运行。如图 10-3(b)和图 10-3(c)所示,当开关 SA 接通运行位置时,输入继电器 X0 闭合,在输入继电器 X0 上升沿时,PLC 执行 SFTL(P)上升沿位左移指令,1 号水泵电动机 M1 和 2 号水泵电动机 M2 工作,3 号水泵电动机 M3 和 4 号水泵电动机 M4 不工作。同时特殊辅助继电器 M8014 产生 1 min 定时计数脉冲,定时计数器 C0 开始计数。当计数达到 480 min 时,刚好是 8 h。此时定时计数器 C0 闭合,使 PLC 执行 SFTL(P)上升沿位左移指令一次,输出继电器 Y2 工作,3 号水泵电动机 M3 投入工作,此时输出继电器 Y0 停止工作,1 号水泵电动机 M1 停止工作。同时执行复位指令 RST,使定时计数器 C0 复位一次,定时计数器 C0 再次开始计数。当定时计数器 C0 再次计满 480 min 时,即 8 h,输出继电器 Y3 工作,4 号水泵电动机 M4 投入工作,此时输出继电器 Y1 停止工作,2 号水泵电动机 M2 停止工作。同时复位指令 RST 执行,使定时计数器 C0 复位一次。此后控制系统按照图 10-3(a)所示三菱 PLC 控制系统运行时序图不断进行循环工作。当需要停止所有水泵工作时,则将开关 SA 接通停止位置,使输入继电器 X1 闭合,PLC 执行全部复位指令 ZRST,所有水泵电机停止工作。

10.1.3　三菱 FX 系列 PLC 在自动门电气控制系统中的应用与分析

　　某工业的自动化车间的自动门控制示意图如图 10-4 所示,它主要由微波人体检测开关 SQ1（进门检测 X0）、SQ2（出门检测 X1）和门限位开关 SQ3（开门限位 X2）、SQ4（关门限位 X3），门控电机 M 和接触器 KM1（开门 Y0）、KM2（关门 Y1）组成。当人接近大门时，微波检测开关 SQ1、SQ2 检测到人就开门；当人离开后，若检测不到人，则经 2 s 后自动关门。

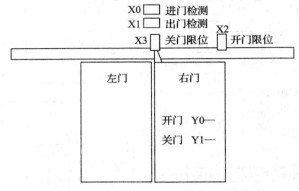

图 10-4　自动化车间自动门示意图

在自动化车间开门期间（8:00—18:00），检测开关 SQ1、SQ2 只要检测到人就开门；18:00—19:00，工作人员只能出不能进，只有出门检测开关 SQ2 检测到人才开门，而进门检测开关 SQ1 不起作用。图 10-5 所示为自动化车间自动门三菱 FX 系列 PLC 控制接线图和梯形图。

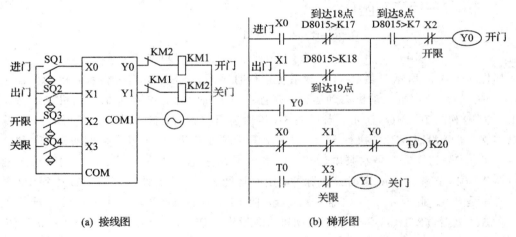

(a) 接线图　　　　　　　　　　(b) 梯形图

图 10-5　自动化车间自动门三菱 FX 系列 PLC 控制接线图和梯形图

如图 10-5(b)所示，在自动化车间开门期间（8:00—18:00）的时间控制，由三菱 FX 系列 PLC 内部的数据寄存器 D8015 控制 8:00，同时由三菱 FX 系列 PLC 内部的数据寄存器 D8015 控制 18:00 和 19:00。当 PLC 内部的数据寄存器 D8015 定时计数达到 8:00 时，开门回路输出继电器 Y0 回路可以接通，此时微波人体检测开关 SQ1 如检测到有人进入，则进门检测输入继电器 X0 接通，开门回路输出继电器 Y0 回路接通，并自锁，输出继电器 Y0 驱动接触器 KM1 开门；开门到达门限位置时，门限位开关 SQ3 动作使输入继电器 X2 断开，输出继电器 Y0 断开，开门停止。在 8:00—18:00 期间，只要有人进入，则进门检测开关 SQ1 检测到有人进入，输入继电器 X0 就接通，输出继电器 Y0 回路就处于接通状态，Y0 驱动接触器 KM1 处于开门状态；当人离开时，检测不到人，则输入继电器 X0 和 X1、输出继电器 Y0 均复位，使时间继电器 T0 开始计时，经计时 2 s 后将输出继电器 Y1 接通自动关门。当 PLC 内部的数据寄存器 D8015 定时计数达到 18:00 时，进行检测输入继电器 X0 回路关断，在 PLC 内部的数据寄存器 D8015 定时计数大于 18:00 且小于 19:00 时，进行检测输入继电器 X0 回路一直处于关断状态，只有出门检测开关 SQ2 检测到人才开门，而进门检测开关 SQ1 不起作用，工作人员只能出不能进。SQ4 为关门限位检测开关，当关门限位到位时 X3 断开，使关门输出继电器 Y1 回路关断，关门停止。

10.2　西门子 S7 – 200 系列 PLC 在工业电气控制系统中的应用与分析

10.2.1　西门子 S7 – 200 系列 PLC 在工业混料罐控制系统中的应用与分析

某工业企业的混料罐系统的工作原理图如图 10 – 6 所示。

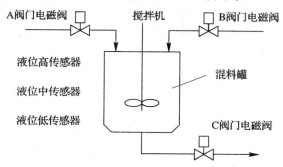

图 10 – 6　工业混料罐系统工作原理图

控制要求：系统开始工作时，液面应处于最低位，按下启动按钮，打开 A 阀门，液体 A 流入混料罐。当液面上升到中间位置时，关闭 A 阀门，打开 B 阀门，B 液体流入混料罐；当液面上升到最高位时，关闭 B 阀门，启动搅拌机，2 min 后停止搅拌，打开 C 阀门；当液面降至最低位后，延时 5 s 关闭 C 阀门，完成一次工作过程。

在工作过程中，若没有按下停止按钮，则系统在 2 s 后自行启动上述工作循环；否则，当一次循环过程结束后系统停止运行。按下复位按钮，系统恢复至初始状态。

首先进行系统的 I/O 地址分配，如表 10 – 1 所示。

表 10 – 1　工业混料罐控制系统 I/O 分配表

名称	类型	地址	名称	类型	地址
启动按钮	输入	I0.0	液位低传感器	输入	I0.5
停止按钮	输入	I0.1	A 阀门电磁阀	输出	Q0.0
复位按钮	输入	I0.2	B 阀门电磁阀	输出	Q0.1
液位高传感器	输入	I0.3	C 阀门电磁阀	输出	Q0.2
液位中传感器	输入	I0.4	搅拌机	输出	Q0.3

设系统的初始状态为 S0.0，工作过程可划分为 6 个顺控段：A 阀门打开、B 阀门打开、搅拌机工作、C 阀门打开、延时 5 s 和延时 2 s，它们分别由 S0.1、S0.2……S0.6 表示。

系统功能图及控制程序如图 10-7 所示。

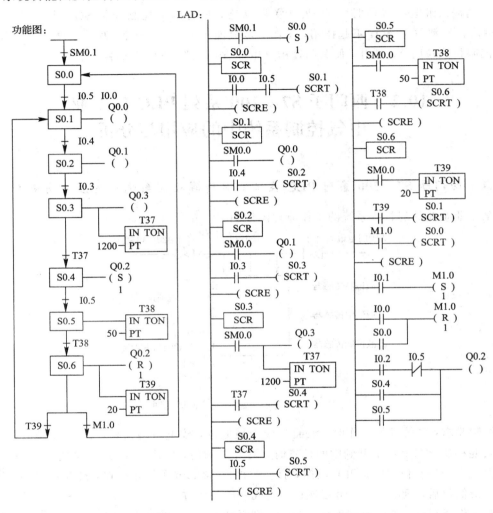

图 10-7　工业混料罐控制功能图及 S7-200 PLC 控制程序

在控制程序中需要重点理解的是对停止过程的处理。当 I0.1 为"1"时，置位 M1.0，但此时并不停止整个系统的工作。也就是说，用置位指令来记录"停止按钮曾经被按下"。只有当系统运行到 S0.6 表示的顺控段时，才对 M1.0 进行检测。如果此时 M1.0 为"1"，则立即转移至 S0.0，返回至初始状态，用 S0.0 将 M1.0 复位；否则，当 T39 延时时间到后，转移至 S0.1，重新开始一次工作循环。

系统复位是指系统恢复至初始状态。可以看出，复位过程实际上是打开 C 阀门使液面下降的过程。同时 C 阀门应在 S0.4 和 S0.5 所表示的顺控段中打开，因此将 S0.4、S0.5 常开触点及复位按钮相"或"组成 Q0.2 的输出电路。

此处要注意的是，虽然 Q0.2 在 S0.4 和 S0.5 所表示的顺控段中为"1"，但程序中不能在 S0.4 和 S0.5 的程序段中分别输出 Q0.2，只能使用置位、复位指令或图示"或"的方法。因为在 PLC 程序中，一个元件在多个梯级中多次输出时，仅有最后一个梯级的逻辑功能有效，其他均无效，这是由 PLC 扫描方式决定的。

10.2.2　西门子 S7 - 200 系列 PLC 在中央空调电气控制系统中的应用与分析

下面以某单位中央空调监控系统为例，介绍西门子 S7 - 200 系列 PLC 在中央空调电气控制系统中的应用与分析。其下位机采用 S7 - 200 系列 PLC，用梯形图编写控制程序。在该系统中，上位机的监控界面采用力控组态软件实现。

1. 系统的监控点表

根据上述空调机组和水系统中的监控内容，可列出中央空调系统的监控点表，如表 10 - 2 所示。

表 10 - 2　中央空调系统的监控点表

系统	监控点名称	输　入		输　出	
		DI	AI	DO	AO
风系统	新风温湿度监测		2		
	送风温湿度监测		2		
	回风温湿度监测		2		
	防冻保护报警	1			
	过滤器阻塞报警	1			
	送风机压差报警	1			
	送风机手/自动状态	1			
	送风机运行状态	1			
	送风机故障报警	1			
	送风机启/停控制			1	
	回风机压差报警	1			
	回风机手/自动状态	1			
	回风机运行状态	1			
	回风机故障报警	1			
	回风机启/停控制			1	
	加湿阀控制			1	
	新风风门控制		1		1
	排风风门控制		1		1
	回风风门控制		1		1
	冷水电动二通阀监控		1		1
	热水电动二通阀监控		1		1

续表

系统	监控点名称	输 入		输 出	
		DI	AI	DO	AO
水系统	冷冻水供水温度 T1 监测		1		
	冷冻水回水温度 T2 监测		1		
	冷却水供水温度 T4 监测		1		
	冷却水回水温度 T3 监测		1		
	水流监测 FS	2			
	冷冻水阀控制			1	
	冷冻水泵启/停			1	
	冷冻水供回水压差		1		
	旁通阀监控		1		1
	冷却水阀控制			1	
	冷却水泵启/停			1	
	制冷机组启/停			1	
	冷冻水流量监测 F1		1		
	冷却水流量监测 F2		1		
	冷却塔风机控制				1
合计		12	19	8	7

2. PLC 硬件选型及系统配置

现场控制器采用 S7 - 200 系列 PLC。由表 10 - 2 所示的系统监控点数,再考虑一定的裕量,可得出该系统的硬件选型及点数对照表,如表 10 - 3 所示。

表 10 - 3 PLC 硬件模块选型及点数对照表

模块名称	型号及订货号	数量	数字量 I/O 点数	模拟量 I/O 点数
CPU 模块	CPU224 6ES7 214 - 1AD23 - 0XB0	1	14/10	
模拟量输入/输出扩展模块	EM235 6ES7 235 - 0KD22 - 0XA0	5		4/1
模拟量输出扩展模块	EM232 6ES7 232 - 0HB22 - 0XA0	1		0/2

S7 - 200 PLC 控制系统的硬件配置图如图 10 - 8 所示。

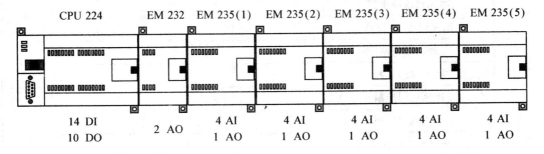

图 10 - 8 西门子 S7 - 200 系列 PLC 硬件系统配置图

S7 - 200 PLC 控制系统各模块 I/O 编制范围如表 10 - 4 所示。

表 10 - 4　西门子 S7 - 200 系列 PLC 控制系统各模块编址范围

模　　块	CPU224	EM232	EM235(1)	EM235(2)	EM235(3)	EM235(4)	EM235(5)
输入 地址	I0.0～I0.7 I1.0～I1.5		AIW0 AIW2 AIW4 AIW6	AIW8 AIW10 AIW12 AIW14	AIW16 AIW18 AIW20 AIW22	AIW24 AIW26 AIW28 AIW30	AIW32 AIW34 AIW36 AIW38
输出 地址	Q0.0～Q0.7 Q1.0～Q1.1	AQW0 AQW2	AQW4 (AQW6)	AQW8 (AQW10)	AQW12 (AQW14)	AQW16 (AQW18)	AQW20 (AQW22)

注意：对于 S7 - 200 系列 PLC 的模拟量输入/输出扩展模块 EM235，系统会为每个模块预留一个模拟量输出地址，即 EM235 输出地址中加"括号"的地址，这些地址在实际中不能使用。

3. PLC 控制系统 I/O 地址表

S7 - 200 PLC 控制系统 I/O 端口分配表如表 10 - 5 所示。

表 10 - 5　西门子 S7 - 200 系列 PLC 控制系统 I/O 分配表

名　　称	I/O 地址	类型	名　　称	I/O 地址	类型
防冻开关	I0.0	DI	送风监测湿度传感器	AIW6	AI
过滤器压差开关	I0.1	DI	回风监测温度传感器	AIW8	AI
送风机压差开关	I0.2	DI	回风监测湿度传感器	AIW10	AI
送风机手/自动状态	I0.3	DI	新风风门开度反馈	AIW12	AI
送风机运行状态	I0.4	DI	回风风门开度反馈	AIW14	AI
送风机故障报警	I0.5	DI	排风风门开度反馈	AIW16	AI
回风机压差报警	I0.6	DI	冷水电动二通阀开度控制	AIW18	AI
回风机手/自动状态	I0.7	DI	热水电动二通阀开度反馈	AIW20	AI
回风机运行状态	I1.0	DI	冷冻水供水温度 T1	AIW22	AI
回风机故障报警	I1.1	DI	冷冻水回水温度 T2	AIW24	AI
水流开关 FS1	I1.2	DI	冷却水回水温度 T3	AIW26	AI
水流开关 FS2	I1.3	DI	冷却水回水温度 T4	AIW28	AI
送风机启/停控制	Q0.0	DO	冷冻水供回水压差	AIW30	AI
回风机启/停控制	Q0.1	DO	旁通阀开度反馈	AIW32	AI
加湿阀开/闭控制	Q0.2	DO	冷冻水流量监测 F1	AIW34	AI

名　称	I/O 地址	类型	名　称	I/O 地址	类型
冷却水阀控制	Q0.3	DO	冷却水流量监测 F2	AIW36	AI
冷却水泵启/停控制	Q0.4	DO	新风风门控制	AQW0	AO
冷冻水阀控制	Q0.5	DO	排风风门控制	AQW2	AO
冷冻水泵启/停控制	Q0.6	DO	回风风门控制	AQW4	AO
制冷机组启/停控制	Q0.7	DO	冷水电动二通阀开度	AQW8	AO
新风监测温度传感器	AIW0	AI	热水电动二通阀开度	AQW12	AO
新风监测湿度传感器	AIW2	AI	旁通阀监控	AQW16	AO
送风监测温度传感器	AIW4	AI	冷却塔风机控制	AQW20	AO

4. 中央空调系统的启/停控制程序

中央空调的启动过程一般是先启动风系统，然后是水系统。具体启动顺序：新风阀、回风阀、排风阀→送风风机→回风风机→冷却塔风机→冷却水阀→冷却水泵→冷冻水阀、冷冻水调节阀→冷冻水泵→冷水机组。

中央空调的停止过程与启动过程相反。停止过程：冷水机组→冷冻水泵→冷冻水阀、冷冻水调节阀→冷却水泵→冷却水阀→冷却塔风机→回风风机→送风风机→新风阀、回风阀、排风阀。

中央空调系统控制的主程序如图 10-9 所示。SBR_0 为启/停控制子程序，SBR_4 为送风温度控制子程序，SBR_5 为湿度控制子程序。

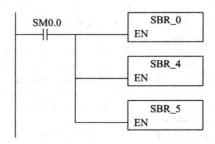

图 10-9　中央空调系统控制主程序

中央空调系统启/停控制的各子程序分别如图 10-10 和图 10-11 所示。其中，图 10-10 为启停控制子程序 1，图 10-11 为中央空调系统启/停控制子程序 2。在图 10-10 程序中，各设备按照新风阀、回风阀、排风阀→送风风机→回风风机→冷却塔风机→冷却水阀→冷却水泵→冷冻水阀、冷冻水调节阀→冷冻水泵→冷水机组的顺序来顺序启动、逆序停止，时间间隔为 5 s。

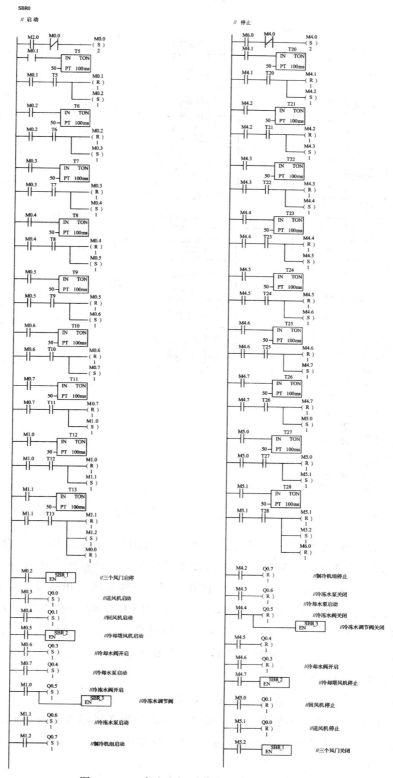

图 10-10　中央空调系统启/停控制子程序 1

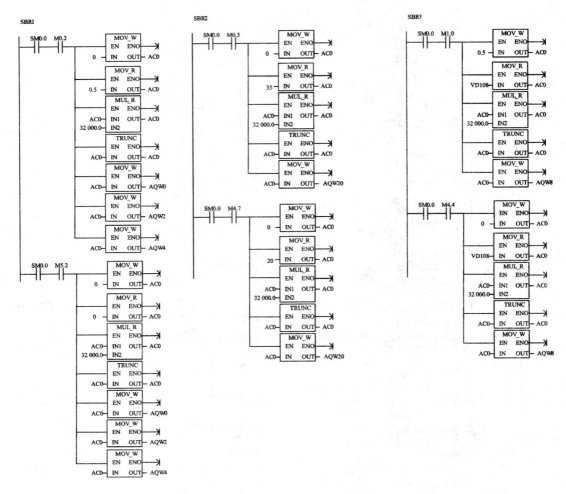

图 10-11 中央空调系统启/停控制子程序 2

M2.0、M6.0 为中间变量，当上位机"启动"命令发出后，M2.0 为 1，各设备顺序启动；当上位机"停止"命令发出后，M6.0 为 1，各设备顺序停止。此程序中还包含了 3 个子程序 SBR_1、SBR_2、SBR_3。启动时，SBR_1 将新风风门、排风风门和回风风门的开度初始化为 50%，SBR_2 将冷却塔风机的频率设定为 35Hz，SBR_3 将冷水调节阀开度初始化为 50%。停止时，SBR_1 将新风风门、排风风门和回风风门的开度设定为 0%，SBR_2 将冷却塔风机的频率设定为 20Hz，SBR_3 将冷水调节阀开度设定为 0%。

5. 温度控制与湿度控制

中央空调启动后，开始实施温度控制和湿度控制。

中央空调送风温度控制的思路：送风温度传感器检测送风温度并送至 PLC 中，与其设定值比较后经 PI 运算计算出阀门开度，送至冷水调节阀执行器。该送风温度控制子程序如图 10-12 所示。

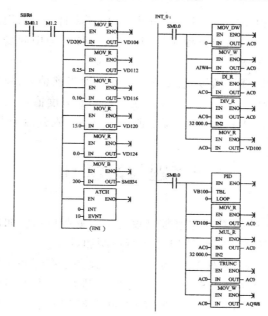

图 10 - 12　中央空调系统送风温度控制子程序

在送风温度控制子程序中，控制参数 Kc＝0.25、Ts＝0.1、TI＝15。PID 指令控制回路表首地址为 VB100。采用定时中断 0（中断事件 10）调用 PID 控制程序，定时时间设定为200 ms，相应的中断服务程序为 INT_0。M1.2 为中间变量，实施联锁控制，即系统启动后方可进行温度调节。VD200 中存放经优化算法后计算出的最佳送风温度设定值。该送风温度控制子程序中省略了最佳送风温度设定的优化算法。

在中断服务程序中，CPU 读取输入变量 AIW4 送风温度当前值，并经标准化后存入控制回路表的 VD100 中。执行 PID 指令后，指令输出值被换算后送至 AQW8，经 D/A 转换后输出。

中央空调送风湿度控制思想：通过送风湿度传感器检测送风湿度，并送入 PLC 与设定之比较，当相对湿度在 0.55～0.65 之间时，关闭加湿阀；当湿度低于 0.55 时，开启加湿阀加湿。该送风湿度控制子程序如图 10 - 13 所示。

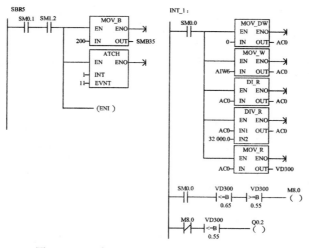

图 10 - 13　中央空调系统送风湿度控制子程序

在送风湿度控制子程序中,采用定时中断 1(中断事件 11)调用湿度控制程序,定时时间设定为 200 ms,相应的中断服务程序为 INT_1。M1.2 为中间变量,实施联锁控制,即系统启动后方可进行湿度调节。

当中断执行时,CPU 读取模拟量 AIW6 送风温度当前值,并经标准化后存入 VD300 中,并与湿度设定值上限 0.65、下限 0.55 比较。若当前湿度值在 0.55～0.65 之间及当前湿度值大于 0.65,则关闭加湿阀;若当前湿度值小于 0.55,则开启加湿阀。

思考题与习题 10

10 - 1   三菱 FX 系列 PLC 在电气控制设备中有哪些应用? 如何在电气控制设备的电气控制系统中有效应用三菱 FX 系列 PLC 进行控制和设计?

10 - 2   西门子 S7 - 200 系列 PLC 在电气控制设备中有哪些应用? 如何在电气控制设备的控制系统中有效应用西门子 S7 - 200 系列 PLC 进行控制和设计?

10 - 3   三菱 FX 系列 PLC 和西门子 S7 - 200 系列 PLC 在电气控制设备中的应用有哪些相同点和不同点?

10 - 4   请分析图 10 - 7 的工作原理,并编写其相应的控制程序。

10 - 5   请简要分析图 10 - 10 和图 10 - 11 的控制程序工作原理,并画出相应的控制流程图或状态转移图。

第 11 章　工业电气自动化设备的
电气控制系统设计

工业电气自动化设备的电气控制系统设计主要有继电接触控制系统设计、PLC 控制系统设计、DDC 控制系统设计、单片微型计算机和 DSP 控制系统设计、嵌入式控制系统设计、系统计算机和 DCS 控制系统设计、控制系统装置设计等。工业电气自动化设备和自动化生产线的电气控制系统设计一般应包括确定电气设备和自动化生产线的拖动方案、选择拖动电动机的容量和设计电气控制系统线路、电气控制系统和控制元器件的正确选用等内容。本章主要介绍工业电气自动化设备和自动化生产线常用继电接触控制系统设计思路和设计方法、PLC 控制系统设计思路和设计方法、控制系统装置等设计思路和设计方法。

11.1　工业电气自动化设备电气控制系统设计概述

1. 电气自动化设备电气控制系统设计基本内容

一台工业电气自动化设备或一条自动化生产线一般主要由机械部分和电气部分组成。电气部分的设计通常是和机械部分的设计同时进行的。电气设计是电气自动化设备和自动化生产线设计工作的重要组成部分，电气部分设计的好坏直接影响到电气自动化设备和自动化生产线的使用效能及其先进性。

对于现代工业电气自动化设备和自动化生产线的电气控制系统设计而言，主要是根据机械等相关专业提出的电气设备及控制要求，设计满足实际需要的电气控制系统的控制线路和选择出所需要的控制系统元器件。电气自动化设备的电气控制系统设计一般应包括确定电气设备的拖动方案、选择拖动电动机的容量、设计控制线路、正确选用电气控制系统和控制的元器件等。它主要是设计电气控制系统的主电路和控制电路的电气原理图、元器件布置图、安装接线图等三大图。此处主要介绍电气控制系统的电气原理图设计。

2. 电气自动化设备电气控制系统设计的基本步骤

1）拟定技术条件（技术任务书）

电气自动化设备和自动化生产线的电气控制系统的技术条件，通常是以设计技术任务书的形式表示的。它作为整个系统设计的主要依据，除了简要说明所设计的电气自动化设备和自动化生产线的名称、型号、用途、工艺过程、技术性能、传动参数以及现场的工作条件外，还必须包含以下内容：

（1）用户供电电网的种类、电压、频率及容量。

（2）有关电力拖动的基本特性，如运动部件的数量和用途、负载特性、调速范围和平滑性，电动机的启动、反向、制动要求等。

（3）有关电气控制系统原理线路的基本特性，如电气控制的基本方式、自动工作循环的组成、自动控制的动作顺序、电气保护及连锁条件等。

（4）有关电气自动化设备和自动化生产线操作方面的要求，如电气自动化设备和自动化生产线操作台的样式及布置、操作按钮的设置和作用，测量仪表的种类以及显示、报警和照明要求等。

（5）电气自动化设备和自动化生产线主要的电器元件（如电动机、执行电器和行程开关等）的布置草图。

总之，设计技术条件（技术任务书）要由参与设计的各方面人员根据所设计的电气自动化设备和自动化生产线的总体技术要求共同探讨拟定。

2）选择传动形式与控制方案

电气自动化设备和自动化生产线电气传动形式的选择，是以后各部分设计内容的基础。电气自动化设备和自动化生产线的不同电气传动形式对于电气自动化设备和自动化生产线的整体结构和性能有着重大的影响。具体内容如下：

（1）电力拖动方式的确定。拖动方式包括单电机拖动、多电机拖动。单电机拖动是指由一台电动机来拖动一台设备，电动机通过机械传动部分将动力传送到该设备的每一个工作机构。这种拖动方式电气控制部分简单，但机械部分结构复杂。多电机拖动是指由多台电动机来分别驱动一台机电设备的各个工作机构。这种拖动方式不仅大大简化了机械传动机构，减小了机械传动累积误差，而且控制灵活，使机电设备便于实现自动化。因此现代化的机电传动基本上是采用这种拖动方式。

（2）调速方式的确定。工业电气自动化设备和自动化生产线的调速性能是由其使用功能决定的。例如恒压供水系统水泵的调速，根据供水压力的不同要求，需采用不同的拖动速度，以保证供水的质量。实现电气自动化设备和自动化生产线的调速可采用调压调速、变极调速、变频变压调速等方法。

（3）负载特性。电气自动化设备和自动化生产线的各个工作机构可具有各不相同的负载特性 $[P=f(n)，T=f(n)]$，主要分为恒转矩型和恒功率型。如起重机、搅拌机的传动等为恒功率负载，而水泵的驱动则为恒转矩负载。

在选择电动机的调速方案时，要使电动机的调速特性与负载特性相适应，以求得电动机充分、合理的应用。

例如，双速鼠笼形异步电动机，当定子绕组由△形联结改接成 YY 形联结时，转速增加一倍，而功率却增加很少，因此它适用于恒功率传动；但对于低速为 Y 形联结的双速电动机改接成 YY 形后，转速和功率都增加了一倍，而电动机所输出的转矩却保持不变，故适用于恒转矩传动。再如他励直流电动机改变电压调速的方法属于恒转矩调速；而改变励磁的调速方法属于恒功率调速。

（4）启动、制动和反向要求。许多电气自动化设备和自动化生产线的启动、停止、正/反转运动，只要条件允许，这些功能最好由电动机来完成。电气自动化设备和自动化生产线的传动系统的启动转矩一般都比较小，因此原则上可采用任何一种启动方式。对于它的辅助运动，在启动时往往要克服较大的静转矩，所以在必要时可选用高启动转矩的电动机或采用提高启动转矩的措施。

另外，还要考虑电网容量。对于电网容量不大而启动电流较大的电动机，一定要采取限制启动电流的措施，如串电阻降压启动等，以免电网电压波动较大而造成事故。

　　驱动电机是否需要制动，应视设备工作循环的长短而定。若要求迅速制动，则可采用反接制动。反接制动更适合于制动后并反向运行的场合。若要求制动平稳、准确，即在制动过程中不允许有反转的可能时，宜采用能耗制动方式。在起重运输设备中，也常采用具有连锁保护功能的电磁机械制动。

　　3）选择电动机

　　选择电动机的基本依据：在满足电气自动化设备和自动化生产线对拖动系统静态和动态特性要求的前提下，力求电动机结构简单，运行可靠，维护方便，成本低廉。

　　在选择电动机时首先要选择合适的功率。功率过大，设备投资大，同时电动机欠载运行，使效率和功率因数降低，造成浪费；相反，功率过小，电动机过载运行，过热使电动机的寿命降低，或者不能充分发挥设备的效能。

　　另外，电动机的转速、电压、结构类型等的选择也要综合考虑。

　　（1）电动机类型的选择：

　　① 不需要调速且对启动性能也无过高要求的电气自动化设备和自动化生产线，应优先选择鼠笼形异步电动机（如 YL 型、JS 型、Y 系列等）。

　　② 对于要求经常启动、制动，负载转矩较大且又有一定调速要求的电气自动化设备和自动化生产线，应考虑选用绕线式异步电动机。

　　③ 需要补偿电网功率因数及获得稳定的工作速度时，应优先选用同步电动机。

　　④ 对于需要大启动转矩和恒功率调速的电气自动化设备和自动化生产线，宜采用直流串励或复励电动机。

　　⑤ 对只需要几种速度，而不要求无级调速的电气自动化设备和自动化生产线，为了简化变速机构，可选用多速异步电动机。

　　⑥ 对要求大范围无级调速，且要求经常启动、制动、正/反转的电气自动化设备和自动化生产线，则可选用带调速装置的直流电动机或带变频调速装置的鼠笼形异步电动机。

　　（2）电动机额定功率的选择。确定电动机的额定功率主要考虑两个因素：一是电动机的发热与温升；二是电动机的短时过载能力。此外，对于鼠笼形异步电动机还要考虑其启动能力。

　　① 确定电动机额定功率的方法。确定电动机额定功率的方法主要有计算法、统计法、类比法。

　　计算法：根据机械负载变化的规律，绘制电动机的负载图，然后依此计算电动机的温升曲线，从而确定电动机的额定功率。

　　统计法：通过对相同类型的设备所选用的电动机的额定功率进行统计和分析，从中找出电动机额定功率与设备主要参数间的关系，得到相应的电动机额定功率的计算方法，作为选用电动机额定功率的主要依据。

　　类比法：调查、研究经过长期运行考验的同类型或相近类型的设备所选用的电动机的额定功率，再考虑不同工作条件的影响，来确定所需电动机的额定功率。

　　确定电动机额定功率的实用方法比较简单，但有一定的局限性，它们不能考虑到具体设备的实际工作特点，在合理选用时还需要有一定的实际运行经验和设计经验。因此，用实用方法选择的电动机，最好再通过实验进行校验。

② 确定电动机额定功率的步骤：

（a）计算生产机械的负载功率。

（b）根据负载功率，预选电动机的额定功率。

（c）对预选的电动机进行校核：通常先校核发热与温升，然后校核短时过载能力，对鼠笼形异步电动机还要校核其启动能力，各项校核均通过后，预选的电动机便可得以确定。如果有一项校核未通过，则应从第二步起从新进行，直到通过为止。

（3）电动机额定转速的选择。额定功率相同时，额定转速高的电动机体积小、价格便宜，且效率和功率因数也高，因此选用高速电动机较为经济。但如果设备所需转速较低，而且电动机转速很高就会使减速机构的结构复杂，因此应通过综合分析来确定电动机的额定转速。

（4）电动机结构形式的选择。根据工作环境的不同，它可以选用开启式、防护式、封闭式和防爆式等。

4）设计电气控制系统原理图

电气控制系统原理图设计的一般要求：

（1）应最大限度地满足电气自动化设备和自动化生产线对电气控制系统原理图线路的要求，按照工艺要求能准确、可靠地工作。

（2）在满足设备工作要求的前提下，力求使控制线路简单、经济，布局合理，电气元件选择正确并能得到充分的利用。

（3）保证控制线路的安全、可靠，具有必要的保护装置和连锁环节，在误操作时不会发生重大事故。

（4）尽量便于操作和维修。

5）选择控制方法和控制元件、设计电器元件布置图、制定电器元件明细表

根据电气自动化设备和自动化生产线对电气控制线路的工作过程要求和成本要求，可采用继电接触控制方法、PLC 方法、DDC 控制器方法、系统计算机控制方法、PLC 加继电接触控制方法、系统计算机与 PLC 和继电接触综合控制方法等。

根据不同的控制方法确定电气控制元件，制定电器元件明细表，设计电器元件布置图。

6）设计电气柜、操作台、配电板等

根据不同的控制方法，设计相应的电气柜、操作台、配电板等。

7）绘制电气自动化设备和自动化生产线的电气安装图和接线图

根据所设计的电器元件布置图、电气柜、操作台、配电板等，绘制电气自动化设备和自动化生产线的电气元器件安装图和（总装）接线图。

8）编写设计计算说明书和使用说明书

根据所设计的电气自动化设备和自动化生产线控制系统原理图、电气元器件安装图和（总装）接线图、电气柜、操作台、配电板等，编写设计计算说明书和使用说明书。

11.2　工业电气自动化设备的继电接触控制系统原理图设计

电气自动化设备和自动化生产线的继电接触控制系统设计一般应包括确定电气自动化设备和自动化生产线的拖动方案、选择拖动电动机的容量、设计继电接触控制线路、正确选用电气自动化设备和自动化生产线的元器件。电气自动化设备和自动化生产线的继电接触控制系统设计的一般方法通常有两种：经验设计法和逻辑设计法。

经验设计法：根据生产机械的工艺要求与过程或者根据受控设备的控制需要利用各种典型的继电接触控制线路环节为基础进行修改、补充，综合成所需要的继电接触控制线路。

逻辑设计法：根据各种电气设备的工艺控制要求，利用特征逻辑函数表征控制设备的动作状态，并用逻辑代数式分析设计继电接触控制线路。

11.2.1　继电接触控制系统原理图的经验设计法

从满足电气自动化设备和自动化生产线的工作过程要求出发，按照电动机的控制方法，利用各种基本控制环节和原则，借鉴典型的控制线路，把它们综合地组合成一个整体。这种设计方法虽然比较简单，但要求设计人员必须熟悉控制线路，掌握多种典型线路的设计资料，同时具有丰富的设计经验。

由于经验设计方法是靠经验进行的，因而灵活性大。对于比较复杂的线路，有可能要经过多次反复的修改，才能得到符合要求的控制线路。另外，初步设计出来的控制线路有可能有几种，这时要加以分析、比较，反复修改、简化，甚至要通过实验加以验证，才能确定比较合理的设计方案。用此方法设计的线路可能不是最简单的，所用的电器及触点不一定是最少的，所得的方案也不一定是最佳的。

1. 继电接触电气控制系统原理图经验设计法的一般步骤

（1）根据相关专业提出的控制要求和电气自动化设备与自动化生产线的工作过程要求，对被控电气自动化设备和自动化生产线的工作过程作全面了解，并对已有相近设备的控制线路进行分析，选择拖动电动机的容量，制定出具体、详细的控制要求，作为设计继电接触电气控制线路的依据及控制目标。

（2）根据经验按继电接触电气控制要求的启动、停车、正/反转、制动及调速等设计主电路。

（3）根据设计经验，以及继电接触电气控制系统主电路的工作要求，参照继电接触电气控制系统典型控制环节设计继电接触电气控制线路的基本环节。

（4）根据经验和电气自动化设备与自动化生产线各部分运动要求的配合关系及连锁关系设计继电接触电气控制线路的特殊环节。

（5）根据经验分析运行过程中可能出现的故障，在继电接触电气控制线路中加入必要的保护环节。

（6）根据经验综合审查继电接触控制系统的整体电路，按继电接触控制线路的动作步骤分析线路工作原理，检查线路是否能达到控制目的，完善继电接触控制系统电路，必要时可做实验以进一步验证。

2. 满足控制要求的继电接触控制线路的简单、经济措施

（1）尽量选用典型、常用或经实际验证过的线路和环节。

（2）尽量选用相同型号的电器，以减少备品量。

（3）尽量缩短连接导线的长度，可采用如图 11 - 1 所示的方法。

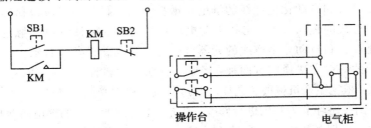

(a) 用4根板外线接线

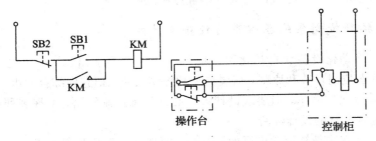

(b) 用3根板外线接线

图 11 - 1　节省连接导线的方法

（4）尽量减少触点数，以简化线路，减少可能的故障点。方法是：合并同类触点，利用二极管的单向导电性简化直流电路，利用逻辑代数法合并同类触点。具体可采用如图 11 - 2～图 11 - 4 所示的方法。

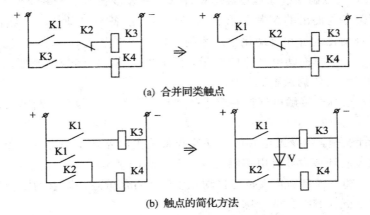

(a) 合并同类触点

(b) 触点的简化方法

图 11 - 2　简化直流电路

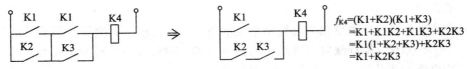

$$f_{K4}=(K1+K2)(K1+K3)$$
$$=K1+K1K2+K1K3+K2K3$$
$$=K1(1+K2+K3)+K2K3$$
$$=K1+K2K3$$

图 11 - 3　利用逻辑代数法合并同类触点 1

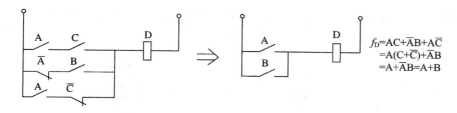

图 11-4　利用逻辑代数法合并同类触点 2

（5）尽量减少不必要的通电电器，以减少电能损耗、延长控制电器的寿命。

3. 保证控制线路工作可靠性的措施

（1）正确连接电器的触点。同一电器的各对触点应接在电源的同一相上，以避免在电器触点分断电路产生飞弧时，由飞弧引起的相间短路，应避免图 11-5 所示的错误接法。

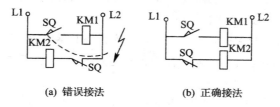

（a）错误接法　　　　　　（b）正确接法

图 11-5　同一电器各对触点的接法

（2）正确连接电器的线圈。

① 在交流控制线路中，不能串联接入如图 11-6 所示的两个电器线圈，即使外加电压是两个线圈额定电压之和也不允许。

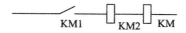

图 11-6　串联接入两个电器线圈

因为每个线圈上所分配的电压与线圈阻抗成正比，两个电器动作总有先后，先吸合的电器磁路先闭合，其阻抗比没吸合的电器大，电感显著增加，线圈上的电压也相应增大，故没吸合电器的线圈上的电压达不到吸合值。同时电路电流将增加，有可能烧毁线圈。因此两个线圈需同时动作时，两个线圈应并联。

② 在设计控制电路时，电器线圈的一端应接在电源的同一端。如图 11-7 所示，继电器、接触器以及其他电器的线圈一端统一接在电源的同一侧，使所有电器的触点在电源的另一侧。这样当某一电器的触点发生短路时，不致引起电源短路。同时也方便安装与接线。

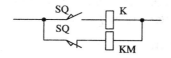

图 11-7　电器线圈接在电源的同一端

（3）减少多个电器元件依次动作后才接通某一电器的控制方式。如图 11-8 所示，在

控制线路中应尽量避免许多电器触点依次接通才接通某一电器的控制方式，应避免图
11-8(a)的不合理使用方式。

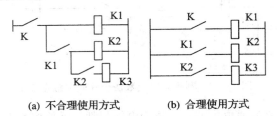

(a) 不合理使用方式　　　(b) 合理使用方式

图 11-8　减少多个电器元件依次动作后接通某一电器

（4）提高电器触头的接通和分断能力。应考虑提高电器触头的接通和分断能力，若容
量不够，可在线路中增加中间继电器或增加线路中触头数目。增加接通能力可用多触头并
联；增加分断能力则用多触头串联。

采用小容量继电器控制大容量的接触器时，应校核其触点容量是否允许。

（5）电气互锁与机械互锁。在频繁操作的可逆线路中，正/反向接触器之间不仅要有
电气互锁，还要有机械互锁。

（6）电器触头的"竞争"问题。应考虑电器触头的"竞争"问题。同一继电器的常开触头
和常闭触头有"先断后合"型和"先合后断"型。如果触头的动作先后发生"竞争"的话，电路
工作则不可靠。

（7）电动机的启动方式。应根据电网的容量及所允许的冲击电流值等因素设计电动机
的启动方式。采用间接启动方式时应注意校核启动转矩是否够用，热继电器是否会发生误
动作等。

（8）控制线路力求简单、经济。

① 尽量减少触头的数目。

② 尽量减少连接导线。如图 11-9 所示，应把电器触头放在一起连接。

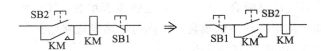

图 11-9　电器触头的连接

③ 控制线路在工作时，除必要的电器元件必须长期通电外，其余电器应尽量避免长期
通电，以延长电器的使用寿命和节约电能。

④ 应尽量缩减电器元件的数量，要采用标准件，并尽可能选用相同型号。

（9）尽量选用可靠的电器元件。尽量选用机械寿命和电气寿命长、结构合理、坚固、
动作可靠且抗干扰性好的电器元件。

（10）避免寄生回路。所谓寄生回路是指在控制线路的动作过程中意外接通的电路，
也叫假回路，如图 11-10 所示。

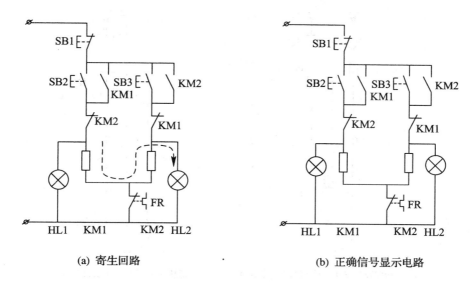

(a) 寄生回路　　　　　　　(b) 正确信号显示电路

图 11 - 10　寄生回路示例

（11）两电感量相差悬殊的直流线圈不能直接并联使用，应避免图 11 - 11(a)所示的错误使用方法。

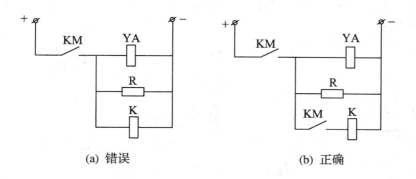

(a) 错误　　　　　　　　　(b) 正确

图 11 - 11　电感量相差悬殊的直流线圈的并联使用

4. 保证控制线路安全性的措施

（1）短路保护。短路保护可由熔断器或低压断路器实现。熔断器在被保护线路发生故障时，利用熔体熔化断开线路。低压断路器则是进行跳闸（脱扣）保护，事故处理完毕后，可再合闸。

主电机容量较小时，允许主、辅电路合用短路保护，否则应分别设置。

熔断器只能用于动作要求不高，自动化程度较差的电动机控制系统中。短路保护一般不用过电流继电器实现，因为过电流继电器仅能分断控制电路，主电路的过电流保护要通过断路器来完成，而接触器一般不能分断短路电流。针对不同的控制要求通常可采用如图 11 - 12 的保护方式。

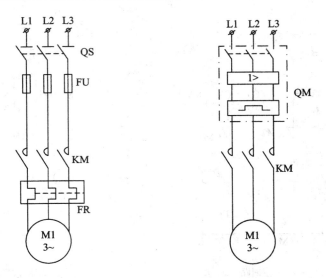

(a) 熔断器及热继电器作短路及过载保护   (b) 低压断路器作短路及过载保护

图 11 - 12   电动机的短路和过载保护方式

（2）过电流保护。不正确的启动和过大的负载转矩常引起电动机的过电流，此电流一般比过载电流大而比短路电流小。过电流会损坏电动机的换向器，产生过大的电磁转矩，过大的电磁转矩也会使机械传动部件受到损坏。对于不同的电机可采用图 11 - 13 的过（电）流保护方式。

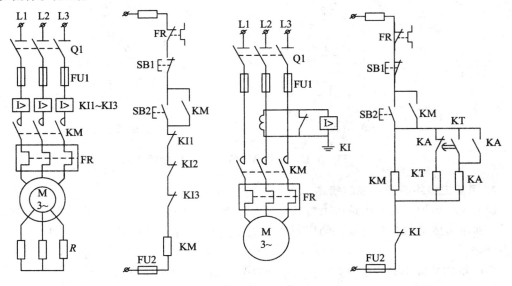

(a) 绕线式异步电动机的过流保护   (b) 鼠笼形异步电动机的过流保护

图 11 - 13   电动机的过电流保护方式

（3）过载保护。为了防止电动机因长期过载运行而使电动机绕组的温升超过允许值而损坏，需采用热保护即过载保护，此保护一般多采用热继电器实现。

需要注意，在采用热继电器作过载保护时，还必须使用熔断器或低压断路器作短路保护。

（4）失压保护。为了防止电网停电时，在电网电压恢复时电动机自启动的保护叫失压保护。它通过接触器的自锁触点或通过并联在万能转换开关或主令控制器的零位闭合触点上的零压继电器的常开触点实现。

（5）弱磁保护。对于直流电动机，当其磁场减弱或者消失时，会引起电动机超速甚至"飞车"，所以应设置弱磁保护。弱磁保护一般由欠电流继电器实现，其整定值为电机额定最小励磁电流的 0.8 倍左右。

（6）极限保护。极限保护是由行程开关的常闭触点实现的。其具体方法是在拖动机构运行的极限位置上设置行程开关，当拖动机构因故障运行到极限位置时，压下行程开关，其常闭触点打开，强制切除控制电路，使接触器的线圈失电而分断主电路。

（7）超速保护。某些控制系统为了防止生产机械超过预定允许速度运行，在控制线路中设置了超速保护。如电梯的超速保护一般用离心开关完成；也有用测速发电机实现的。

11.2.2　继电接触控制系统原理图的逻辑设计法

根据电气自动化设备的工艺要求，利用逻辑代数的方法来分析、化简和设计线路。逻辑设计方法能够确定实现一个开关量自动控制线路的逻辑功能所必需的最少的中间继电器的数目，然后有选择地进行添置。

逻辑设计法的优缺点：用逻辑设计法设计出的线路结构比较合理，所用的元件数量也较少，特别适合完成较复杂的生产工艺所要求的控制线路。但是相对而言，逻辑设计方法难度较大，不容易掌握。对于一个功能较复杂的控制系统，若能将其分成若干个互相联系的控制单元，用逻辑设计方法完成各单元的设计，然后用经验设计方法把这些单元组合成一个整体，这种设计方法较为简洁、切实可行。

把控制电路中的接触器、继电器线圈的通电与断电、触点的闭合与断开及主令电器的通与断看做逻辑变量，逻辑"1"表示接通，逻辑"0"表示断开。

将逻辑变量关系表示为逻辑表达式，运用逻辑函数的基本公式和运算规律化简逻辑表达式。按化简后逻辑函数式绘制相应的控制电路图，再进行工作原理分析、校核、完善，得到最简单的控制方案。对于电磁式低压电器，线圈的通电状态规定为 1（吸合为 1），线圈失电状态为 0（释放为 0）。继电器、接触器及开关元件的触点闭合状态为 1，断开状态为 0。元件的线圈及触点用同一字符表示，但常开触点以原状态逻辑表示，常闭触点以非逻辑状态表示。逻辑代数式与控制原理图之间存在着一一对应的关系。

1. 继电器开关线路的逻辑函数

继电器开关的逻辑电路也可用逻辑函数来描述，其输出变量是受控元件（如接触器、继电器的线圈等），输入变量是主令信号、中间单元、检测信号及输出变量的反馈触点。启/保/停控制电路如图 11 - 14 所示。

图 11 - 14(a)的逻辑函数表达式为 $f_K = \text{SB1} + \overline{\text{SB2}} \cdot K$；图 11 - 14(b)的逻辑函数表达式为 $f_K = \overline{\text{SB2}}(\text{SB1} + K)$。

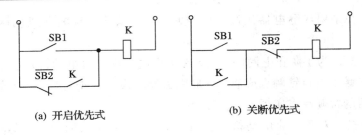

(a) 开启优先式　　　　　　　(b) 关断优先式

图 11－14　启/保/停控制电路

例如,空调制冷控制系统中循环泵的控制电路图如图 11－15 所示,要求它在冷却塔风机启动后方可启动,冷冻水泵停车时方可停车,请给出循环泵的逻辑表达式。

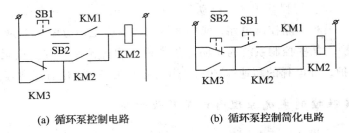

(a) 循环泵控制电路　　　　　　　(b) 循环泵控制简化电路

图 11－15　空调制冷控制系统循环泵控制电路图

如图 11－15 所示,冷却塔风机由 KM1 控制,循环泵由 KM2 控制,冷冻水泵由 KM3 控制,启动按钮为 SB1,停车按钮为 SB2,则图 11－15(a)、(b)的逻辑函数表达式分别如下:

$$f_{KM2} = SB1 \cdot KM1 + (\overline{SB2} + KM3) \cdot KM2 \tag{a}$$

$$f_{KM2} = (SB2 + KM3)(SB1 \, KM1 + KM2) \tag{b}$$

2. 继电接触控制线路原理图的逻辑设计基本方法与步骤

1) 继电接触控制线路的组成

继电接触控制线路的组成一般由输入电路、中间逻辑控制电路、输出执行电路三大部分组成。

输入电路:主要由主令元件(如手动按钮、开关及主令控制器等)和检测元件(如行程开关和各种信号继电器等)组成。其主要功能是发出开机、停机和调试等信号,检测压力、温度、行程、电压、电流、水位、速度等信号。

中间逻辑控制电路:主要由中间记忆元件(如中间继电器、过电流或欠电流继电器、过电压或欠电压继电器、速度继电器等)和逻辑控制电路(如中间继电器、时间继电器等控制电器)组成。其主要功能是记忆输入信号的变化和控制输出执行电路。

输出执行电路:主要由继电器、接触器、电磁阀等执行电器组成。其主要功能是驱动运动部件(如驱动各种机械设备的电动机、电动阀门等)。

2) 继电接触控制线路逻辑设计法的一般步骤

(1) 在充分研究工艺流程的基础上,作出工作过程示意图。

(2) 确定执行元件和检测元件,按工作过程示意图作出执行元件动作节拍表及检测元件状态表。

(3) 根据检测元件状态表写出各输出控制线圈(输出控制元件)控制程序的特征逻辑函

数,确定输出控制线圈(输出控制元件)分组,设置中间记忆元件,使各输出控制线圈(输出控制元件)分组的所有程序区分开。

(4) 确定中间记忆元件开关逻辑函数表达式及执行元件动作逻辑函数表达式。

(5) 根据逻辑函数表达式绘制控制线路图。

(6) 进一步完善电路,增加必要的保护环节和连锁,检查电路是否符合控制要求。

3) 电气控制线路逻辑设计方法

(1) 列出接触器等输出电器元件通电状态真值表。由继电器-接触器所组成的控制电路,属于开关电路。电路中的电器元件只有两种状态,即线圈的通电或断电,触点的闭合或断开。而这两种相互"对立"的状态,可以用逻辑值来表示,即用逻辑代数(或布尔代数)来描述这些电器元件在电路中所处的状态和连接方法。

在逻辑代数中,用"1"和"0"表示两种对立的状态。对于继电器、接触器、电磁铁、电磁阀等元件的线圈,通常规定通电为"1"状态,失电为"0"状态;对于按钮、行程开关元件,规定压下时为"1"状态,复位时为"0"状态;对于元件的触点,规定触点闭合状态为"1"状态,触点断开状态为"0"状态。

分析继电接触控制电路时,元件状态常以线圈的通、断电来判定。某一元件的线圈通电时,其常开触点闭合,常闭触点断开。因此,为了清楚地反映元件的状态,元件的线圈及其常开触点的状态用同一字符来表示(如 K);而其常闭触点的状态则用该字符的"非"来表示(如 $\overline{K}$)。若该元件为"1"状态,则表示其线圈通电,其常开触点闭合,其常闭触点断开。

这样规定以后,就可以利用逻辑代数的一些运算规律、公式和定律,将继电器-接触器控制系统设计得更为合理,设计出的线路能充分发挥元件的作用,且所用元件的数量最少。下面举例说明如何使用逻辑设计方法设计电器控制线路。

例如,某电机只有在继电器 K1、K2 和 K3 中任何一个或两个动作时才能运转,而在其他任何情况下都不运转,试设计其控制电路。

根据题目要求,其接触器通电状态的真值表如表 11-1 所示。

表 11-1　接触器通电状态的真值表

K1	K2	K3	KM
0	0	0	0
0	0	1	1
0	1	0	1
1	0	0	1
0	1	1	1
1	0	1	1
1	1	0	1
1	1	1	0

(2) 根据真值表写出逻辑代数表达式。根据表 11-1,继电器 K1、K2 和 K3 中任何一个动作时,接触器 KM 动作条件 1 的逻辑代数表达式可写成

$$KM1 = \overline{K1K2K3} + \overline{K1K2}\,\overline{K3} + K1\,\overline{K2K3} \qquad (11-1)$$

继电器 K1、K2 和 K3 中任何两个动作时，接触器 KM 动作条件 2 的逻辑代数表达式可写成

$$KM2 = \overline{K1}K2K3 + K1\overline{K2}K3 + K1K2\overline{K3} \qquad (11-2)$$

则接触器动作条件，即电机运转条件的逻辑代数表达式为

$$KM = KM1 + KM2 \qquad (11-3)$$

即

$$KM = \overline{K1K2K3} + \overline{K1K2}\,\overline{K3} + K1\,\overline{K2K3} + \overline{K1}K2K3 + K1\overline{K2}K3 + K1K2\overline{K3}$$

（3）用逻辑代数的基本公式化简逻辑代数表达式。对逻辑代数表达式(11-3)用逻辑代数的基本公式进行化简，化简过程如下：

$$KM = \overline{K1}(\overline{K2K3} + \overline{K2}\,\overline{K3} + K2K3) + K1(\overline{K2K3} + \overline{K2}K3 + K2\overline{K3})$$
$$= \overline{K1}(K3 + K2\overline{K3}) + K1(\overline{K2}K3 + \overline{K3})$$

因为

$$K3 + K2\overline{K3} = K3 + K2; \quad \overline{K2}K3 + \overline{K3} = \overline{K2} + \overline{K3}$$

所以

$$KM = \overline{K1}(K3 + K2) + K1(\overline{K2} + \overline{K3}) \qquad (11-4)$$

（4）根据化简逻辑代数表达式绘制控制线路。由上述化简逻辑代数表达式(11-4)可绘制出满足前述要求的电机运转控制线路，如图 11-16 所示。

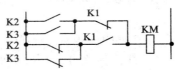

图 11-16　电机运转控制线路

（5）校验设计出的控制线路。对于设计出的控制线路，应校验继电器 K1、K2 和 K3 在任一给定的条件下电动机都运转，即接触器 KM 的线圈都通电。而在其他条件下，在三个继电器都动作或都不动作时，接触器 KM 不应动作。

使用逻辑设计方法设计的控制线路比较合理，不但能节省元件数量，获得一种逻辑功能的最简线路，而且方法也不算复杂。

3. 具有记忆功能的逻辑时序线路的逻辑设计方法

上面介绍的控制线路是一种没有反馈回路、对任何信息都没有记忆的逻辑组合线路。如果想用逻辑设计方法设计具有反馈的回路，即具有记忆功能的逻辑时序线路，那么设计过程比较复杂。一般可按照以下步骤进行：

（1）根据工艺过程作出工作循环图。

（2）根据工作循环图作执行元件和检测元件状态表。

（3）由状态表增设必要的中间记忆元件(中间继电器)。

（4）列出中间记忆元件逻辑函数关系式和执行元件逻辑函数关系式。

（5）根据逻辑函数关系式绘出相应的电器控制线路。

（6）检查并完善所设计的控制线路。

由上可见，逻辑设计方法的设计过程比较复杂，难度较大，因此，一般只作为经验设

计方法的辅助和补充，尤其是用于简化某一部分线路，或实现某种简单逻辑功能时，它是比较方便易行的。对于一般不太复杂，而又带有反馈和交叉互馈环节的电器控制线路，一般采用经验设计方法较为简单。但对于某些复杂而又重要的控制线路，特别是对于自动化要求高的控制线路设计，逻辑设计方法可以获得准确而又简单的控制线路。

4. 继电接触控制线路原理图逻辑设计方法的设计规律

电气控制线路的特点：通过触点的"通"和"断"控制电动机或其他电气设备来完成运动机构的动作。即使是复杂的控制线路，其中很大一部分是常开和常闭触点组合而成的。为了逻辑设计方便，把它们归纳为以下几个方面：

（1）常开触点串联："与"逻辑。当要求几个条件同时具备时，才能使电器线圈得电动作，可将几个常开触点与线圈串联实现，具体如图 11-17 所示。

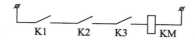

图 11-17　常开触点与线圈的串联"与"逻辑

（2）常开触点并联："或"逻辑。当在几个条件中，只要具备其中任一条件时，所控制的电器线圈就能得电，这时可将几个常开触点并联实现。

（3）常闭触点串联。当几个条件仅具备一个时，继电器线圈就断电，可用几个常闭触点和所控制的电器线圈串联的方法实现，如图 11-18 所示。

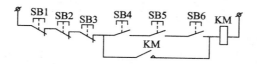

图 11-18　常闭触点串联

（4）常闭（动断）触点并联。当要求几个条件都具备时，继电器线圈才断电，可用几个常闭触点并联，再和所控制的电器线圈串联的方法来实现，如图 11-19 所示。

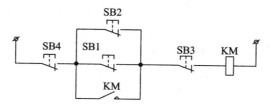

图 11-19　常闭（动断）触点并联

11.2.3　电气自动化设备的继电接触控制系统设计举例

某工业给水泵的继电接触控制系统设计

根据前面所述电气自动化设备的继电接触控制系统经验设计方法，下面以工业给水泵的继电接触控制系统设计为例来进一步介绍电气自动化设备的继电接触控制系统经验设计方法的具体应用方法。具体设计如下：

（1）工业给水泵的供水工作过程要求。城市自来水管网→工业企业厂区地下储水池→高位水箱或建筑天面(屋顶面)水池→工业企业厂区内部用户。

（2）工业给水泵的一般控制要求：

① 应在地下水池与高位水箱均设置水位信号器，由两处的水位信号器控制水泵的运行。

② 为了保障供水可靠性，给水泵分为工作泵和备用泵，当工作泵发生故障时，备用泵应能自动投入运行。

③ 应有水泵电动机运行指示及自动、手动控制的切换位置，备用泵应设计有自动投入控制指示。

（3）基本设计思路：

① 为了便于线路的维护、管理等，根据经验应将辅助线路分为信号控制回路和电动机控制回路等几部分，使得控制线路的分工更加明确，可读性增强。

② 根据工业给水泵一般控制要求①，利用继电器触点的串/并联组合，实现两处的水位信号器与水泵的逻辑关系。

③ 根据工业给水泵一般控制要求②，工作泵与备用泵两者工况转换的关键是寻找一个合适的转换信号，可利用接触器的常闭触点。

④ 根据工业给水泵一般控制要求③，指示信号可由运行接触器及转换开关发出，利用万能转换开关实现手动/自动转换。

⑤ 水泵电动机的启动方案由电网容量及电动机容量决定。

（4）具体控制电路设计：

① 水位控制信号电路设计。为了保障供水可靠性，在地下水池与高位水箱均设置水位控制信号器，由两处的水位信号器控制水泵的运行。具体控制信号的设计电路如图 11-20 所示。

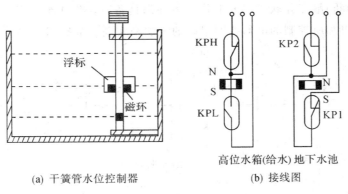

(a) 干簧管水位控制器   (b) 接线图

图 11-20   水位控制器安装示意图和接线图

② 控制水泵运行的电动机主电路设计。为了保障供水系统的可靠性，该给水泵设计有工作水泵和备用水泵，当工作水泵发生故障时，备用水泵可自动投入运行。该给水泵驱动电动机的主电路设计如图 11-21 所示。

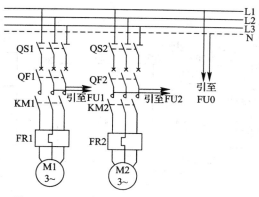

图 11-21　给水泵电动机主电路(一主一备)

③ 控制水泵电动机运行的控制电路设计。为了保障工作水泵和备用水泵的可靠运行，保证当工作水泵发生故障时，备用水泵可自动投入运行，控制电路中分别设计有 1 号泵和 2 号泵电动机手动/自动控制电路，所设计的控制电路原理图如图 11-22 所示；控制电路中的转换开关触点闭合表及外接端子接线如图 11-23 所示。

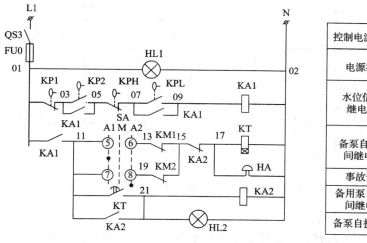

(a) 水位信号控制电路

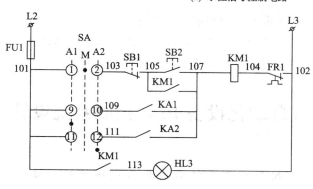
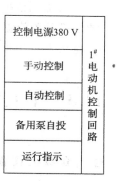

(b) 1号泵电动机控制回路

图 11-22　控制 1 号泵和 2 号泵电动机的手动/自动控制电路原理图(1)

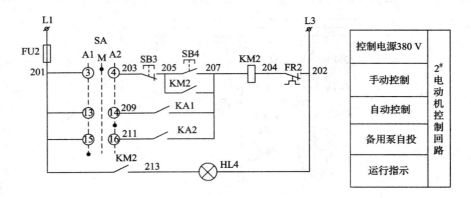

(c) 2号泵电动机控制回路

图 11-22　控制 1 号泵和 2 号泵电动机的手动/自动控制电路原理图(2)

LW5-15D1688/4				
触点编号＼定位特征		45° A1	0° M	45° A2
⌒⎯	1-2		×	
⌒⎯	3-4		×	
⌒⎯	5-6	×		
⌒⎯	7-8			×
⌒⎯	9-10	×		
⌒⎯	11-12			×
⌒⎯	13-14			×
⌒⎯	15-16	×		

外接端子排XT			
FU1	01	1	KP1
KA1	03	2	KP1
KA1	05	3	KP2
		4	KPH
KA1	07	5	KPL
KA1	09	6	KPL

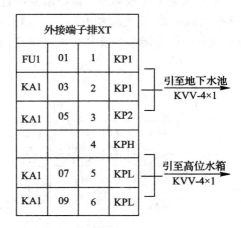

图 11-23　控制电路中的转换开关触点闭合表及外接端子接线

④ 控制线路元器件的选择：

（a）隔离开关、低压断路器、接触器及热继电器等与主电路有关的元器件的主要选择依据是被控设备的容量。

（b）水位信号器则依据水质、水温和水位控制高度进行选择。

（c）万能转换开关依据实际需求的挡位、触点对数和开闭情况进行选择。

（d）中间继电器则根据触点要求，线圈电压要求进行选择。

11.3　工业电气自动化设备 PLC 控制系统设计

11.3.1　电气自动化设备 PLC 控制系统设计的基本原则和一般方法

1. 电气设备 PLC 控制系统设计的基本原则

PLC 控制系统是电气自动化设备的核心部件，因此 PLC 的控制性能是关系到整个控制系统是否正常、安全、可靠的关键所在。在设计电气自动化设备的 PLC 控制系统时，应遵循以下基本原则：

（1）最大限度地满足电气设备的控制要求。

（2）力求建筑电气设备的控制系统简单、经济、实用，维修方便。

（3）保证电气设备的控制系统的安全性和可靠性。

（4）保证电气设备的操作简单、方便，并考虑有防止误操作的安全措施。

（5）满足所选用 PLC 的各项技术指标和安装接线要求及环境要求。

2. 电气设备 PLC 控制系统设计的一般方法

（1）详细了解电气设备对 PLC 控制系统的要求。对电气设备的控制要求进行详细了解，必要时画出系统的工作循环图或流程图、功能图及有关信号的时序图。

（2）进行 PLC 控制系统总体设计和 PLC 选型。根据电气设备对 PLC 控制系统的要求，对控制系统进行总体方案设计，选择所需要的 PLC 型号。

（3）选择输入/输出设备，分配 I/O 端口。根据电气设备对 PLC 控制系统的要求和所选择的 PLC 型号，选择输入/输出设备，分配 I/O 端口。

（4）硬件电路设计。根据控制要求设计 PLC 输入/输出接线图和主电路图的硬件电路。将所有输入信号(按钮、行程开关、速度及时间等传感器)、输出信号(接触器、电磁阀、信号灯等)及其他信号分别列表，并按 PLC 内部软继电器的编号范围，给每个信号分配一个确定的编号，即编制现场信号与 PLC 软继电器编号对照表，绘制 PLC 输入/输出接线图和主电路图。

（5）根据控制要求设计 PLC 梯形图。根据控制要求和输入/输出接线图绘制梯形图，图上的文字符号应按现场信号与 PLC 软继电器编号对照表的规定标注。梯形图的设计是关键的一步，针对不同的控制系统要求可采用不同的梯形图设计方法。

（6）编写 PLC 程序清单。根据所设计的控制梯形图编写程序清单。梯形图上的每个逻辑元件均可相应地写出一条命令语句。编写程序应按梯形图的逻辑行和逻辑元件的编排顺序由上至下、自左至右依次进行。

（7）完善上述设计内容。根据所选择的 PLC 对上述设计内容进一步完善。

（8）安装调试。根据所选择的 PLC 进行安装调试，并设计出相应的安装接线图。

（9）编制技术文件。在设计完成上述各项任务后，应按照工程应用要求编制设计说明书、使用说明书和设计图纸等技术文件。

11.3.2　电气自动化设备 PLC 控制系统的设计方法

1. 继电器电路的转化设计法

将电气自动化设备继电器控制系统的控制电路直接转化成梯形图。对于成熟的电气自动化设备继电器控制系统而言，可用此方法改画成 PLC 梯形图。图 11 - 24 所示为某电气自动化设备的三相感应电动机正/反转控制电路。下面以三菱 FX 系列小型可编程控制器的要求为例来介绍此方法。

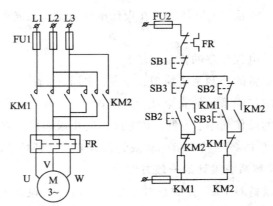

图 11-24　某电气设备继电接触控制的电动机正/反转控制电路

(1) 分析控制要求：

正转：按下 SB2，KM1 通电吸合，电动机 M 正转。

反转：按下 SB3，KM2 通电吸合，电动机 M 反转。

停止：按下 SB1，KM1(KM2) 断电释放，电动机 M 停止工作。

(2) 编制现场信号与 PLC 软继电器对照表，参见表 11-2。

表 11-2　现场信号与 PLC 地址对照表

类　别	名　　　称	现场信号	PLC 地址
输入信号	停止按钮	SB1	X000
	正转按钮	SB2	X001
	反转按钮	SB3	X002
	热继电器	KR	X003
输出信号	正转接触器	KM1	Y000
	反转接触器	KM2	Y001

(3) 画梯形图。按梯形图的要求把原控制电路适当改动，并根据表 11-2 标出各触点、线圈的文字符号，如图 11-25(b) 所示。改用 PLC 软继电器后，触点的使用次数不受限制，故作为停止按钮和热继电器的输入继电器触点各用了两次。

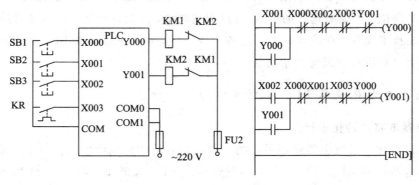

(a) PLC的外部硬件接线图　　　　　　　　(b) 梯形图

图 11-25　PLC 控制电动机正/反转控制电路

由于梯形图中的触点代表软继电器的状态，其中 X000 的常闭触点只有在输入继电器 X000 未得电的条件下才保持闭合，所以当电动机运行时，停止按钮应该断开输入继电器 X000，即停止按钮 SB1 应当接常开触点，其 PLC 的外部硬件接线图如图 11-25(a)所示。

(4) 列写程序清单。根据梯形图自上而下、从左到右按它们的逻辑关系列写程序清单，如表 11-3 所示。

表 11-3　PLC 控制程序清单

步序号	指令	数据	步序号	指令	数据
0	LD	X001	8	OR	Y001
1	OR	Y000	9	ANI	X000
2	ANI	X000	10	ANI	X001
3	ANI	X002	11	ANI	X003
4	ANI	X003	12	ANI	Y000
5	ANI	Y001	13	OUT	Y001
6	OUT	Y000	14	END	
7	LD	X002			

2. 经验设计法

根据被控电气设备对控制的要求，依经验初步设计出继电器控制电路，或直接设计出 PLC 的梯形图，再进行必要的化简和校验，在调试过程中进行必要的修改。这种设计方法灵活性大，其结果一般不是唯一的。

例如，上述电动机正/反转控制电路图 11-25(a)所示为 PLC 的外部硬件接线图，其中 SB1 为停止按钮，SB2 为正转启动按钮，SB3 为反转启动按钮，KM1 为正转接触器，KM2 为反转接触器。实现电动机正/反转功能的梯形图如图 11-25(b)所示。应该注意的是：图 11-25 虽然在梯形图中已经有了内部软继电器的互锁触点（X001 与 X002、Y000 与 Y001），但在外部硬件输出电路中还必须使用 KM1、KM2 的常闭触点进行互锁。因为，一方面是 PLC 内部软继电器互锁只相差一个扫描周期，而外部硬件接触器触点的断开时间往往大于扫描周期，来不及响应；另一方面也是避免接触器 KM1 或 KM2 的主触点经过长时间使用，有可能熔焊引起电动机主电路短路。

3. 程序设计的状态表法

状态表法是从传统继电器逻辑设计方法继承而来的，经过适当改进，适合于可编程控制器梯形图设计的一种方法。它的基本思路是，被控过程由若干个状态所组成；每个状态都是由于接收了某个切换主令信号而建立的；辅助继电器用于区分状态且构成执行元件的输入变量；而辅助继电器的状态由切换主令信号来控制。正确写出辅助继电器与切换主令信号之间的逻辑方程及执行元件与辅助继电器之间的逻辑方程，也就基本完成了程序设计任务。为此，应首先列出状态表，用以表示被控对象工作过程。

状态表是在矩形表格中，从左到右列有状态序号、该序号状态的切换主令信号、该状态对应的动作名称、每个执行元件的状态、输入元件状态、将要设计的辅助继电器状态及约束条件等。

状态表列出后,用 1 或 0 数码来记载每一个输入信号触点的状态。若将该状态序号的每一个输入信号的数码,从左到右排成一行就成为该状态序号的特征数,所以特征数是由该状态输入触点数码组成的。

将各个状态的特征逻辑函数进行分析,判断哪些是可区分状态,哪些是不可区分状态。对于不可区分状态,可通过引入辅助继电器构成尾缀数码,把它们尾缀在特征逻辑函数之后,使之获得新的特征逻辑函数。这样,由于辅助继电器的介入,使所有状态的特征数都获得完全区分。利用特征逻辑函数中的数码就能构成每个状态的输出逻辑方程。此后,再将逻辑方程转化为梯形图或程序命令。

状态表法可参阅有关资料,在此不详述。

除上述三种方法外还有程序设计的顺序功能图法和用移位寄存器实现顺序控制法等。

11.3.3 PLC 输入/输出接线图的设计

1. PLC 输入接线图的设计

【例 11 - 1】 将图 11 - 26 所示的两个地点控制一台电动机的控制电路改为 PLC 控制。

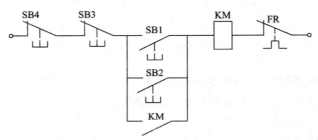

图 11 - 26 两个地点控制一台电动机的控制电路

解 应用前面所述的改画梯形图法和经验设计法,可得到如图 11 - 27 所示的两个地点控制一台电动机的 PLC 控制图 1。图 11 - 27(a) 为 PLC 的输入和输出接线图;图 11 - 27(b) 为 PLC 的控制梯形图。在图 11 - 27 中,是将图 11 - 26 中所有的现场输入信号器件均接入 PLC 的输入端。需要注意的是,在图 11 - 27 中 PLC 的输入端,将图 11 - 26 中**现场控制的长闭按钮 SB3、SB4、长闭过载保护器 FR 均换成了长开接触点形式。**

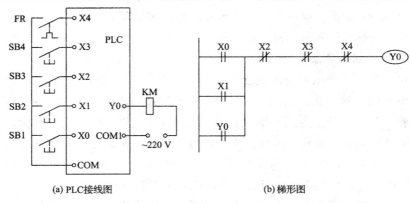

(a) PLC接线图   (b) 梯形图

图 11 - 27 两个地点控制一台电动机的 PLC 控制图 1

应用前面所述的改画梯形图法和经验设计法,采用节省输入点的方法,我们可得到如图 11-28 所示的两个地点控制一台电动机的 PLC 控制梯形图 2。如果将图 11-28 与图 11-27 相比,可以看出输出接线图没有变化,但是输入接线图变化较大。因此,从图 11-28 与图 11-27 相比较可知,PLC 控制梯形图的设计不是唯一的。

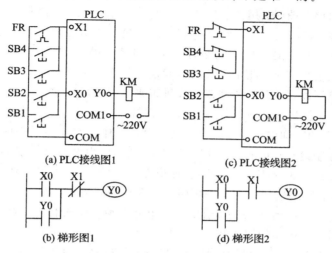

图 11-28　两个地点控制一台电动机的 PLC 控制图 2

2. 输出接线图的设计

PLC 输出电路中常用的输出元件有各种继电器、接触器、电磁阀、信号灯、报警器、发光二极管等。

在 PLC 输出电路采用直流电源时,对于感性负载,设计时应加反向并联二极管,否则接点的寿命会显著下降。二极管的反向耐压应大于负载电压的 5～10 倍,正向电流大于负载电流。

在 PLC 输出电路采用交流电源时,对于感性负载,设计时应并联阻容吸收器(可由一个 0.1 μF 电容器和一个 100～120 Ω 电阻串联而成)以保护接点的寿命。

PLC 输出电路无内置熔断器,当负载短路等故障发生时将损坏输出元件,为了防止输出元件损坏,设计时在输出电源中应串接一个 5～10 A 的熔断器,如图 11-29 所示。

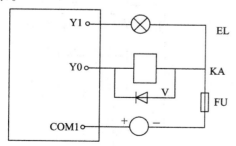

(a)　直流输出电路

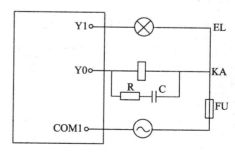

(b)　交流输出电路

图 11-29　PLC 输出电路的保护措施

11.3.4 电气自动化设备 PLC 顺序功能控制系统设计方法

用经验设计法设计梯形图时,没有一套固定的方法和步骤可循,具有很大的试探性和随意性。对于不同的建筑电气设备控制系统,没有一种通用的容易掌握的设计方法。在设计较为复杂系统的梯形图时,用大量的中间单元来完成记忆、连锁和互锁等功能。由于需要考虑的因素很多,它们往往又交织在一起,分析起来非常困难,并且很容易遗漏一些应该考虑的问题。修改某一局部控制电路时,可能对系统的其他部分产生意想不到的影响,因此梯形图的修改也很麻烦,花了很长的时间还得不到一个满意的结果。用经验法设计出的梯形图往往很难阅读,给系统的修改和改进带来了很大的困难。

所谓顺序控制,就是按照电气设备工作过程规定的顺序,在各个输入信号的作用下,根据 PLC 内部状态和时间的顺序,在建筑电气设备工作过程中各个执行机构自动、有序地操作。使用顺序控制设计法时首先根据建筑电气设备机电系统的工艺过程,画出 PLC 顺序功能图,然后根据 PLC 顺序功能图画出梯形图。有的 PLC 编程软件为用户提供了顺序功能图(SFC)语言,在编程软件中生成顺序功能图后便完成了编程工作。

顺序控制设计法是一种先进的设计方法,很容易被初学者接受,对于有经验的设计者也会提高设计的效率,程序的阅读和测试、修改也很方便。

使系统由当前步进入下一步的信号为转换条件。转换条件可以是外部的输入信号,如按钮、指令开关、限位开关的接通和断开等;也可以是 PLC 内部产生的信号,如定时器、计数器常开触点的接通等;转换条件还可能是若干个信号的与、或、非逻辑组合。

电气设备的 PLC 顺序控制设计法用转换条件控制代表各步的编程元件,让它们的状态按一定的顺序变化,然后用代表各步的编程元件去控制 PLC 的各输出继电器。具体可按照在第 5 章介绍的三菱 FX 系列 PLC 的步进顺序控制方法进行设计。下面仍以某一工厂生产过程运料小车的 PLC 步进顺序控制为例来介绍 PLC 步进顺序控制的设计方法。

如图 11-30(a)所示,为某一工厂生产过程运料小车运行的空间示意图,现采用三菱 FX 系列 PLC 的步进顺序控制功能设计该运料小车的 PLC 控制系统。

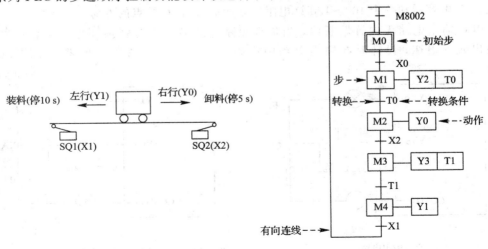

(a) 运料小车运行示意图   (b) 顺序功能图

图 11-30 某工厂生产过程运料小车运行的空间示意图和顺序功能图

1. 步进顺序控制的步进动作确定

根据第 5 章三菱 FX 系列 PLC 的步进顺序控制方法，首先确定运料小车的步进顺序控制的步进动作顺序。

顺序控制设计法最基本的思想是将系统的一个工作周期划分为若干个顺序相连的阶段，这些阶段称为步。可以用 PLC 编程元件(例如内部辅助继电器 M 和状态继电器 S)来代表各步。步是根据输出量的状态变化来划分的，在任何一步之内，各输出量的 ON/OFF 状态不变，但是相邻两步输出量总的状态是不同的，步的这种划分方法使代表各步的编程元件的状态与各输出量的状态之间有着极为简单的逻辑关系。

如图 11-30(a)所示，运料小车开始停在左侧限位开关 X1 处，按下启动按钮 X0，Y2 变为 ON。打开储料斗的闸门，运料小车开始装料，同时用定时器 T0 定时；10 s 后关闭储料斗的闸门，Y0 变为 ON，开始右行；在碰到限位开关 X2 后停下来卸料(Y3 为 ON)，同时用定时器 T1 定时；5 s 后 Y1 变为 ON，开始左行；碰到限位开关 X1 后返回初始状态，停止运行。

根据 Y0～Y3 的 ON/OFF 状态的变化，显然一个周期可以分为装料、右行、卸料和左行这 4 步，另外还应设置等待启动的初始步，它们分别用 M0～M4 来代表这 5 步。图 11-30(b)是描述该系统的顺序功能图，图中用矩形方框表示步，方框中可以用数字表示该步的编号，一般用代表该步的编程元件的元件号作为步的编号，如 M0 等，这样在根据顺序图设计梯形图时较为方便。

2. 初始步的确定

与系统的初始状态相对应的步称为初始步。初始状态一般是系统等待启动命令的相对静止的状态。初始步用双线方框表示，每一个顺序功能图至少应该有一个初始步。

3. 活动步的确定

当系统正处于某一步所在的阶段时，该步处于活动状态，称该步为"活动步"。步处于活动状态时，相应的动作被执行；处于不活动状态时，相应的非存储型动作被停止执行。

4. 与步对应的动作或命令

可以将一个控制系统划分为被控(制)系统和施控系统。例如在电梯控制系统中，控制装置是施控系统，而电梯轿厢是被控系统。对于被控系统，在某一步中要完成某些"动作"；对于施控系统，在某一步中则要向被控系统发出某些"命令"。为了叙述方便，下面将命令或动作统称为动作，并将矩形框中的文字用符号表示，该矩形框应与相应步的符号相连。

如果某一步有几个动作，可以用图 11-31 中的两种画法来表示，但是并不隐含这些动作之间的任何顺序。说明命令的语句应清楚地表明该命令是存储型的还是非存储型的。例如某步的存储型命令"打开 1 号阀并保持"，是指该步为活动步时 1 号阀打开，该步为不活动步时继续打开；非存储型命令"打开 1 号阀"，是指该步为活动步时打开，为不活动步时关闭。

(a) 动作表示方法1　　　　(b) 动作表示方法2

图 11-31　多个动作的表示方法

在图 11-30(b)中，定时器 T0 的线圈应在 M1 为活动步时"通电"，M1 为不活动步时断电，从这个意义上来说，T0 的线圈相当于步 M1 的一个动作，所以将 T0 作为步 M1 的动作来处理。步 M1 下面的转换条件 T0 由在指定时间到时闭和的 T0 的常开触点提供。因此，动作框中的 T0 对应的是 T0 的线圈，转换条件 T0 对应的是 T0 的常开触点。

5. 顺序功能控制梯形图的编程设计方法

根据控制系统的顺序功能图设计梯形图的方法，称为顺序控制梯形图的编程设计方法。下面主要介绍使用启/保/停电路的编程设计方法、步进梯形指令(STL)的编程设计方法。

1) 使用启/保/停电路的编程设计方法

根据顺序功能图设计梯形图时，可用内部辅助继电器 M(特殊辅助继电器除外)来代表各步。为某一步为活动步时，对应的辅助继电器为 ON；当某一转换条件实现时，该转换的后续步变为活动步，前一级步变为不活动步。很多转换条件都是短信号，即它存在的时间比它激活的后续步为活动步的时间短，因此应使用有记忆(或称保持)功能的电路来控制代表步的辅助继电器。如常用的有启/保/停电路和置位、复位指令组成的电路。

启/保/停电路仅仅使用与触点和线圈有关的通用逻辑指令，各种型号 PLC 都有这一类指令，所以这是一种编程方法，适用于任何型号 PLC。

图 11-32 所示为采用了启/保/停电路进行顺序控制梯形编程设计。图中，M2、M3 和 M4 是顺序功能图中顺序相连的 3 步，X2 是步 M3 之前的转换条件。设计启/保/停电路的关键是找出它的启动条件和停止条件。根据转换实现的基本规则，转换实际的条件是它的前级步为活动步，并且满足相应的转换条件，所以步 M3 变为活动步的条件是它的前级步 M2 为活动步，且转换条件 X2=1。在启/保/停电路中，则应将前级步 M2 和转换条件 X2 对应的常开触点串联，作为控制 M2 的启动电路。

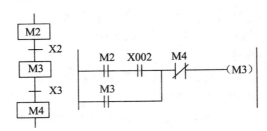

图 11-32 用启/保/停电路控制步

当 M3 和 X3 均为 ON 时，步 M4 变为活动步，这时步 M3 应变为不活动步，因此可以将 M4=1 作为使辅助继电器 M3 变为 OFF 的条件，即将后续步 M4 的常闭触点与 M3 的线圈串联，作为启/保/停电路的停止电路。图 11-32 中的梯形图可以用逻辑代数式表示为

$$M3 = (M2 \cdot X002 + M3)\overline{M4} \tag{11-5}$$

式中，M4 的常闭触点可以用 X3 的常闭触点来代替。但是当转换件由多个信号经"与、或、非"逻辑运算组合而成时，应将它的逻辑表达式求反，再将对应的触点串/并联电路作为启、保、停电路的停止电路，不如使用后续步的常闭触点这样简单、方便。

下面以图 11-30 所示的运料小车自动循环的控制过程为例说明单序列的编程方法和用顺序功能图绘制梯形图的步骤：

（1）根据控制要求绘制功能图。首先根据图 11－33（a）所示运料小车运行的空间示意图和顺序功能图，可画出图 11－33（b）所示运料小车自动循环的控制过程图；然后把运料小车自动循环工作过程分成预备、装料、右行、卸料和左行共 5 步，它们的转换条件分别为 SB（X0）、T0、SQ2（X2）、T1 和 SQ1（X1），画出图 11－33（c）所示的功能图，并且填写各步对应的动作及执行电器的工作情况。

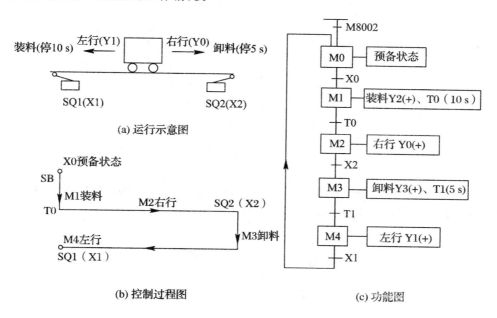

图 11－33　运料小车运行的状态示意图和顺序功能图

（2）编制现场信号与 PLC 软继电器编号对照表。根据图 11－33（c）运料小车的功能图，给标在功能图上的各个现场信号或工步分配一个 PLC 软继电器编号与之对应，可列出运料小车的现场信号和 PLC 软继电器编号对照表，如表 11－4 所示。

表 11－4　运料小车的现场信号和 PLC 软继电器编号对照表

分类	输入信号			输出信号				步序继电器					其他	
信号名称	启动按钮	左限位开关	右限位开关	右行接触器	左行接触器	装料电磁铁	卸料电磁铁	预备状态	一工步	二工步	三工步	四工步	激活初始步	装料卸料时间
现场信号	SB	SQ1	SQ2	KM1	KM2	YV1	YV2	Q0	Q1	Q2	Q3	Q4	L	t0、t1
PLC 地址	X0	X1	X2	Y0	Y1	Y2	Y3	M0	M1	M2	M3	M4	M8002	T0、T1

（3）编写工步状态的逻辑表达式。根据图 11－33（c）所示的功能图，可直接写出五个

工步状态的以 PLC 地址表达的逻辑式为

$$\begin{cases} M0=(M4 \cdot X001+M8002+M0)\overline{M1} \\ M1=(M0 \cdot X000+M1)\overline{M2} \\ M2=(M1 \cdot T0+M2)\overline{M3} \\ M3=(M2 \cdot X002+M3)\overline{M4} \\ M4=(M3 \cdot T1+M4)\overline{M0} \end{cases} \qquad (11-6)$$

（4）写出各执行电器（即输出信号）的逻辑表达式。根据图 11-33(c)所示的功能图和现场信号、PLC 软继电器编号对照表 11-4、五个状态步的逻辑表达式（11-6），可写出各执行电器（即输出信号）的逻辑表达式为

$$\begin{cases} Y002=M1，T0=M1 \\ Y000=M2 \\ Y003=M3，T1=M3 \\ Y001=M4 \end{cases} \qquad (11-7)$$

（5）根据逻辑表达式画出梯形图。由上述逻辑电路表达式的规律可画出运料小车的步序继电器和输出信号的梯形图，如图 11-34 所示。

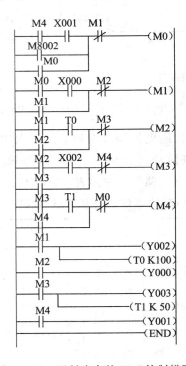

图 11-34　运料小车的 PLC 控制梯形图

（6）写出指令语句表（程序）。根据图 11-34 所示运料小车的步序继电器和输出信号的梯形图即可写出指令语句表，即运料小车的 PLC 控制程序（略）。

2）步进梯形指令的编程设计方法

许多 PLC 都有专门用于编制顺序控制程序的步进梯形指令及编程元件。

步进梯形指令简称为 STL 指令，FX 系列 PLC 还有一条使 STL 指令复位的 RET 指令。利用这两条指令，可以很方便地编制顺序控制梯形图程序。

步进梯形指令 STL 只有与状态继电器 S 配合才具有步进功能。S0～S9 用于初始步，S10～S19 用于自动返回原点。使用 STL 指令的状态继电器的常开触点称为 STL 触点，用符号"—||—"或"—|SIL|—"表示；没有常闭的 STL 触点。

STL 指令的用法如图 11-35 所示，从图中可以看出顺序功能图与梯形图之间的关系。用状态继电器表示顺序功能图序步，每一步都具有三种功能：负载的驱动处理、指定转换条件和指定转换目标。

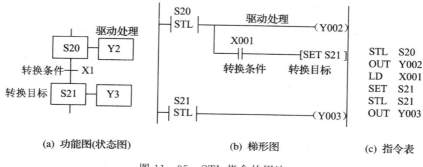

图 11-35　STL 指令的用法

在图 11-35 中，STL 指令的执行过程：当步 S20 为活动步时，S20 的 STL 触点接通，负载 Y2 输出。如果转换条件 X1 满足，后续步 S21 被置位变成活动步，同时前级步 S20 自动断开变成不活动步，输出 Y2 也断开。

使用 STL 指令使新的状态置位，前一状态自动复位。在 STL 触点接通后，与此相连的电路被执行；当 STL 触点断开时，与此相连的电路停止执行。

STL 触点与左母线相连，同一状态继电器的 STL 触点只能使用一次（除了后面将介绍的并行序列合并）。与 STL 触点相连的起始触点要使用 LD、LDI 指令。使用 STL 指令后，LD 触点移至 STL 触点右侧，一直到出现下一条 STL 指令或者出现 RET 指令使 LD 触点返回左母线。

梯形图中同一元件的线圈可以被不同的 STL 触点驱动，也就是说，使用 STL 指令时允许双线圈输出。STL 触点可以直接驱动或通过别的触点驱动 Y、M、S、T 等元件的线圈和功能指令。STL 触点右边不能使用入栈（MPS）指令。

STL 指令不能与 MC-MCR 指令一起使用。STL 指令仅对状态继电器有效，当状态继电器不作为 STL 指令的目标元件时，它就具有一般辅助继电器的功能。

STL 指令和 RET 指令是一对步进梯形（开始和结束）指令。在一系列步进梯形指令 STL 之后，加上 RET 指令，表明步进梯形指令功能的结束，LD 触点返回到原控制母线。

在主机的状态开关由 STOP 状态切换到 RUN 状态时，可用初始化脉冲 M8002 来将初始状态继电器置为 ON，可用区间复位指令（ZRST）来将除初始步以外的其余各步的状态继电器复位。

例如，图 11-33 所示的运料小车自动循环的控制过程，小车运动系统的一个周期由 5

步组成，它们可分别对应 S0、S20～S23，其中步 S0 代表初始步。其顺序功能图和梯形图如图 11-36 所示。

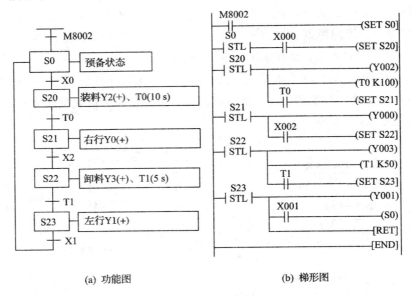

(a) 功能图　　　　　　　　　(b) 梯形图

图 11-36　运料小车 STL 指令编程的顺序功能图和梯形图

图 11-36(b)运料小车 STL 指令编程梯形图对应的指令表如下：

0	LD	M8002	13	SET	S21	26	SET	S23
1	SET	S0	15	STL	S21	28	STL	S23
3	STL	S0	16	OUT	Y000	29	OUT	Y001
4	LD	X000	17	LD	X002	30	LD	X001
5	SET	S20	18	SET	S22	31	OUT	S0
7	STL	S20	20	STL	S22	33	RET	
8	OUT	Y002	21	OUT	Y003	34	END	
9	OUT	T0K100	22	OUT	T1	K50		
12	LD	T0	25	LD	T1			

如图 11-36(b)所示，PLC 上电进入 RUN 状态，初始化脉冲 M8002 的常开触点闭合一个扫描周期，梯形图中第一行的 SET 指令将初始步 S0 置为活动步。在梯形图的第二行中，S0 的 STL 触点和 X0 的常开触点组成的串联电路代表转换实现的两个条件。当初始步 S0 为活动步，按下启动按钮 X0 时，转换实现的两个条件同时满足，置位指令 SET S20 被执行，后续步 S20 变为活动步，同时 S0 自动复位为不活动步。

S20 的 STL 触点闭合后，该步的负载被驱动，Y2 变为 ON，打开储料斗的闸门，开始装料，同时用定时器 T0 定时；10 s 后关闭储料斗的闸门，转换条件 T0=1 得到满足，下一步的状态继电器 S21 被置位，同时状态继电器 S20 被自动复位。系统将这样依次工作下去，直到最后返回到起始位置，在碰到限位开关 X1 时，用 OUT S0 指令使 S0 变为 ON 并保持，系统返回并停在初始步。

需要注意的是，在图 11-36 中梯形图的结束处，一定要使用 RET 指令，使 LD 触点回到左母线上，否则系统将不能正常工作。

比较图 11-34 和图 11-36(b) 可看出，用步进梯形指令的编程设计方法比使用启/保/停电路的编程设计方法所设计的顺序功能梯形图要简单得多。

3) 以转换为中心的单序列编程方法

图 11-37 给出了以转换为中心的单序列编程方法的顺序功能图与梯形图的对应关系。实现图中 X2 对应的转换需要同时满足两个条件：该转换的前级步是活动步（M2=1）和转换条件（X2=1）。在梯形图中，可以用 M2 和 X2 的常开触点组成的串联电路来表示上述条件。该电路接通时，上述两个条件同时满足，此时应完成两个操作，即将该转换的后续步变为活动步（用 SET M3 指令将 M3 置位）和将该转换的前级步变为不活动步（用 RST M2 指令将 M2 复位）。这种编程方法与转换实现的基本原则之间有着严格的对应关系，用它编制复杂的顺序功能图的梯形图时，更能显示出它的优越性。

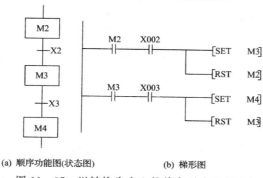

(a) 顺序功能图(状态图)　　　　　(b) 梯形图

图 11-37　以转换为中心的单序列编程方法

传送带控制系统的顺序功能图与梯形图如图 11-38 所示。图中，两条传送带顺序相连，为了避免运送的物料在 2 号传送带上堆积，按下启动按钮后，2 号传送带开始运行，5 s 后 1 号传送带自动启动。停机的顺序与启动的顺序刚好相反，间隔仍然为 5 s。

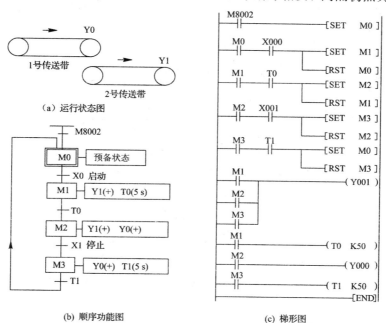

(a) 运行状态图

(b) 顺序功能图　　　　　　　(c) 梯形图

图 11-38　传送带控制系统的顺序功能图与梯形图

在顺序功能图中，如果某一转换所有的前级步都是活动步并且相应的转换条件满足，则转换可实现。即所有由有向连线与相应转换符号相连的后续步都变为活动步，而所有由有向连线与相应转换符号相连的前级步都变为不活动步。在以转换为中心的编程方法中，用该转换所有前级步对应的辅助继电器的常开触点与转换对应的触点或电路串联，作为使所有后续步对应的辅助继电器置位（使用 SET 指令）和使所有前级步对应的辅助继电器复位（使用 RST 指令）的条件。在任何情况下，代表步的辅助继电器的控制电路都可以用这一原则来设计，每一个转换对应一个这样的控制置位和复位的电路块，有多少个转换就有多少个这样的电路块。这种设计方法特别有规律，在设计复杂的顺序功能图的梯形图时，既容易掌握，又不容易出错。

使用这种编程方法时，不能将输出继电器的线圈与 SET 和 RST 指令并联，这是因为图 11-38 中前级步和转换条件对应的串联电路接通时间是相当短的（只有一个扫描周期），当转换条件满足后前级步马上被复位，在下一扫描周期控制置位、复位的串联电路被断开，而输出继电器的线圈至少应该在某一步对应的全部时间内被接通。所以应根据顺序功能图，用代表步的辅助继电器的常开触点或它们的并联电路来驱动输出继电器的线圈。

4）以转换为中心的选择序列编程方法

如果某一转换与并行序列的分支、合并无关，那么它的前级步和后续步都只有一个，需要复位、置位的辅助继电器也只有一个，因此对选择序列的分支与合并的编程方法实际上与对单序列的编程方法完全相同。

以转换为中心的选择序列编程方法如图 11-39 所示。在自动门控制系统顺序功能图的梯形图中，每一个控制置位、复位的电路块都由前级步对应的辅助继电器的常开触点和转换条件对应的常开触点组成的串联电路、一条 SET 指令和一条 RST 指令组成。

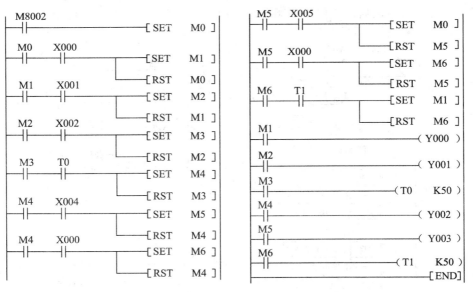

图 11-39 以转换为中心的选择序列编程方法

5）并行序列的编程方法

组合机床是针对特定工件和特定加工要求设计的自动化加工设备，通常由标准通用部件和专用部件组成。PLC 是组合机床电气控制系统中的主要控制设备。

　　用于双面钻孔的组合机床在工件相对的两面钻孔，机床由动力滑台提供进给运动，刀具电动机固定在动力滑台上。工件装入夹具后，按下启动按钮 X0，工件被夹紧，限位开关 X1 变为 ON，并行序列中两个子序列的起始步 M2 和 M6 变为活动步，两侧的左、右动力滑台同时进行快速进给、工作进给和快速退回的加工循环，同时刀具电机也启动工作。在两侧的加工均完成后，系统进入步 M10，工件被松开，限位开关 X10 变为 ON，系统返回初始步 M0，动力滑台返回原位，一次加工的工作循环结束。

　　并行序列的编程示意图如图 11-40 所示。在并行序列中，两个子序列分别用来表示左、右侧滑台的进给运动，两个子序列应同时开始工作和同时结束。实际上左、右滑台的工作是先后结束的，为了保证并行序列中的各子序列同时结束，在各子序列的末尾增设了一个等待步（即步 M5 和 M9），它们没有什么实际操作。如果两个子序列分别进入了步 M5 和 M9，表示两侧滑台的快速退回均已结束（限位开关 X4 和 X7 均已动作），应转换到步 M10，将工件松开。因此步 M5 和 M9 之后的转换条件为"＝1"，表示应无条件转换。在梯形图中，该转换可等效为一根短接线或理解为不需要转换条件。

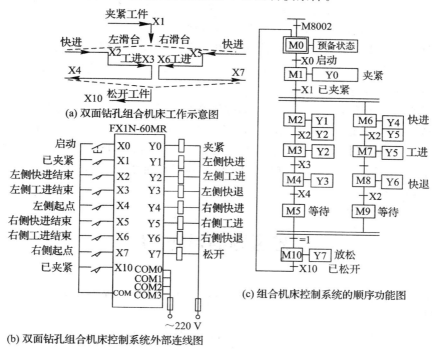

图 11-40　并行序列的编程示意图

　　在步 M1 之后有一个并行序列的分支，当 M1 是活动步，并且转换条件 X1 满足时，步 M2 与步 M6 应同时变为活动步，这是用 M1 和 X1 的常开触点组成的串联电路使 M2 和 M6 同时置位来实现的；与此同时，步 M1 应变为不活动步，这是用复位指令来实现的。

　　在步 M10 之前有一个并行序列的合并，该转换实现的条件是所有的前级步（即步 M5 和 M9）都是活动步，因为转换条件是"＝1"，即不需要转换条件，所以只需将 M5 和 X9 的常开触点串联，作为使 M10 置位和使 M5、M9 复位的条件。

转换的同步实现编程方法如图 11-41 所示。转换的上面是并行序列的合并，转换的下面是并行序列的分支，该转换实现的条件是所有的前级步（即步 M3 和 M7）都是活动步和转换条件 X11 满足。由此可知，应将 M3、M7、X11 的常开触点的串并联电路作为使 M4、M8 置位和使 M3、M7 复位的条件。

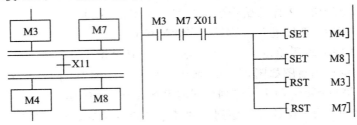

图 11-41　转换的同步实现编程方法

总知，从以上所介绍的工业电气设备 PLC 控制系统设计的方法来看，梯形图的设计是关键和很重要的一步，应针对不同的控制系统要求采用不同的梯形图设计方法。一般对于工业电气设备控制系统要求不太复杂的控制系统，可采用基本指令的经验设计法、继电器电路的转化设计法、顺序功能梯形图设计法等方法。

对于具有多分支和并行分支的电气自动化设备顺序控制系统，可采用较为复杂的顺序控制梯形图的编程设计方法，或综合应用经验设计法、继电器电路的转化设计法、顺序功能梯形图设计法等方法。

对于具有模拟量和数字量控制要求的控制系统，就需要用到具有 A/D、D/A 模块的数据控制功能的 PLC，或应用 DDC 控制器、系统计算机控制。对于大型的电气自动化设备和自动化的生产线控制系统，有时还需要应用 PLC 组网控制、DDC 控制器组网控制、系统计算机与 PLC 组网控制、系统计算机与 DDC 控制器组网控制、系统计算机与 DDC 控制器和 PLC 组网控制等。

思考题与习题 11

11-1　电气自动化设备电气控制系统的设计主要有哪些基本设计内容？其控制系统设计有哪些基本步骤？

11-2　电气自动化设备的电气控制系统的控制方法有哪些？各控制方法有何特点？

11-3　什么是继电接触控制系统的经验设计法？继电接触控制系统原理图经验设计法的一般步骤有哪些？

11-4　什么是继电接触控制系统的逻辑设计法？继电接触控制系统原理图逻辑设计法的一般步骤有哪些？

11-5　某电气设备有 3 台电动机拖动，为了避免 3 台电动机同时启动，防止启动电流过大，要求每隔 8 s 启动 1 台电动机。试用经验设计法设计 3 台电动机的继电接触控制系统的主电路和控制电路原理图。每台电动机应有短路和过载保护，当 1 台电动机过载时，全部电动机停止运行。

11-6　某电气自动化设备有 2 台电动机拖动，启动时要求先启动第 1 台电动机，10 s 后再启动第 2 台电动机。停止时，要求先停止第 2 台电动机，10 s 后才能停止第 1 台电动机。要求 2 台电动机均设有短路保护和过载保护。试用经验设计法和逻辑设计法设计 2 台电动机的继电接触控制电路原理图。

11-7　试用经验设计法设计满足图 11-42 所示波形的 PLC 梯形图。

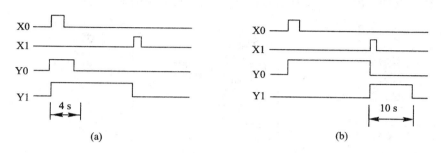

图 11-42　习题 11-7 图

11-8　将图 11-43 所示的电动机正/反转控制电路分别改为三菱 FX 系列 PLC 的控制电路、OMRON 的 C 系列 PLC 的控制电路、西门子 S7-200 系列 PLC 的控制电路，请分别设计出各 PLC 控制系统的接线图和梯形图。

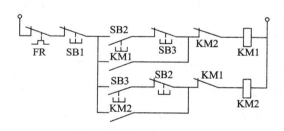

图 11-43　习题 11-8 图

11-9　某电气自动化设备有 4 台电动机拖动，要求 4 台电动机能同时启动、同时停止，也可以每台电动机单独启动或停止。请用三菱 FX 系列 PLC、OMRON 的 C 系列 PLC、西门子 S7-200 系列 PLC，分别设计出各 PLC 控制系统的接线图和梯形图。

11-10　某电气装置采用 2 台电动机作为动力，要求启动时先启动 1 台大功率电动机，要求采用 Y-△降压启动，启动时间为 8 s，启动运行 10 min 后停止运行；再启动一台小功率电动机，采用直接启动，再运行 10 min 后停止运行。要求 2 台电动机均设有短路和过载保护。请用任意一种型号的 PLC 设计上述 2 台电动机的控制电路主电路、PLC 的接线图和三种指令（基本指令、步进指令、功能指令）分别设计控制梯形图。

11-11　某工厂生产过程送料小车用异步电动机拖动，按钮 X0 和 X1 分别用来启动小车右行和左行。小车在限位开关 X3 处装料（如图 11-44 所示），Y2 为 ON；10 s 后装料结束，开始右行，碰到 X4 后停下来卸料，Y3 为 ON；15 s 后左行，碰到 X3 后又停下来装料，这样不停地循环工作，直到按下停止按钮 X2。请设计出 PLC 的外部接线图，用经验设计法设计小车送料控制系统的梯形图。

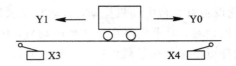

图 11-44 习题 11-11 图

11-12 设计出图 11-45 所示的各 PLC 顺序功能图的梯形图程序。

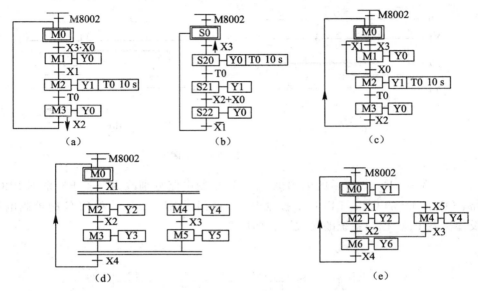

图 11-45 习题 11-12 图

11-13 某工业电气设备的液压动力滑台在初始状态时停在最左边，行程开关 X0 接通。按下启动按钮 X4，动力滑台的进给运动如图 11-46(a)所示。工作一个循环后，返回并停在初始位置。控制电磁阀的 Y0~Y3 在各工作的状态如图 11-46(b)所示。画出 PLC 外部接线图和控制系统的顺序功能图，用启/保/停电路和步进梯形指令设计 PLC 的梯形图程序。

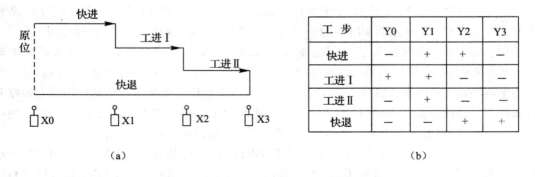

工 步	Y0	Y1	Y2	Y3
快进	—	+	+	—
工进 I	+	+	—	—
工进 II	—	+	—	—
快退	—	—	+	+

（a）   （b）

图 11-46 习题 11-13 图

11-14 某工业电气设备的液体混合装置如图 11-47 所示。上限位、下限位和中限位液位传感器被液体淹没时为 ON；阀 A、B 和 C 均为电磁阀；线圈通电时打开，线圈断电时关闭。开始时容器是空的，各阀门均关闭，各传感器均为 OFF。按下启动按钮后，打开阀 A，液体 A 流入容器，中限位开关变为 ON 时，关闭阀 A，打开阀 B，液体 B 流入容器。当液面到达上限位开关时，关闭阀 B，电动机 M 开始运行，搅动液体，60 s 后停止搅动，打开阀 C，放出混合液。当液面降至下限位开关之后再过 5 s，容器放空，关闭阀 C，打开阀 A，又开始下一周期操作。按下停止按钮，在当前工作周期的操作结束后，才停止操作（停在初始状态）。画出 PLC 的外接线图和控制系统的顺序功能图，并设计梯形图程序。

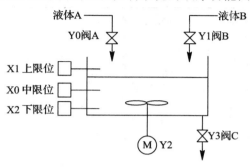

图 11 - 47　习题 11 - 14 图

11 - 15　用三菱 FX 系列 PLC 的 STL 指令设计题 11 - 14 中液体混合装置的梯形图程序，要求设置手动、连续、单周期、单步四种工作方式。

附录　常用电气元件图形符号和文字符号表

名称		图形符号	文字符号	名称		图形符号	文字符号
一般三相电源开关			QS	低压断路器			QF
位置开关	常开触头		SQ	按钮	启动		SB
	常闭触头				停止		
	复合触头				复合触头		
接触器	线圈		KM	时间继电器	线圈		KT
	主触头				通电延时闭合常开触头		
	常开辅助触头				断电延时断开常开触头		
	常闭辅助触头				通电延时断开常闭触头		
速度继电器	常开触头		KS		断电延时闭合常开闭头		
	常闭触头			熔断器			FU

名称		图形符号	文字符号	名称	图形符号	文字符号
热继电器	热元件		FR	旋钮开关		SA
	常闭触头			电磁离合器		YC
继电器	中间继电器线圈		KA	保护接地		PE
	欠电压继电器线圈	*U<*		桥式整流装置		VC
	欠电流继电器线圈	*I<*	KI	照明灯	⊗	EL
	过电流继电器线圈	*I>*		信号灯	⊗	HL
	常开触头		相应继电器的文字符号	直流电动机	Ⓜ	M
	常闭触头			交流电动机	Ⓜ	

参 考 文 献

[1] 胡国文，蔡桂龙，胡乃定. 现代民用建筑电气工程设计与施工[M]. 北京：中国电力出版社，2005.

[2] 胡国文. 现代民用建筑电气工程设计[M]. 北京：机械工业出版社，2013.

[3] 胡国文，孙宏国. 民用建筑电气技术与设计[M]. 3 版. 北京：清华大学出版社，2013.

[4] 胡国文，等. 建筑电气控制技术[M]. 北京：中国建筑工业出版社，2015.

[5] 方承远. 工厂电气控制技术[M]. 2 版. 北京：机械工业出版社，2005.

[6] 熊幸明. 电气控制与 PLC[M]. 北京：机械工业出版社，2011.

[7] 王阿根. 电气可编程控制原理与应用[M]. 北京：清华大学出版社，2007.

[8] 吉顺平. 可编程序控制器原理及应用[M]. 北京：机械工业出版社，2011.

[9] 王兆义，杨新志. 小型可编程序控制器实用技术[M]. 2 版. 北京：机械工业出版社，2007.

[10] 秦春斌，张继伟. PLC 基础及应用教程(三菱 FX2N 系列)[M]. 北京：机械工业出版社，2011.

[11] 柴瑞娟，陈海霞. 西门子 PLC 编程技术及工程应用[M]. 北京：机械工业出版社，2007.

[12] 王立春. 可编程序控制器原理与应用. 北京：高等教育出版社，2000.

[13] 许翏. 工厂电气控制设备. 北京：机械工业出版社，2001.

[14] 廖常初. PLC 原理及应用. 北京：机械工业出版社，2003.

[15] 孙振强. 可编程控制器原理及应用教程. 北京：清华大学出版社，2005.